机器学习算法
理论与应用

张云峰　主编

中国海洋大学出版社

·青岛·

图书在版编目（CIP）数据

机器学习算法理论与应用／张云峰主编 ．—青岛：中国海洋大学出版社，2021.10
ISBN 978-7-5670-2510-3

Ⅰ．①机…　Ⅱ．①张…　Ⅲ．①机器学习－算法　Ⅳ．①TP181

中国版本图书馆CIP数据核字（2021）第022910号

机器学习算法理论与应用
JIQI XUEXI SUANFA LILUN YU YINGYONG

出版发行	中国海洋大学出版社
社　　址	青岛市香港东路23号　　邮政编码　266071
网　　址	http://pub.ouc.edu.cn
出 版 人	杨立敏
订购电话	0532-82032573（传真）
责任编辑	王　慧　　　　　电　　话　0532-85901092
电子信箱	shirley_0325@163.com
印　　制	青岛中苑金融安全印刷有限公司
版　　次	2022年6月第1版
印　　次	2022年6月第1次印刷
成品尺寸	185 mm × 260 mm
印　　张	16.5
字　　数	343千
印　　数	1～1000
定　　价	78.00元

发现印装质量问题，请致电0532-85662115，由印刷厂负责调换。

编　委　会

序 言

　　人工智能是近年来的热点研究领域，其基础内容——机器学习是数学、计算机等相关学科的交叉研究方向，众多学者从不同的角度致力于此方面的研究，成果丰硕。《机器学习算法理论与应用》一书主要从逼近论入手来分析机器学习，从图形的角度来解决图像问题，在一定程度上取得了成效。

　　本书既是作者对过去研究成果的总结，也是对未来研究取得更大、更多成果的期许。科研道路上有艰辛，更有喜悦。唯有脚踏实地、辛勤劳作，才会有收获，不忘初心，方得始终。

　　在本书即将出版之际，也感谢关心、支持过作者研究团队的各位同仁，各位团队成员的辛苦付出也终有回报。学术探究永无止境，欢迎各位读者批评指正。

段　奇

2022年3月

目 录

第Ⅲ部分 迁移学习及应用

第Ⅳ部分 强化学习及应用

第Ⅴ部分 多模态融合及应用

第VI部分 参数优化算法

第Ⅰ部分　深度学习应用

1　图像分类

计算机视觉是对生物视觉的一种模拟，旨在帮助计算机"看到"并"理解"世界，并使计算机具备推断和自主适应环境的能力。计算机视觉的主要任务是对用摄像机和计算机等相关设备采集的图片或视频进行处理，以获得相应场景的有用信息。

图像分类、目标定位、目标检测和目标分割是计算机视觉领域的四大基本任务。图像分类是根据图像的语义信息对图像进行区分，是其他高层视觉任务的基础。目标定位是在图像分类的基础上，以包围盒的形式确定目标具体在图像的什么位置。目标检测比目标定位复杂，在目标定位中，通常只有一类目标或固定数目的目标种类；而在目标检测中，目标种类和数目不定。目标分割旨在将图像细分成多个图像子区域，具体分为语义分割和实例分割。语义分割是把图像中的每个像素赋予一个类别，实例分割需要进一步区别相同类别下的不同实例个体。

计算机视觉任务看似简单，但是人类和计算机之间存在语义鸿沟，即人类可以轻松从图像中识别出目标，而计算机只能看到 0 到 255 之间的整数，因此，计算机理解图像内容有难度。此外，拍摄视角变化、目标与图像的占比变化、光照变化、目标形变等问题都会给计算机视觉任务带来困难。尽管面临着诸多挑战，但该领域仍在快速地发展，这离不开机器学习技术的推动。

本章对计算机视觉任务中的图像分类进行介绍。图像和视频数据获取技术的大幅提升使得图像信息越来越丰富，主要表现在纹理信息丰富、结构复杂度高。这些复杂的图像特征也给传统的图像分类方法带来挑战。针对这一问题，鉴于卷积神经网络强大的特征表达能力和支持向量机在数据分类中的良好性能，本章介绍了一种采用支持向量机和卷积神经网络相结合对图像分类的方法。1.1 简述了图像分类任务的研究背景和研究现状，1.2 介绍了支持向量机和卷积神经网络的基本知识，1.3 详细介绍了神经网络逼近核函数混合连接的图像分类方法，该方法的应用示例在 1.4 给出。

1.1　图像分类任务

近年来,图像分类方法侧重于学习特征表达。从特征提取角度来看,图像分类可分为基于先验特征的方法和基于特征学习的方法。基于先验特征的图像分类方法先根据经验知识提取图像特征,再利用分类器进行分类。常用的分类器有支持向量机(Support Vector Machine, SVM)、K 近邻(K-Nearest Neighbor, KNN)、决策树(Decision Tree)、随机森林(Random Forest)等。基于最大化边界的 SVM 具有较强的泛化能力,是应用广泛的分类器之一。特别是核映射的 SVM 能够有效处理非线性和高维度数据,在图像分类任务中表现出良好作用。Lee 等[1]对基于 L_2 损失函数的多分类 SVM 方法进行研究,在 MNIST 数据集中取得较好的分类效果。Sohail 等[2]提出一种医学超声图像分类方法,将类间距离和类间散度作为特征选择的评价标准,通过多目标遗传算法选择最优特征集,然后借助具有抗噪能力的模糊 SVM 进行分类,提高了医学超声图像的分类精度。Bagarinao 等[3]提取图像的 HOG(Histogram of Oriented Gradient,方向梯度直方图)特征,利用增量式学习方法训练 SVM,解决了不同成像条件(如光照变化或摄像机移动)影响同一类图像分类效果的问题。由于核映射是隐式函数,这些方法都是通过实验选择径向基函数(Radial Basis Function, RBF)、多项式核函数(Polynomial Kernel Function)、Sigmoid 函数等基本核函数中的其中一种作为 SVM 核映射,但每类核函数只能反映一种特征映射问题,单一核函数难以适应不同的分类任务。Li 等[4]通过对多个基本核函数的加权组合设计多核 SVM,但对于复杂数据,多核 SVM 的设计需要满足许多限制条件,而这会减弱 SVM 的泛化能力。此外,上述基于先验特征的图像分类方法需要设计者具有较强的先验知识,设计好区分性强的特征与融合规则,导致这种方法很难具有普适性。而且提取到的特征只能在一定程度上表达原图像信息,易造成有用信息丢失。

随着深度学习技术的发展,基于特征学习的图像分类方法受到广泛关注。这种方法直接将图像像素作为系统输入,利用深度学习模型,通过有监督或无监督的训练,自动学习图像中的潜在特征,因此在特征提取方面具有较强的通用性。主流的深度学习模型包括卷积神经网络(Convolutional Neural Network, CNN)、深度信念网络(Deep Belief Nets, DBN)、受限玻尔兹曼机(Restricted Boltzmann Machine, RBM)等。由于 Lecun 等[5]成功地将 CNN 应用于手写字符识别并取得了显著的分类效果,CNN 在图像分类领域得到广泛应用。Eitel 等[6]采用多模式 CNN 识别 RGB-D 图像,通过卷积和池化将彩色特征和深度特征融合,使得在图像存在较多噪声和物体遮挡的情况下也能得到良好的分类结果。Zhu 等[7]提出一种直通 CNN 图像分类方法,通过将 CNN 与批归一化方法结合解决梯度消失问题,提高了分类精度和算法效率。Krizhevsky 等[8]将深度学习技术融入 CNN 模型中,用于大规模图像分类任务,进一步提高了 CNN 的特征学习能力。这些利用 CNN 进行特征学习的图像分类方法能够直接从原始数据学习到相关特征，避免信息丢失，同时提高方法的普适性，但 CNN 的分类能力低于 SVM 等经典分类模型，而且这种神经网络基于经验风险最小原则并用反向传播算法（Back Propagation Algorithm，简称 BP 算法）训练，易陷入局部最优及产生过拟合现象。

　　CNN 的特征学习能力强，SVM 的分类性能高。已有许多将 CNN 和 SVM 结合的图像分类方法。Huang 等[9]指出 CNN 的网络结构适合学习图像特征，但大多数训练参数集中在隐层，导致分类性能不稳定。SVM 能从良好的特征向量中学习到决策面，但不能学习复杂的不变性特征，因此该方法先训练 CNN，再将提取到的图像特征训练使用 RBF 核函数的 SVM，利用这种混合模型在图像分类任务，特别是大规模图像分类任务中提高分类精度。Sun 等[10]将 CNN 作为特征提取器，将含 RBF 核函数的 SVM 作为分类器，两者协同作用于功能磁共振图像（Functional Magnetic Resonance imaging，fMRI）的分类任务，该方法利用 CNN 弥补了传统 fMRI 特征提取烦琐且费时的不足，并通过实验比较了 SVM 与其他分类器对 CNN 提取到的特征的分类性能，结果表明 SVM 与 CNN 的结合具有最佳的分类效果。Leng 等[11]提出一种基于光谱空间特征的 CNN 和 SVM 混合模型，利用 CNN 从光谱空间中提取特征，再借助含 RBF 核函数的 SVM 提高光谱图像的分类精度。这些方法表明，结合 CNN 和 SVM 进行图像分类确实可以提高分类效果，但是特征提取与特征分类不是作为一个整体进行训练的，而是先对 CNN 进行训练，得到全连接层的特征向量，再将其输入至 SVM 分类，这样得到的 SVM 分类结果没有反馈给 CNN 的训练过程，使得 SVM 的分类性能没有很好地发挥。

　　综合来看，把 SVM 和 CNN 结合起来用于图像分类的方法融合了两者的优点，然而，由于两者基于不同的算法体系结构，不适合直接将两者"硬连接"起来。假如能够找到 SVM 和 CNN 之间的某种映射关系，建立一种"软连接"，就能够实现更灵活的交互。因此，建立一个精确的映射至关重要，而且为了更好地融合特征提取和特征分类，提高分类性能，这种映射需要建立在一定的理论基础上，以保证其精确性和有效性。

1.2　支持向量机和卷积神经网络

　　由于本章介绍的图像分类方法是基于 CNN 与 SVM 实现的，本节先对这两种机器学习模型进行简要介绍。CNN 是一种深度网络模型，能够准确提取并学习特征的局部相关性。SVM 是一种基于统计学习理论的模式识别方法，在最小化样本误差的同时减小泛化误差的上界，具有较强的泛化能力。因此本章的图像分类方法将利用 CNN 的特征提取能力和 SVM 的特征分类能力，下面对 CNN 的特征提取特点和 SVM 的分类原理进行简要介绍。

1.2.1 CNN 的特征提取特点

CNN 是神经网络与深度学习技术结合而成的一种具有层次结构的深度网络模型，通过层间的紧密联系可以更深入地学习到图像的抽象信息，且对翻转、平移和比例缩放的图像具有鲁棒性，适用于对图像特征的提取。

CNN 主要通过卷积核对图像的卷积运算来提取特征。卷积核是一个权值矩阵，类似于图像处理中的滤波器。对图像的卷积运算可看作将图像与卷积核加权选加的过程，即将卷积核与其覆盖区域中的像素值对应相乘，乘积之和作为该区域中心点的新像素值。经过对图像中每个像素点的卷积运算而提取的特征图像被称为特征图（Feature Map）。

相较于传统的全连接网络，CNN 的特点在于局部连接性和权值共享性。局部连接性基于生物学中视觉系统的特性，即人眼对外界的认知由局部到全局。图像中相邻像素间的相关性强，距离远的像素间相关性弱，借助视觉系统先局部再全局的思想，CNN 中隐藏层的神经元只与上层中部分神经元形成的局部接受域相连，能够实现对图像局部特征的提取。经过层层处理，这些局部特征汇聚形成全局特征，从而实现对高层特征的提取。权值共享性基于图像的统计特性，由于图像中局部区域的统计特性与其他区域一致，对特征的学习也会保持一致，所以对图像中的所有位置可以采用相同的特征学习方式，即用相同的卷积核对整幅图像进行卷积操作。

局部连接性充分考虑到图像内在的拓扑关系，权值共享性保证特征的提取只关注特征本身而不受其在图像中位置的影响，使得特征提取具有平移等变性，而且两者都能够有效降低网络中的参数数量。可见 CNN 适合处理图像数据，因此本章借助 CNN 的这个特点实现对图像特征的提取。

1.2.2 SVM 的分类原理

SVM 是一种典型的二类分类模型，由线性可分情况下的最优分类面发展而来，其基本思想可用图 1-1 所示的二维线性情况说明。其中，加号和减号分别代表一类样本数据，支持向量机的分类思想就是寻找一个最优分类线（面）H，在正确分开两类数据的同时，保证分类间隔最大化。

设 $\{(x_i, y_i) \mid x_i \in \mathbb{R}^N, y_i \in \{-1, +1\}, i = 1, \cdots, n\}$ 为线性可分的数据集，其中，x_i 是 N 维特征向量，y_i 是 x_i 所属的类别标签，则分类面 H 可表示为

$$H: \omega^T x + b = 0 \tag{1.1}$$

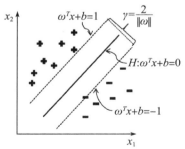

图 1-1 二维线性可分情况
下的最优分类线

式中，$\omega \in \mathbb{R}^n$ 为权向量，$b \in \mathbb{R}$ 为分类阈值。对其归一化，并使其对所有的样本集满足：

$$y_i(\omega^T x_i + b) \geqslant 1, i = 1, \cdots, n \tag{1.2}$$

则分类间隔 $\gamma = 2/\parallel \omega \parallel$，当 γ 取最大值，即 $\parallel \omega \parallel^2/2$ 取最小值时，分类面为最优分类面。

针对样本含有噪声数据的情况，引入松弛变量 ξ_i 作为衡量样本 x_i 被错分的程度，则上述最优化问题可用下式表示：

$$\min \frac{1}{2}\parallel \omega \parallel^2 + C\sum_{i=1}^{n}\xi_i$$
$$s.t. \quad y_i(\omega^T x_i + b) \geqslant 1 - \xi_i, i = 1, \cdots, n \qquad (1.3)$$
$$\xi_i \geqslant 0, i = 1, \cdots, n$$

式(1.3)优化问题为典型的二次规划问题，可通过拉格朗日乘子法求解 ω^* 和 b^* 得出决策函数：

$$f(x) = \mathrm{sgn}(\omega^{*T}x + b^*) = \mathrm{sgn}(\sum_{i=1}^{n}\alpha_i^* y_i \langle x_i, x \rangle + b^*), x \in \mathrm{R}^n \qquad (1.4)$$

非线性情况下，SVM 通过定义核函数 $K(x_i, x) = \langle j(x_i), j(x) \rangle \varphi: \aleph \rightarrow \Im$，将高维特征空间的内积运算转换为低维空间中的简单函数运算，再借助上述线性 SVM 得出决策函数：

$$f(x) = \mathrm{sgn}(\sum_{i=1}^{n}\alpha_i^* y_i K(x_i, x) + b^*), x \in \mathrm{R}^n \qquad (1.5)$$

式中，$\alpha_i(i = 1, 2, \cdots, m)$ 表示拉格朗日乘子。核函数映射的函数方程表达形式未知，通常需要用基本核函数来表示，如径向基核函数 $K(x_1, x_2) = \exp(-a \parallel x_1 - x_2 \parallel^2)$。基本核函数的选择需要基于具体任务而定，而且选择不同会影响 SVM 的分类表现。这些具有显示表达形式的基本核函数虽然有助于确定核函数映射，但是由于其中存在超参数，如径向基核函数中的 a，使得它们并不能对所有问题的解决都达到最优的效果。

1.3 神经网络逼近核函数混合连接的图像分类方法

针对 1.1 中提出的问题，本节介绍一种新的图像分类方法——神经网络逼近核函数混合连接的图像分类方法(Kernel-blending Connection Approximated by a Neural Network for Image Classification, KBNN)[12]。该方法建立了一种新的神经网络，能够将特征提取和特征分类融合在一个统一的、可以一起训练的框架中，来提高图像分类性能。该方法主要利用神经网络的函数逼近能力学习 SVM 的核函数实现，下面将做具体介绍。

1.3.1 网络结构

KBNN 图像分类网络结构由特征提取、核映射连接和特征分类三部分组成，如图 1-2 所示。

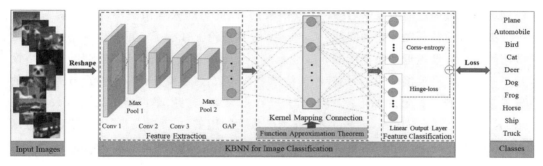

Input Images:输入图片;Reshape:重组;Max Pool:最大池化层;Conv:卷积层;GAP:全局平均池化;Feature Extraction:特征提取;Kernel Mapping Connection:核映射连接;Function Approximation Theorem:函数逼近定理;KBNN for Image Classification:KBNN 图像分类;Cross-entropy:交叉熵;Hinge-loss:铰链损失;Linear Output Layer:线性输出层;Feature Classification:特征分类;Loss:损失;Classes:类别。

图 1-2　KBNN 图像分类网络结构

首先,提取图像特征,采用特征提取子网络将输入图像特征提取为一维特征向量,主要依靠一系列的卷积和池操作实现。然后,为实现从特征提取到特征分类的"软连接",建立核映射连接模块,将提取的特征向量转换为特征空间。最后,利用线性分类层对特征空间中的特征进行分类,得到最终的分类结果。为了提高网络的泛化性,在现有损失函数的基础上引入 SVM 的铰链损失对神经网络进行训练,直到收敛。

1.3.2　特征提取

为了提高特征提取的性能,KBNN 设计了一个包含一系列卷积和池操作的特征提取子网络,并融合了多种先进的网络处理技术。

特征提取子网络由三个卷积层(有些卷积层后面加了一层池化层)和一个全连接层组成。卷积层主要用于利用卷积滤波器和非线性激活函数提取特征图。此部分网络采用 ReLU 函数来避免渐变消失的问题。为了加快训练,在 ReLU 激活前还使用批量归一化操作。[13]池化层主要用于对相邻像素的局部特征进行分组。不同的池化层采用了不同的池化操作,主要是最大池化和平均池化。全连接层将局部特征信息连接成一维特征向量。为了防止传统的全连接层的过拟合,采用全局平均池化(Global Average Pooling,GAP)[14]层,能够对每个特征图取平均值。该层不需要参数优化,因此避免了过拟合的发生。此外,该层还能够整合空间信息,具有更强的鲁棒性。

1.3.3　核映射连接

在大多数基于 CNN 和 SVM 结合的图像分类方法中,由于 CNN 和 SVM 的实现框架不同,通常需要从已经训练好的 CNN 中提取特征向量,然后输入 SVM 分类器,才能得到最终的分类结果。因此,这类方法中 CNN 和 SVM 之间的连接是一种"硬连接",即特征提取和特征分类是分开训练的,没有进行有效的交互。KBNN 网络借助神经网络的函数逼近能力来学习 SVM 核函数,并以此为切入点来解决将特征提取和特征分类有机地结合在一起的问题。Cybenko[15]从理论上证明了三层神经网络可以在紧致区间上很好地逼近任意连续的非线性函数。受函数逼近定理的启发,KBNN 网络设计了一个核映射连接模块,利用神经网络学习核函数,建立特征提取和特征分类之间的软连接。函数逼近定理如下:令 $\varphi(\cdot)$ 是一个非常数、有界、单调增的连续函数,I_{m_0} 表示 m_0 维单位超立方体 $[0,1]^{m_0}$,I_{m_0} 上连续函数空间用 $C(I_{m_0})$ 来表示,则对给定任意函数 $f \in C(I_{m_0})$,$\varepsilon > 0$,存在整数 m_1 和实常数集 $\lambda_i, \eta_i, \mu_{ij}$,其中,$i=1,\cdots,m_1, j=1,\cdots,m_0$,使得

$$F(x_1, x_2, \cdots, x_{m_0}) = \sum_{i=1}^{m} \lambda_i \varphi(\mu_{ij}^T x_j + \eta_i) \qquad (1.6)$$

可作为函数 $f(\cdot)$ 的一个近似,即

$$|F(x_1, x_2, \cdots, x_{m_0}) - f(x_1, x_2, \cdots, x_{m_0})| < \varepsilon \qquad (1.7)$$

对 $x_1, x_2, \cdots, x_{m_0}$ 均成立。

显然,对于任意的连续 Sigmoid 函数,即当 $\varphi(u) = 1/(1 + \exp(-u))$ 时,形如式(1.6)的函数集合能在紧集上的一致范数意义下满足在 $C(\mathbb{R}^n)$ 中稠密。基于此神经网络的函数逼近定理,建立核映射连接,将 GAP 层的特征向量映射到特征空间,把其结果作为线性分类层输入。

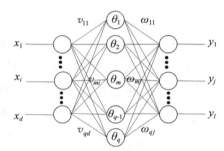

图 1-3 核映射模块结构示意图

如图 1-3 所示,设 GAP 层输出的特征向量为 $D = \{(x_1, y_1), (x_2, y_2), \cdots, (x_m, y_m)\}$,$x_i \in \mathbb{R}^d$,$y_i \in \mathbb{R}^l$ 包含 d 个属性,共 l 类样本。核映射层包含 q 个神经元,输出层包含一个神经元。神经元学习的核映射,即神经元在线性输出层的输入为

$$y_j = \sum_{m=1}^{q} \omega_{mj} \sigma \left(\sum_{i=1}^{d} v_{mi} x_i + \theta_m \right) \qquad (1.8)$$

式中,$1 \leq i \leq d$,$1 \leq j \leq l$,$1 \leq m \leq q$,v_{mi} 和 ω_{mj} 是权值向量,θ_m 是第 m 个神经元的阈值,$\sigma(\cdot)$ 是隐层神经元的激活函数,这里取 Sigmoid 函数。

1.3.4 特征分类

与传统神经网络的 Softmax 层最小化交叉熵损失(Cross-entropy Loss)不同,为了提高神经网络的泛化性,KBNN 网络采用了一种结合交叉熵损失和 SVM 铰链损失的新的损失函数,可以同时最小化经验风险和结构风险。

传统的 Softmax 损失函数为

$$J_{\text{Softmax}} = -\frac{1}{N} \sum_{i=1}^{M} \sum_{j=1}^{K} \overline{p}_{i,j} \log(p_{i,j}) \qquad (1.9)$$

式中,$i(i=1,2,\cdots,M)$,$j(j=1,2,\cdots,K)$,M 和 K 分别是训练图像和类别数,$p_{i,j}$ 表示第 j 类中的图像 X_i 是真值的概率。引入 SVM 的惩罚因子 C 后,将铰链损失改进为

$$J_{\text{hinge}} = C \sum_{i=1}^{n} \left[\max(0, 1 - y_i(\omega^T x_i + b)) \right]^2 \tag{1.10}$$

式中,惩罚因子 C 用于控制边际最大化和误分类之间的平衡,ω 是权值向量,b 是偏差。将交叉熵损失和改进的铰链损失结合,提出的新损失函数如下:

$$J = J_{\text{Softmax}} + J_{\text{hinge}} \tag{1.11}$$

在利用损失函数训练 KBNN 时,通过线性分类层的梯度反向传播来学习特征提取层和核映射层的参数。

1.4　应用示例

KBNN 在被广泛应用于图像分类任务的数据集 MNIST、CIFAR-10 和 CIFAR-100 上进行了验证。MNIST 是一个手写数字分类数据集,其目标是从 0 到 9 的手写字符图像中分出正确的类别。数据集包含 60 000 张训练图像和 10 000张测试图像,每一张图像为 28×28 像素的灰度图像。CIFAR-10 数据集包含 10 个自然场景中的对象类别,由 50 000 张训练图像和 10 000 张测试图像组成,每个图像是 32×32 像素的彩色图像。在 CIFAR-10 中,物体的位置和比例、颜色和纹理都有很大的差异,因此 CIFAR-10 比 MINIST 更为复杂。CIFAR-100 数据集的图像大小和格式与 CIFAR-10 的数据集相同,但 CIFAR-100 包含 100 个类别。因此,CIFAR-100 数据集在每类中只有十分之一的标记图像,即 500 张训练图像和 100 张测试图像。其他的实验设置和对比方法请参见 Liu 等[12] 的文章。

1.4.1　MNIST 数据示例

KBNN 网络在 MNIST 数据集上的分类表现如下表所示。在表 1-1 的分类方法中,DLSVM(基于距离的局部支持向量机算法)、Niu 和 Suen 的方法[16] 是结合的方法,CNN+Softmax 是具有 Softmax 损失的 CNN,其余方法都是近年来性能较好的分类方法。

表 1-1　几种分类方法在 MNIST 数据集上的分类误差比较　　　单位:%

分类方法	DLSVM	Niu 和 Suen 的方法	CNN+Softmax	CDBM	PCANet	Deep NCAE	Drplu	KBNN
分类误差	0.87	0.19	0.68	0.82	0.62	2.09	1.04	0.36

从表 1-1 中可以看出,KBNN 在 MNIST 数据集上的性能优于其他大多数方法。特别是 KBNN 比组合方法 DLSVM 的分类精度更高,说明核映射对分类性能提升有效。KBNN 的性能也优于 CNN+Softmax,证明了损失函数的良好性能。Niu 和 Suen 的方法使用数据增强技术提升了泛化能力,而 KBNN 是直接在原始训练集上进行训练

的,因此结果要弱于 Niu 和 Suen 的方法,但是差异很小。

1.4.2 CIFAR-10 数据示例

为了说明 KBNN 的泛化性,进一步在 CIFAR-10 数据集上做了验证,对比方法包括组合方法 DLSVM,改进损失函数的方法(ResNst110+L-GM 和 ML-DNN)和三个具有代表性的方法(NIN、Maxout Networks 和 Drop-connect),分类结果如表 1-2 所示。

表 1-2　几种分类方法在 CIFAR-10 数据集上的分类误差比较　　　单位:%

分类方法	DLSVM	ResNst110+L-GM	ML-DNN	NIN	Maxout Networks	Drop-connect	KBNN
分类误差	11.9	4.96	8.12	8.81	9.38	9.32	1.54

可以看出,KBNN 在 CIFAR-10 数据上的分类误差最小。特别的是,KBNN 在 CIFAR-10 上测试的网络结构和在 MINIST 上保持一致,说明 KBNN 具有良好的泛化性,其网络结构可以适用于更复杂的数据集。

1.4.3 CIFAR-100 数据示例

将 KBNN 网络在更复杂的 CIFAR-100 数据集上做了测试,并和 6 种分类性能良好的方法做了对比,结果如表 1-3 所示。

表 1-3　几种分类方法在 CIFAR-100 数据集上的分类误差比较　　　单位:%

分类方法	Stochastic Pooling	Learned Pooling	Maxout Networks	NIN	ML-DNN	ResNet	KBNN
分类误差	42.51	43.71	38.57	35.68	34.18	28.62	32.71

注:Stochastic Pooling 为随机池化,ResNet 为残差网络,其余为方法名,无中文翻译。

KBNN 的分类误差为 32.71%,表现优于表 1-3 中的大部分方法。ResNet 使用深度残差学习来克服训练深度网络的困难,是一种被广泛应用的深度网络模型。虽然 KBNN 的分类性能弱于 ResNet,但 KBNN 的网络层数较少,这说明 KBNN 在模型规模相对较小的情况下可以获得较好的性能。总体来看,KBNN 在更复杂的数据集上是有竞争力的。

本章小结

为实现 CNN 和 SVM 之间的"软连接",运用 KBNN 设计了一种具有理论保证的核映射连接结构,在更好地融合特征提取和特征分类的同时,也避免了使用传统 SVM 所需要的核技巧。此外,铰链损失与交叉熵损失的结合提高了模型的泛化能力。

参考文献

[1] LEE C P, LIN C J. A study on L2-loss (squared hinge-loss) multiclass SVM[J]. Neural computation, 2013, 25(5):1 302-1 323.

[2] SOHAIL A S M, BHATTACHARYA P, MUDUR S P, et al. Classification of ultrasound medical images using distance based feature selection and Fuzzy-SVM [C]//Pattern recognition and image analysis: 5th Iberian conference, June 8-10, 2011, Las Palmas de Gran Canaria, Spain. c2011: 176-183.

[3] BAGARINAO E, KURITA T, HIGASHIKUBO M, et al. Adapting SVM image classifiers to changes in imaging conditions using incremental SVM: an application to car detection [C]//9th Asian conference on computer vision, September 23-27, 2009, Xi'an, China. c2009: 363-372.

[4] LI X R, ZHU J E, WANG J, et al. Hyperspectral image classification based on compsite kernels support vector machine[J]. Journal of Zhejiang University, 2013, 47(8):1 403-1 410.

[5] LECUN Y, BOSER B, DENKER J S, et al. Backpropagation applied to handwritten zip code recognition [J]. Neural computation, 1989, 11(4): 541-551.

[6] EITEL A, SPRINGENBERG J T, SPINELLO L, et al. Multimodal deep learning for robust RGB-D object recognition[C]//2015 IEEE/RSJ international conference on intelligent robots and systems, September 28-October 2, 2015: 681-687.

[7] ZHU W, QU J Y, WU R B, et al. Straight convolutional neural networks algorithm based on batch normalization for image classification[J]. Journal of computer-aided design & computer graphics, 2017, 29(9):1 650-1 657.

[8] KRIZHEVSKY A, SUTSKEVER I, HINTON G E. ImageNet classification with deep convolutional neural networks[J]. Communications of the ACM, 2017, 60(6): 84-90.

[9] HUANG F J, LECUN Y. Large-scale learning with SVM and convolutional for generic object categorization[C]//2006 conference on computer vision and pattern recognition, June 17-22, 2006, New York, USA. IEEE, c2006: 284-291.

[10] SUN X, PARK J, KANG K, et al. Novel hybrid CNN-SVM model for recognition of functional magnetic resonance images [C]//2017 IEEE international conference on systems, man and cybernetics, October 5-8, 2017, Banff, Canada. IEEE, c2017:1 001-1 006.

[11] LENG J, TAO L, GANG B, et al. Cube-CNN-SVM: a novel hyperspectral image classification method[C]//International conference on tools with artificial

intelligence，November 6-8，2016，San Jose，USA. IEEE，c2016：1 027-1 034.

[12] LIU X X，ZHANG Y F，BAO F X，et al. Kernel-blending connection approximated by a neural network for image classification［J］. Computational visual media，2020，6(4)：467-476.

[13] IOFFE S，SZEGEDY C. Batch normalization：accelerating deep network training by reducing internal covariate shift［J］. IEICE transactions on fundamentals of electronics，communications and computer sciences，2015，abs/1502. 03167.

[14] LIN M，CHEN Q，YAN S C. Network in network［J］. 2013，arXiv：1312. 4400.

[15] CYBENKO G. Approximation by superpositions of a sigmoidal function［J］. Mathematics of control signals and systems，1989，2(2)：303-314.

[16] NIU X X，SUEN C. A novel hybrid CNN-SVM classifier for recognizing handwritten digits［J］. Pattern recognition，2012，45(4)：1 318-1 325.

2 时间序列分析

2.1 统计方法

早期的股票价格预测模型通常依托统计学习模型建立。以统计学理论为支撑,这类模型具有较强的可解释性且预测效率高,因此,这类模型在当下的一些预测任务中也表现出较好的预测性能。

2.1.1 时间序列统计特性

时间序列的统计特性主要表现为平稳性与随机性。

2.1.1.1 平稳性

任何的时间序列都可被视为由随机过程产生。通俗地讲,在一个时间序列中,如果严格消除了周期性变化,期望、方差等统计特性不会随时间产生系统的变化,那么该时间序列就是平稳的。具体地,假设某时间序列中的各个数值由某个概率分布采用产生,即任何时间点上的数值通过一个随机过程产生。假设该时间序列满足以下条件:期望和方差在任何时间为常数,即均与时间点无关;任何两个时间间隔的协方差不依赖于这两个时间点,只与此时间间隔有关,则认为该时间序列为平稳的。从统计意义上看,平稳性可被视为时间序列的一种可预测性表达。在期望、方差和协方差等均不依赖于时间点变化时,就可以通过建立统计模型找出隐藏在时间序列中的基本数据特征,并利用其对序列的未来变化趋势进行预测。时序图观察和自相关图检验是两种常用的验证平稳时间序列的方法。

2.1.1.2 随机性

根据平稳时间序列的定义,自协方差函数只与时间间隔有关,与时间点无关。在时间间隔相同的情况下,其自协方差函数为常数。若该常数为 0,则此时序列之间的相关性为 0,即不相关。这样一种无法挖掘出可用规律的不相关序列被称为随机性时间序列。假设某时间序列中任何时间点上的数值通过一个随机过程产生,假设该时间序列满足以下条件:期望和方差在任何时间为常数,即均与时间点无关;任何两个时间间隔的协方差在任何时刻均为 0,则认为该时间序列为随机的。

随机性时间序列没有记忆性,即当前时间点上的数值只与该点有关,而与之前的任意时间点无关。因此,随机性时间序列的任何两项之间都是无关的,无法从中获得有用信息并建立预测模型判断未来趋势的变化。时间序列的随机性可以通过随机性检验确定,Q 统计量和 LB 统计量是两种常用的检验方法。

2.1.2　ARIMA 模型

ARIMA 模型(Autoregressive Integrated Moving Average Model)是对自回归滑动平均模型(Autoregressive Moving Average Model,ARMA)的改进。ARMA 模型同样基于统计学理论提出,在时间序列预测领域应用广泛。ARMA 模型主要由自回归部分和移动平均部分组成,具体表达形式如下:

$$\hat{x}_t = \sum_{i=1}^{p} \phi_i \cdot x_{t-i} + \sum_{j=1}^{q} \theta_i \cdot \varepsilon_{t-j} + \varepsilon_t \tag{2.1}$$

式中,x_{t-i} 和 $\hat{x}_t$ 分别为时间序列值和预测值,ϕ_i 和 θ_i 分别为自回归部分和移动平均部分的系数,p 和 q 分别为模型阶数。公式中的第一项为自回归部分,主要描述历史序列值与预测值之间的线性关系;第二项为移动平均部分,刻画预测误差与预测值之间的线性关系;第三项 ε_t 代表白噪声。ARMA 模型算法易于实现且效率高,但是必须在时间序列是平稳的这一前提下使用,对于具有周期性或是趋势明显的时间序列,该模型的预测效果可能会变差。为了对非平稳时间序列进行有效预测,产生了 ARIMA 模型。

ARIMA 模型的主要思想是对于不稳定序列先进行稳定化操作,然后再利用 ARMA 模型处理。为了稳定序列,ARIMA 模型引入了 d 阶差分操作。这种操作是统计学常用的一种将不平稳序列转换为平稳序列的方法,其中,一阶差分($d=1$)和二阶差分($d=2$,即在一阶差分的基础上进行第二次差分操作)在实际中广泛使用,公式如下:

$$u'_t = x_t - x_{t-1} \tag{2.2}$$

$$u''_t = x_t - 2x_{t-1} + x_{t-2} \tag{2.3}$$

式中,u'_t 和 u''_t 分别代表一阶差分和二阶差分后的项。可见,p、q 和 d 这三个超参数对 ARIMA 模型的预测性能影响较大,参数 d 主要借助平稳性检验确定。而参数 p 和 q 通常需要利用自相关图和偏自相关图中的截尾和拖尾现象确定。因此,在 ARIMA 模型中,参数 p 和 q 的确定较为困难,需要人工干涉。目前也有自动确定这 2 个参数的方法,但通常计算效率较低,效果不好。而且,考虑到实际应用中会出现易漂变的问题,参数的确定通常不利于模型对序列模式变化的刻画。此外,ARIMA 模型中没有增量更新操作,模型每次更新时,需要对参数值进行重新估计,降低了模型的处理效率,通常难以准确刻画序列变化的趋势。

2.1.3　指数平滑模型

指数平滑模型也是一种应用广泛的统计预测模型,该模型主要利用当前预测时刻最近的几个时间序列值进行预测,并对不同时刻的序列值赋予不同的权重。下面给出一阶指数平滑的表达形式:

$$\hat{x}_t = \alpha x_{t-1} + (1-\alpha)\hat{x}_{t-1} \tag{2.4}$$

式中,x_{t-1} 为 $t-1$ 时刻的序列值,$\hat{x}_t$ 是 t 时刻的预测值,α 为平滑系数,在 $[0,1]$ 范围内取值。较大的 α 容易使预测结果偏向于当前预测时刻的序列值,而较小的 α 会使预测结果偏向于之前的序列值。经过迭代计算可得:

$$\hat{x}_t = \alpha x_{t-1} + (1-\alpha)\alpha x_{t-2} + (1-\alpha)^2 \alpha x_{t-3} + \cdots + (1-\alpha)^t \hat{x}_1 \tag{2.5}$$

由于 $\alpha \in [0,1]$,可知当序列值离预测时刻 t 越远,其对预测结果的贡献越小,反之亦然。

在指数平滑模型中,除了上述的一阶指数平滑,二阶和三阶指数平滑也是较为常用的,其中,二阶指数平滑适用于解决趋势性序列预测,而三阶指数平滑适用于解决季节性序列预测。指数平滑模型的局限性在于参数调整较为困难,平滑系数 α 需要一定的先验知识确定。而且,根据建模机制,该模型在短期任务上的预测效果较好,但不适合处理更加复杂多变的时间序列。

2.2　神经网络学习方法

随着人工神经网络的发展,诸多神经网络模型被应用到各个领域,取得了突破性进展。同样,在时间序列预测领域,研究人员愈发关注神经网络模型的构建。神经网络模型通过数据训练得出历史序列值和预测值之间的映射关系,而且这类模型对非线性数据也具有强大的拟合能力。

2.2.1　循环神经网络

RNN 网络是一种专门为处理序列数据建立的深度网络模型。在 RNN 网络中,不同的时间步长具有相同的一套权重,循环地进行跨时间步的连接。由于权重的共用,RNN 网络中的参数量比多层感知机(Multilayer Perceptron,MLP)网络大大减少,且能够建立序列数据前后关系的非线性模型。

如同人类会借助历史记忆更好地认识世界,RNN 网络最大的特点在于先前知识和当前信息共同决定预测结果,即模型的建立不仅考虑了前一时刻的输入,还对历史序列数据具有记忆功能。这是由于模型通过跨时间点的反馈结构连接,能够存储历史时间点的序列数据信息,从而实现对时间序列的显式建模。RNN 网络的循环性体现在当前的输出与先前的输出有关,具体表现为网络记忆先前信息,并将其用于当前输出的计算中。这种方式使得隐藏层之间的节点变为有连接形式,并且将前一时刻隐藏层的输出和输入层的输出同时作为隐藏层的输入。RNN 网络的结构如图 2-1 所示:

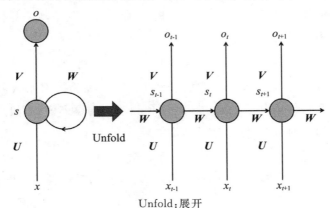

Unfold:展开

图 2-1　RNN 网络的结构图

未展开的 RNN 网络结构如图 2-1 左侧所示,与一般的 MLP 网络相同。RNN 网络包括输入层、输出层和隐藏层,不同的是隐藏层中的神经元不仅与输入和输出有关,还存在一个与其自身的回路,即上一时间步的隐藏层输出信息会作用于下一时间步的隐藏层神经元。图 2-1 右侧为 RNN 网络结构按时间序列的展开形式。定义时间序列 $[\cdots,x_{t-1},x_t,x_{t+1},\cdots]$ 为输入数据,$[\cdots,s_{t-1},s_t,s_{t+1},\cdots]$ 为隐藏层数据,$[\cdots,o_{t-1},o_t,o_{t+1},\cdots]$ 为输出结果,U、W、V 为输入与隐藏层之间、上一时间步的隐藏层到当前时间步的隐藏层之间以及隐藏层与输出层之间的权重矩阵。与传统网络不同,RNN 网络中不同的时间步共享同一套权重矩阵。

RNN 网络的前向传播过程由输入序列数据按照时间顺序经过层层激励得到最终的预测输出。在任意序列索引 t 时,隐藏层可表示为

$$h(t)=\sigma(z(t))=\sigma(U\times x(t)+W\times h(t-1)+b) \tag{2.6}$$

式中,σ 表示激活函数,一般取 tanh 函数,b 为线性偏倚。最终的预测输出为

$$y(t)=\sigma(o(t))=\sigma(V\times h(t)+c) \tag{2.7}$$

RNN 网络通常用于分类问题,因此,上式中的激活函数一般取 Softmax 函数。

RNN 网络的反向传播过程采用沿时间的反向传播算法,该算法借助梯度下降法调整网络中的权重和偏倚参数。不同的是,RNN 网络中每个时间步的输出依赖于当前时刻和上个时间步的信息,因此在反向传播时需要按时间步展开。而且,由于网络中每个时间步共享权值,所以反向传播时对相同的参数更新。下面,我们以交叉熵损失函数为例,对 RNN 网络中的反向传播过程进行说明,这里,隐藏层和输出层分别选取 tanh 函数和 Softmax 函数作为激活函数。网络损失 L 为每个时间步的损失之和,即

$$L=\sum_{t=1}^{\tau}L(t) \tag{2.8}$$

可得 $\boldsymbol{V}$、c 的梯度，如下：

$$\frac{\partial L}{\partial c}=\sum_{t=1}^{\tau}\frac{\partial L(t)}{\partial c}=\sum_{t=1}^{\tau}\hat{y}(t)-y(t) \tag{2.9}$$

$$\frac{\partial L}{\partial \boldsymbol{V}}=\sum_{t=1}^{\tau}\frac{\partial L(t)}{\partial \boldsymbol{V}}=\sum_{t=1}^{\tau}(\hat{y}(t)-y(t))(h(t))^{T} \tag{2.10}$$

序列索引 t 时的损失由当前时刻的输出损失和序列索引 $(t+1)$ 时的损失构成。根据前向传播算法，为求 $\boldsymbol{U}$ 和 $\boldsymbol{W}$ 的梯度，需要先求出 σ_t 的梯度，即

$$\sigma_t=\frac{\partial L}{\partial h_t}=\frac{\partial L}{\partial \sigma_t}\times\frac{\partial \sigma_t}{\partial h_t}+\frac{\partial L}{\partial h_{t+1}}\times\frac{\partial h_{t+1}}{\partial h_t} \tag{2.11}$$

$$\sigma_t=\boldsymbol{V}^T(\hat{y}(t)-y(t))+\boldsymbol{W}^T\delta_{t+1}\mathrm{diag}(1-h_{t+1}^2) \tag{2.12}$$

则，$\boldsymbol{U}$、$\boldsymbol{W}$、b 的梯度计算如下：

$$\frac{\partial L}{\partial \boldsymbol{U}}=\sum_{t=1}^{\tau}\frac{\partial L}{\partial h_t}\times\frac{\partial h_t}{\partial \boldsymbol{U}}=\sum_{t=1}^{\tau}\mathrm{diag}(1-h_t^2)\delta_t x_t^T \tag{2.13}$$

$$\frac{\partial L}{\partial \boldsymbol{W}}=\sum_{t=1}^{\tau}\frac{\partial L}{\partial h_t}\times\frac{\partial h_t}{\partial \boldsymbol{W}}=\sum_{t=1}^{\tau}\mathrm{diag}(1-h_t^2)\delta_t h_{t-1}^T \tag{2.14}$$

$$\frac{\partial L}{\partial b}=\sum_{t=1}^{\tau}\frac{\partial L}{\partial h_t}\times\frac{\partial h_t}{\partial b}=\sum_{t=1}^{\tau}\mathrm{diag}(1-h_t^2)\delta_t \tag{2.15}$$

传统的 RNN 模型存在梯度消失问题，这是由于在隐藏层激活函数选择 tanh 函数的情况下，tanh 函数的导数大于 0 且小于 1。在反向传播过程中，连接权重也是大于 0 且小于 1 的数，则当序列索引 t 很大时，多个 tanh 函数的倒数与连接权重乘积的累加便会趋于 0，从而导致梯度消失。为了解决这个问题，许多改进的 RNN 网络模型被提出，比如，门控 RNN 网络增加了控制网络信息传递的门控机制，Highway RNN 网络采用门函数缓解网络过深造成的梯度回流受阻问题。

2.2.2　长短期记忆神经网络

长短期记忆神经网络（Long Short-term Memory，LSTM）是一种特殊的 RNN，其建立的最初目的是解决 RNN 存在的容易导致梯度爆炸或梯度消失的问题。相较于传统 RNN 单元结构，LSTM 创造性地引入了控制门结构，使得网络模型能够有效地处理时间序列中长期依赖关系，历史时间信息得到有效传递。因此，对于时间序列的预测问题，LSTM 在单元结构上具有独特优势。

LSTM 的网络结构与传统 RNN 非常相似，同样具备隐藏层之间的反馈连接，主要区别在于 LSTM 的单元内部结构。传统的 RNN 单元结构仅由 tanh 激活函数构成，而 LSTM 的单元结构具有突破性的升级。LSTM 单元结构如图 2-2 所示，包括最主要的两大组成部分：控制门结构和单元细胞状态。控制门结构主要包含了遗忘门、输入门与输出门。单元细胞状态具有"记忆"功能，保存着各时刻的记忆信息。

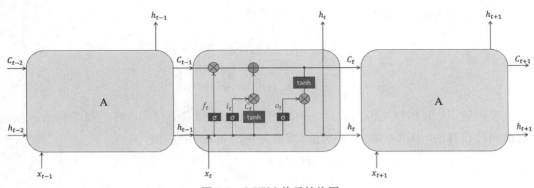

图 2-2　LSTM 单元结构图

2.2.2.1　遗忘门结构

如图 2-3 所示,遗忘门控制着历史记忆数据有多少数据量需要遗忘或保留。上一时刻单元的输出信息与当前时刻的输入信息共同作为遗忘门的输入信息,经过加权处理,最后利用 Sigmoid 激活函数计算遗忘门的输出为[0,1]之间的数值。利用该值的大小确定来自历史中的哪些信息需要遗忘,哪些信息需要保留。遗忘门结构的计算表达式如下所示:

$$f_t = \sigma(\boldsymbol{W}_f \cdot [h_{t-1}, x_t] + \boldsymbol{b}_f) \tag{2.16}$$

式中,x_t 表示 t 时刻单元的输入信息,h_{t-1} 表示$(t-1)$时刻单元的输出信息,σ 为 Sigmoid 激活函数,$\boldsymbol{W}$ 表示权重矩阵,$\boldsymbol{b}$ 表示偏差矩阵。经过遗忘门结构,实现了去除冗余数据,保留长时间依赖关系的记忆。

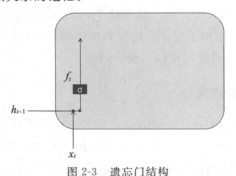

图 2-3　遗忘门结构

2.2.2.2　输入门结构

如图 2-4 所示,输入门结构控制着历史时刻与当前时刻信息有多少输入此刻单元细胞状态。上一时刻单元的输出信息与当前时刻的输入信息共同作为输入门的输入信息,经过加权处理与利用 Sigmoid 激活函数计算,输出[0,1]之间的数值,"0"表示不允许任何信息输入单元细胞状态,"1"表示允许全部记忆输入单元细胞状态。记忆门结构

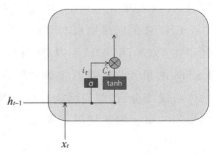

图 2-4　输入门结构

的计算表达式如下所示：

$$i_t = \sigma(\boldsymbol{W}_i \cdot [h_{t-1}, x_t] + \boldsymbol{b}_i) \tag{2.17}$$

经过输入门结构，实现了相关的新信息记忆到单元细胞状态中。

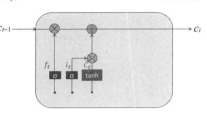

图 2-5　单元细胞状态结构

2.2.2.3　单元细胞状态

如图 2-5 所示，单元细胞状态用于存储历史时刻与当前时刻的记忆信息。单元细胞状态的数据信息由遗忘门结构与输入门结构进行控制。单元细胞状态的计算表达式如下所示：

$$\widetilde{C}_t = \tanh(\boldsymbol{W}_c \cdot [h_{t-1}, x_t] + \boldsymbol{b}_c) \tag{2.18}$$

$$C_t = f_t \cdot C_{t-1} + i_t \cdot \widetilde{C}_t \tag{2.19}$$

式中，$\widetilde{C}_t$ 表示 t 时刻的暂时单元细胞状态，C_t 表示 t 时刻的单元细胞状态。上一时刻单元的输出信息与当前时刻的输入信息共同作为输入信息，经过加权操作，利用 tanh 激活函数将输入信息转化到 $[0,1]$ 区间，其值作为 t 时刻的暂时单元细胞状态 $\widetilde{C}_t$。遗忘门结构与输入门结构分别作用于上一时刻单元细胞状态 C_{t-1} 与当前时刻暂时单元细胞状态 $\widetilde{C}_t$，从而更新当前时刻单元细胞状态。

2.2.2.4　输出门结构

如图 2-6 所示，输出门结构控制着单元细胞状态中的记忆信息哪些需要输出。上一时刻单元的输出信息与当前时刻的输入信息共同作为输入信息，经过加权处理与利用 Sigmoid 激活函数计算，输出 $[0,1]$ 之间的数值，"0"表示不允许任何信息输出，"1"表示允许全部记忆输出。记忆门结构的计算表达式如下所示：

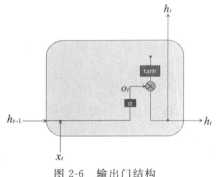

图 2-6　输出门结构

$$o_t = \sigma(\boldsymbol{W}_o \cdot [h_{t-1}, x_t] + \boldsymbol{b}_o) \tag{2.20}$$

$$h_t = o_t \cdot \tanh(C_t) \tag{2.21}$$

最后，对当前时刻的单元细胞状态进行 tanh 激活函数归一化变化，利用输出门结构控制记忆信息的输出。h_t 表示 t 时刻的 LSTM 单元输出信息。

综上所述，具有控制门结构的 LSTM 网络，能够记忆长时间的依赖关系，在时间序列处理中更具有优势。

2.2.3　时序卷积网络

时序卷积网络（Temporal Convolutional Network，TCN）是一种新型的可以用来解决时间序列预测的算法。处理时序问题有两个关键要求：第一，网络输入 $x_0, \cdots, x_T$ 的时序数据，期望预测输出也是一样大小的 $y_0, \cdots, y_T$。扩张卷积可以做到每一层隐层都和输入序列大小一样,并且计算量降低,感受野足够大。第二,时序预测要求对时刻 t 的预测 y_t 只能通过 t 时刻之前的输入 x_1 到 x_{t-1} 来判别,这种操作称作因果卷积。

TCN 的卷积和普通 1D 卷积最大的不同就是用了扩张卷积(Dilated Convolutions)。越到上层,卷积窗口越大,卷积窗口中的"空孔"越多。扩张卷积表达式如下:

$$F(s) = \sum_{i=0}^{k-1} f(i) \cdot x_{s-d \cdot i} \qquad (2.22)$$

式中,d 为扩张系数。一般地,越高的层级使用 d 的大小越大。所以,扩张卷积使得有效窗口的大小随着层数呈指数型增长。这样,卷积网络用比较少的层就可以获得很大的感受野。

残差链接被证明是训练深层网络的有效方法,使得网络可以以跨层的方式传递信息。TCN 构建了一个残差块来代替一层的卷积。一个残差块包含两层的卷积和非线性映射,在每层中还加入了 Weight Norm(权重)和 Dropout(指在深度学习网络的训练过程中,对于神经网络单元,按照一定的概率将其暂时从网络中丢弃)来正则化网络。

TCN 具有如下优点。

(1)并行性。当给定时间序列时,TCN 可以将序列并行处理。

(2)灵活的感受野。TCN 的感受野的大小受层数、卷积核大小、扩张系数等决定,可以根据不同的任务、不同的特性灵活定制。

(3)稳定的梯度。RNN 经常存在梯度消失和梯度爆炸的问题,这主要是由不同时间段上共用参数导致的。和传统卷积神经网络一样,TCN 不易出现梯度消失和梯度爆炸。

(4)内存更低。RNN 在使用时需要将每步的信息都保存下来,这会占据大量的内存;而 TCN 在一层里面卷积核是共享的,内存使用更低。

本章小结

本章主要对处理时间序列数据的基于统计的方法和基于神经网络的方法进行了介绍,并详细介绍了每一类方法中的相关模型。

3 目标检测

3.1 基本概念

3.1.1 什么是目标检测

目标检测(Object Detection)的任务是找出图像中所有感兴趣的目标(物体),确定它们的类别和位置,是计算机视觉领域的核心问题之一。由于各类物体有不同的外观,加上成像时光照、遮挡等因素的干扰,目标检测一直是计算机视觉领域最具有挑战性的问题。

计算机视觉中关于图像识别有四大类任务。

(1) 分类(Classification):解决"是什么"的问题,即给定一张图片或一段视频判断里面包含什么类别的目标。

(2) 定位(Location):解决"在哪里"的问题,即定出这个目标的位置。

(3) 检测(Detection):解决"在哪里、是什么"的问题,即定出这个目标的位置并且知道目标物是什么。

(4) 分割(Segmentation):分为实例的分割(Instance-level)和场景分割(Scene-level),解决"每一个像素属于哪个目标物或场景"的问题。

所以,目标检测是分类、回归问题的迭加。

3.1.2 目标检测算法分类

基于深度学习的目标检测算法主要分为两类:Two Stage(两阶段)和 One Stage(一阶段)。

3.1.2.1 Tow Stage

先进行区域生成,该区域称为候选区域(Region Proposal,简称 RP,一个有可能包含待检物体的预选框),再通过卷积神经网络进行样本分类。

任务流程:特征提取—生成 RP—分类/定位回归。

常见的 Tow Stage 目标检测算法有 R-CNN、Fast R-CNN、Faster R-CNN 和 R-FCN等。

3.1.2.2　One Stage

不使用 RP,直接在网络中提取特征来预测物体的分类和位置。

任务流程:特征提取—分类/定位回归。

常见的 One Stage 目标检测算法有 SSD、RetinaNet、YOLOv1、YOLOv2、YOLOv3、YOLOv4 和 YOLOv5 等。

3.2　核心原理

3.2.1　分类原理

常见的 CNN 组成图中,输入一张图片,经过卷积、激活、池化相关层,最后加入全连接层达到分类的效果。

3.2.2　分类的损失与优化

在训练的时候需要计算每个样本的损失,CNN 做分类的时候使用 Softmax 函数计算结果,损失为交叉熵损失。

3.2.3　定位原理

在 CNN 结构基础上,增加一个全连接层,作为这个物体位置数值的输出。

使用交并比(Intersection over Union,IoU)来判断模型的好坏。交并比是指预测边框、实际边框交集和并集的比率,一般约定 0.5 为一个可以接收的值。

3.2.4　非极大值抑制

在预测结果中,可能多个预测结果间存在重叠部分,需要保留交并比最大的预测结果,去掉非最大的预测结果,这就是非极大值抑制(Non-maximum Suppression,NMS)。例如,对同一个物体预测结果包含 0.8、0.9、0.95 三个概率,经过非极大值抑制后,仅保留概率最大的预测结果。

3.3   经典模型

3.3.1   R-CNN 系列

3.3.1.1   R-CNN

R-CNN（全称 Regions with CNN Features）是卷积神经网络应用于目标检测问题的一个里程碑式的飞跃。CNN 具有良好的特征提取和分类性能，采用候选区域（Region Proposal）方法实现目标检测问题。

算法流程如下。

（1）选择预训练模型：选择一个预训练神经网络（如 AlexNet、VGG）。

（2）重新训练全连接层：使用需要检测的目标重新训练全连接层（Connected Layer）。

（3）提取候选框（Proposals）并计算 CNN 特征：利用选择性搜索（Selective Search）算法提取所有 Proposals（大约 2 000 幅图），调整（Resize/Warp）它们成固定大小，以满足 CNN 输入要求（因为全连接层的限制），然后将特征图（Feature Map）保存到本地磁盘。

（4）训练 SVM：利用 Feature Map 训练 SVM 来对目标和背景进行分类（每类一个二进制 SVM）。

（5）边界框回归（Bounding Boxes Regression）：训练将输出一些校正因子的线性回归分类器。

R-CNN 的缺点如下。

（1）重复计算：每个 Region Proposal 都需要经过一个 AlexNet 特征提取，占用空间。

（2）使用搜索算法（Selective Search）生成 Region Proposal，对一帧图像，需要花费2 秒。

（3）三个模块（提取、分类、回归）是分别训练的，并且在训练时候，对于存储空间消耗较大。

3.3.1.2   Fast R-CNN

受 SPPnet 启发，Fast R-CNN 构思精巧，流程更为紧凑，大幅提高目标检测速度。在同样的最大规模网络上，Fast R-CNN 和 R-CNN 相比，训练时间从 84 小时减少为9.5 小时，测试时间从 47 秒减少为 0.32 秒。在 Pascal VOC 2007 上的准确率相差无几，在 66%～67% 之间。Fast R-CNN 与 R-CNN 最大的区别在于 RoI 池化层和全连接层中目标分类与检测框回归微调的统一。

（1）感兴趣区域（Region of Interest，RoI）池化层：它可以说是 SPP（Spatial Pyramid Pooling）的简化版。它去掉了 SPP 的多尺度池化，将每个 Region Proposal 均匀分成 M×N 块，对每个块进行最大池化，从而将特征图上大小不一的 Region Proposal 转变为大小统一的特征向量，送入下一层。

（2）特征提取方式：Fast R-CNN 在特征提取上可以说很大程度借鉴了 SPPnet。首先将图片用搜索算法（Selective Search）得到 2 000 个 Region Proposal 的坐标信息。直接将图片归一化到 CNN 需要的格式，将整张图片送入 CNN（本书选择的网络是 VGG），将第五层的普通池化层替换为 RoI 池化层，然后经过 5 层卷积操作后，得到一张特征图（Feature Maps）。将开始得到的坐标信息通过一定的映射关系转换为对应特征图的坐标，截取对应的候选区域，经过 RoI 层后提取到固定长度的特征向量，送入全连接层。

（3）联合候选框回归与目标分类的全连接层：在 R-CNN 中的流程是先提取 proposals，然后用 CNN 提取特征，之后用 SVM 分类器，最后再做边框回归，进行候选框的微调；Fast R-CNN 则是将候选框目标分类与边框回归并列放入全连接层，形成一个多重任务（Multitask）模型。

3.3.1.3　Faster R-CNN

经过 R-CNN 和 Fast R-CNN 的积淀，Ross Girshick 在 2016 年提出了 Faster R-CNN，在结构上将特征抽取、Region Proposal 提取、边框回归、分类都整合到了一个网络中，使得综合性能有较大提高，在检测速度方面尤为明显。

算法流程如下。

（1）作为一种 CNN 网络目标检测方法，Faster R-CNN 首先使用一组基础的卷积/激活/池化层提取图像的特征，形成一个特征图，用于后续的 RPN 层和全连接层。

（2）RPN（Region Proposal Networks）网络用于生成候选区域，步骤（1）中使用的层通过 Softmax 判断锚点（Anchors）属于前景还是背景，再利用边框回归获得精确的 Region Proposal。

（3）步骤（1）中使用的层收集输入的特征图和候选区域，综合这些信息提取候选区特征图（Proposal Feature Maps），送入后续全连接层判定目标的类别。

（4）利用候选区特征图计算所属类别，并再次使用边框回归算法获得边框最终的精确位置。

对 Faster R-CNN 的改进措施有在 VOC2007 测试集测试 mAP 达到 73.2%，目标检测速度可达 5 帧/秒；用 RPN 取代搜索算法，生成待检测区域，时间从 2 秒缩减到 10 毫秒；真正实现了一个完全的端到端的 CNN 目标检测模型。

Faster R-CNN 的缺点包括无法达到实时检测目标；先获取 Region Proposal，再对每个 Proposal 分类，计算量仍较大。

3.3.2　YOLO 系列

3.3.2.1　YOLOv1

YOLOv1(YOLO 是 You Only Look Once 的缩写)是继 R-CNN、Fast R-CNN 和 Faster R-CNN 之后,Ross Girshick 针对 DL 目标检测速度问题提出的另一种框架,其核心思想是将生成 RoI＋目标检测两阶段(Two-stage)算法用一套网络的一阶段(One-stage)算法替代,直接输出边界框(Bounding Box)的位置和类别。

YOLOv1 主要特点是速度快,能够达到实时的要求;把全图作为上下文信息,背景错误(把背景错认为物体)比较少;泛化能力强。

算法流程如下。

(1) 将一幅图像分成 S×S 个网格(Grid Cell),如果某个目标(Object)的中心落在这个网格中,则这个网格就负责预测这个 Object。

(2) 每个网格要预测两个 Bounding Box,每个 Bounding Box 除了要回归自身的位置之外,还要附带预测一个置信度(confidence)值。

confidence 值反映了 Bounding Box 包含 Object 的置信度以及 Bounding Box 的准确程度。置信度定义为

$$confidence = Pr(Object) \times IoU_{pred}^{truth}$$

式中,如果有 Object 落在一个 Grid Cell 里,第一项取 1,否则取 0。第二项是预测的 Bounding Box 和真实值(Ground Truth)之间的 IoU 值。

YOLOv1 的优点如下。

(1) YOLOv1 检测物体的速度非常快,其增强版 GPU 中速度可达 45 帧/秒。

(2) YOLOv1 在训练和测试时都能看到一整张图的信息,而不像其他算法看到局部图片信息,因此,YOLOv1 在检测物体能很好地利用上下文信息,从而不容易在背景上预测出错误的物体信息。

(3) YOLOv1 可以学到物体的泛化特征。

YOLOv1 的缺点如下。

(1) 由于输出层为全连接层,在检测时,YOLOv1 训练模型只支持与训练图像相同的输入分辨率。

(2) YOLOv1 的损失函数中,大物体 IoU 误差和小物体 IoU 误差对网络训练中 loss 贡献值接近(虽然采用求平方根的方式,但没有根本解决问题)。因此,对于小物体,小的 IoU 误差也会对网络优化过程造成很大的影响,从而降低了物体检测的定位准确性。

(3) YOLOv1 的精度低于其他先进的目标检测模型。

3.3.2.2　YOLOv2

YOLOv1 虽然检测速度很快,但是在检测精度上不如 R-CNN 系检测方法。YOLOv1 在物体定位方面不够准确,并且召回率较低。YOLOv2 提出了几种改进策略

来提升 YOLO 模型的定位准确度和召回率。YOLOv2 在改进中遵循一个原则：保持检测速度，这也是 YOLO 模型的一大优势。

批标准化（Batch Normalization）可以提升模型收敛速度，而且可以起到一定正则化效果，降低模型的过拟合。在 YOLOv2 中，每个卷积层后面都添加了 Batch Normalization 层，并且不再使用 Droput。使用 Batch Normalization 后，YOLOv2 的 mAP 提升了 2.4%。

大部分的检测模型都会在先在 ImageNet 分类数据集上预训练模型的主体部分（CNN 特征提取器）。ImageNet 分类模型基本采用分辨率为 224×224 的图片作为输入，分辨率相对较低，不利于检测。所以 YOLOv1 在采用 224×224 分类模型预训练后，将分辨率增加至 448×448，并使用这个高分辨率在检测数据集上调整。但是直接切换分辨率，检测模型可能难以快速适应高分辨率。所以 YOLOv2 增加了在 ImageNet 数据集上使用 448×448 输入来调整分类网络这一中间过程，这可以使模型在检测数据集上调整之前已经适应高分辨率输入。使用高分辨率分类器后，YOLOv2 的 mAP 提升了约 4%。

YOLOv1 在训练过程中学习适应不同物体的形状是比较困难的，这也导致 YOLOv1 在精确定位方面表现较差。YOLOv2 借鉴了 Faster R-CNN 中 RPN 网络的先验框（Anchor Boxes）策略。RPN 对 CNN 特征提取器得到的特征图进行卷积来预测每个位置的边界框以及置信度，并且各个位置设置不同尺度和比例的先验框，采用先验框使得模型更容易学习。使用先验框之后，YOLOv2 的召回率大大提升，由原来的 81% 升至 88%。

YOLOv2 采用 K 均值（K-means）聚类方法对训练集中的边界框做了聚类分析。设置先验框的主要目的是使预测框与 Ground Truth 的 IoU 更好。通过对比采用聚类分析得到的先验框与手动设置的先验框在平均 IoU 上的差异，发现前者的平均 IoU 更高，因此模型更容易训练学习。

YOLOv2 采用了一个新的基础模型（特征提取器），被称为 Darknet-19，包括 19 个卷积层和 5 个最大池化层。使用 Darknet-19 之后，YOLOv2 的 mAP 值没有显著提升，但是计算量可以减少约 33%。

YOLOv2 沿用 YOLOv1 的方法，根据所在网格单元的位置来预测坐标，则 Ground Truth 的值介于 0 到 1。网络中将得到的网络预测结果再输入 Sigmoid 函数中，让输出结果介于 0 到 1。

YOLOv2 借鉴 SSD 使用多尺度的特征图做检测，提出 pass through 层将高分辨率的特征图与低分辨率的特征图联系在一起，从而实现多尺度检测。YOLOv2 提取 Darknet-19 最后一个最大池化层的输入，得到 26×26×512 的特征图。经过 1×1×64 的卷积以降低特征图的维度，得到 26×26×64 的特征图，然后经过 pass through 层的处理变成 13×13×256 的特征图，再与 13×13×1 024 的特征图连接，变成 13×13×1 280 的特征图，最后在这些特征图上做预测。使用细粒度特征（Fine-Grained

Features），YOLOv2 的性能提升了 1%。

YOLOv2 中使用的 Darknet-19 网络结构中只有卷积层和池化层，所以其对输入图片的大小没有限制。YOLOv2 采用多尺度输入的方式训练，在训练过程中每隔 10 批，重新随机选择输入图片的尺寸。采用多尺度训练（Multi-scale Training），可以适应不同大小的图片输入：当采用低分辨率的图片输入时，mAP 值略有下降，但速度更快；当采用高分辨率的图片输入时，能得到较高 mAP 值，但速度有所下降。

3.3.2.3 YOLOv3

YOLOv3 把一些好的方案融入 YOLO，在保持速度优势的前提下，提升了预测精度，尤其是加强了对小物体的识别能力。YOLOv3 的主要改进有采用新网络结构 Darknet-53，用逻辑回归替代 Softmax 作为分类器，融合特征金字塔网络（FPN），实现多尺度检测。

在基本的图像特征提取方面，YOLO3 采用了被称为 Darknet-53 的网络结构（含有 53 个卷积层），它借鉴了残差网络（Residual Network）的做法，在一些层之间设置了快捷链路（Shortcut Connections）。

YOLOv3 借鉴了金字塔特征图思想，小尺寸特征图用于检测大尺寸物体，而大尺寸特征图用于检测小尺寸物体。以 416×416 的图像作为输入，根据网络的深入，会产生 3 种不同尺度的特征图（52,26,13），YOLOv3 在这三个尺度上进行不同尺度的目标检测。

随着输出的特征图的数量和尺度的变化，先验框的尺寸也需要调整。YOLOv2 已经开始采用 K-means 聚类得到先验框的尺寸，YOLOv3 延续了这种方法，为每种采样尺度设定三种先验框，总共聚类出九种尺寸的先验框。

YOLOv3 预测对象类别时不使用 Softmax，改成使用逻辑回归（Logistic）的输出进行预测。这样能够支持多标签对象。

YOLOv3 借鉴了残差网络结构，形成更深的网络层次，以及多尺度检测，提升了 mAP 及对小物体的检测效果。如果采用 COCO mAP50 为评估指标，YOLOv3 的表现相当惊人，在精确度相当的情况下，YOLOv3 的速度是其他模型的三至四倍。

3.3.2.4 YOLOv4

YOLOv4 是对 YOLOv3 的改进。它的改进方法就是总结了几乎所有的检测技巧，又提出一点儿技巧，然后筛选、排列组合。YOLOv4 使用了一些特征组合（加权残差连接、自对抗训练、跨小型批量连接等），实现了新的 SOTA 结果。

YOLOv4 在 MS COCO 数据集上获得了 43.5% 的 AP 值（65.7% AP50），在 Tesla V100 上实现了 65 帧/秒的实时速度。

3.3.3 Anchor Free 系列

基于 Anchor 的检测模型有如下缺点。

（1）使用 Anchor 时，需要在每个特征尺度上密集平铺，而仅有很少一部分是正样本,即正负样本的比例差别很大;最终有很多计算都花费在无用样本上,且一般使用时需要进行预处理、挖掘难负例。

(2)需要预定义的锚的尺寸(Anchor Size)以及宽高比(Aspect Ratio)。检测性能会收到这些预定义的参数的影响,如果在每一个位置设定的 Anchor 的数量太多,也会导致计算量成倍地增长。

(3)由于 Anchor 是针对特征图上的点进行提取的,并不是所有的像素点上都会提取对应的 Anchor,且在每个点上提取的 Anchor 的数量也不尽相同,如果只使用坐标轴对齐(Axis-aligned)形式,最终结果可能对于那个边界框(bbox)中心不在特征图上的点不大友好,最终影响整体的精度;以 box 为一个目标的回归结果,在其中仍然包含大量的背景信息,尤其是在边角区域,而且对于斜放的细长目标会造成更大的影响。

为克服上述问题,无锚点(Anchor Free)的方法相继被提出。

3.3.4 FCOS

FCOS(Fully Convolutional One-stage Object Detection)是一种基于全卷积网络(Fully Convolutional Networks,FCN)的逐像素目标检测算法,实现了无锚点(Anchor Free)、无提议(Proposal Free)的解决方案,同时在召回率等方面表现接近甚至超过目前很多先进的基于锚框目标的检测算法。

网络结构上,FCOS 共有 5 个尺度特征输出。FCOS 直接对 Feature Map 中的每个位置对应原图的边框都进行回归,所有落在 bbox 内的 (x,y) 都被视为正样本,回归目标是该位置到 bbox 的四个边框(映射到 Feature Map 上)的距离,这就相当于一个框级别的实例分割。

FCOS 通过直接限制边框回归,将不同尺寸的目标分配到不同特征层上来解决重叠目标检测的问题,编者认为大部分重叠都发生在尺寸差异比较大的目标之间。

3.3.5 CornerNet

CenterNet 首先使用卷积网络检测整个图像中的关键点的热度图(每一类有两个热度图,对应左上角和右下角),然后对属于同一个目标的关键点进行 Group,形成检测框。

(1)沙漏结构(Hourglass):Hourglass 是从人体姿态估计领域中借鉴而来的,通过多个 Hourglass 模块的串联,可以十分有效地提取人体姿态的关键点。

(2)角点池化:作为一个特征的池化方式,角点池化可以将物体的信息整合到左上角点或者右下角点。

(3)预测输出:传统的物体检测会预测边框的类别与位置偏移,而 CornerNet 则与之完全不同,其预测了角点出现的位置、角点的配对及角点位置的偏移。

CornerNet 在损失计算时借鉴了焦点损失函数(Focal Loss)的思想,对于不同的负样本给予了不同的权重,以最大池化取代了 NMS 操作,在推理时直接使用原始尺寸输入,而且会使用原始图像和翻转的图像同时预测,并融合预测结果来提高准确率。

3.3.6　CenterNet

CenterNet 通过中心池化(Center Pooling)和级联角点池化(Cascade Corner Pooling)分别得到中心热图(Center Heatmaps)和角点热图(Corner Heatmaps),用来预测关键点的位置。得到角点的位置和类别后,通过偏置(Offsets)将角点的位置映射到输入图片的对应位置,然后通过向量映射(Embedings)判断哪两个角点属于同一个物体,以便组成一个检测框。组合过程中由于缺乏来自目标区域内部信息的辅助,出现大量的误检。为了解决这一问题,CenterNet 不仅预测角点,还预测中心点。对每个预测框定义一个中心区域,判断每个目标框的中心区域是否含有中心点,若有则保留目标框,并且此时框的 confidence 为中心点、左上角点和右下角点的 confidence 的平均;若无则去除目标框,使得网络具备感知目标区域内部信息的能力,能够有效去除错误的目标框。

CenterNet 算是 CornerNet 的拓展版,其核心思想如下。

(1) 在输出 Feature Map 上分别预测三个模态(Modality),对每个 Modality 在 Feature Map 的基础上分别经过一个 3×3 卷积＋ReLU＋1×1 卷积的组合来预测。

(2) 推理时,对于每一个类别的结果,首先在输出热度图上找到尖峰点,保持 100 个热度图取值最大的尖峰点,并用其取值直接表示置信度得分。利用对每个点的坐标,加上预测局部偏移量以及以其为中心的尺寸扩展,得到矩形框的四个角点。

(3) CenterNet 不需要基于 IoU 的 NMS 或其他后处理。

3.4　目标检测数据集

3.4.1　PASCAL VOC

VOC 数据集是目标检测经常用的一个数据集,最开始只有 4 类,到 2007 年扩充为 20 个类,共有两个常用的版本:2007 和 2012。学术界常用 5k 的 train/val 2007 和 16k 的 train/val 2012 作为训练集、以 test 2007 为测试集,以 10k 的 train/val 2007＋test 2007 和 16k 的 train/val 2012 为训练集、以 test2012 为测试集,分别汇报结果。

3.4.2　MS COCO

COCO 数据集是微软团队发布的一个可以用来图像识别、图像分类的数据集。该数据集收集了大量包含常见物体的日常场景图片,并提供像素级的实例标注以更精确地评估检测和分割算法的效果,致力于推动对场景理解的研究。依托这一数据集,每年举办一次比赛,现已涵盖检测、分割、关键点识别、注释等机器视觉的中心任务,是有影

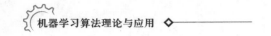

响力的学术竞赛之一。

　　相比于 ImageNet,COCO 更加偏好目标与其场景共同出现的图片,即未标记的(Non-iconic) Images。这样的图片能够反映视觉上的语义,更符合图像理解的任务要求。而 Iconic Images 更适合浅语义的图像分类等任务。

3.4.3　Open Image

　　Open Image 是谷歌团队发布的数据集。最新发布的 Open Images V4 包含 190 万个图像、600 个种类、1 540 万个边界框标注,是当前最大的带物体位置标注信息的数据集。这些边界框大部分都是由专业注释人员手动绘制的,确保了它们的准确性和一致性。另外,这些图像是非常多样化的,并且通常包含多个对象的复杂场景。

3.4.4　ImageNet

　　ImageNet 是一个计算机视觉系统识别项目,是目前世界上图像识别最大的数据库。ImageNet 数据集文档详细,有专门的团队维护,使用非常方便,在计算机视觉领域中应用非常广,几乎成为目前深度学习图像领域算法性能检验的“标准”数据集。ImageNet 数据集有 1 400 多万幅图片,涵盖 2 万多个类别。超过 100 万幅图片有明确的类别标注和图像中物体位置的标注。

3.5　图像标注

3.5.1　数据标注类型

　　常用的数据标注类型主要有以下几种:2D框、语义分割、多边形分割、点标注、线标注、视频标注、3D 立方体标注。

3.5.1.1　2D框

　　2D 框为矩形,在所有的标注工具里,2D 框是最简单的数据标注类型,成本也是最低的。

3.5.1.2　语义分割

　　语音分割是图像标注领域比较精准的标注类型,也是耗时比较长的标注类型,标注员需要对图片上的所有内容进行标注。

3.5.1.3　多边形分割

　　与 2D 框相比,多边形分割用于图片和视频中精确的物体检测和定位。与 2D 框相比,多边形分割更精准,但也更耗时,成本更高。

3.5.1.4　点标注

　　点标注即通过多个连续的点确定巨大的和微小的物体的形状变化,通常用于统计模型、姿势或面部识别模型。

3.5.1.5　线标注

线标注主要用于自动驾驶车辆的道路识别,定义机动车、自行车、相反方向的交通灯、不同道路。

3.5.1.6　视频标注

视频标注即以帧为单位在一系列图像中定位和跟踪物体,多用于训练车辆、行人、骑行者、道路等预测模型。

3.5.1.7　3D立方体标注

3D立方体标注用于从2D图片和视频中获得空间视觉模型,测量物体间的相对距离和得到灭点。

3.5.2　常用标注软件

3.5.2.1　LabelImg

LabelImg是一款开源的图像标注工具,标签可用于分类和目标检测。它是用Python编写的,并使用Qt作为其图形界面,简单好用。注释以PASCAL VOC格式保存为XML文件,这是ImageNet使用的格式。此外,它还支持COCO数据集格式。

前置条件:安装Python3以上版本,安装pyqt5。

第一步:下载安装包。

第二步:使用Pycharm打开项目,运行labelImg.py文件;或直接运行labelImg.py文件。

3.5.2.2　labelme

labelme是一款开源的图像/视频标注工具,标签可用于目标检测、分割和分类。它具有以下特点。

(1)可用于标注的组件有矩形框、多边形、圆、线、点。

(2)支持视频标注。

(3)GUI自定义。

(4)支持导出VOC格式用于语义分割(Semantic Segmentation)和实体分割(Instance Segmentation)。

(5)支出导出COCO格式用于Instance Segmentation。

3.5.2.3　Labelbox

Labelbox是一家为机器学习应用程序创建、管理和维护数据集的服务提供商,包含一款部分免费的数据标签工具,其中,图像视频标注具有的功能如下。

(1)可用于标注的组件有矩形框、多边形、线、点、画笔、超像素等。

(2)标签可用于分类、分割、目标检测等。

(3)以JSON/CSV/WKT/COCO/PASCAL VOC等格式导出数据。

(4)支持Tiled Imagery(一种图像形式)。

(5)支持视频标注。

3.5.2.4 RectLabel

RectLabel 是一款在线免费图像标注工具,标签可用于目标检测、分割和分类。它具有的功能或特点如下。

(1) 可用的组件有矩形框、多边形、三次贝塞尔曲线、直线、点、画笔、超像素。

(2) 可只标记整张图像而不绘制。

(3) 可使用画笔和超像素。

(4) 导出为 YOLO/KITTI/COCO/JSON 和 CSV 格式。

(5) 以 PASCAL VOC XML 格式读写。

(6) 使用 Core ML 模型自动标记图像。

(7) 将视频转换为图像帧。

3.5.2.5 CVAT

CVAT 是一款开源的基于网络的交互式视频/图像标注工具,是对加州视频标注工具项目的重新设计和实现。OpenCV 团队使用该工具来标注不同属性的数百万个对象。CVAT 可以使用 TensorFlow OD API 自动标注。

3.5.2.6 VIA

VGG Image Annotator(VIA)是一款简单、独立的手动注释软件,适用于图像、音频和视频。VIA 在 Web 浏览器中运行,不需要任何安装或设置。页面可在大多数现代 Web 浏览器中作为离线应用程序运行。

支持标注的区域组件有矩形、圆形、椭圆形、多边形、点和折线。

3.6 目标检测应用——轮毂焊缝精确识别与快速定位

本节探索深度学习方法在图像目标识别领域的具体应用。为了解决汽车轮毂生产过程中基于目标识别的轮毂焊缝定位问题,我们提出一种基于深度学习的焊缝精确识别和快速定位方法,通过摄像机 A 采集汽车轮毂在旋转圆台正上方的图像;用 YOLO 目标检测方法识别图像中的焊缝,并用矩形框标记出来;利用矩形标记框的中心点反馈焊缝在摄像视野内的位置信息,并根据预设位置信息计算轮毂旋转的角度与方向;智能控制模块控制伺服电机带动旋转圆台,使焊缝旋转到预设范围内。本方法能够应对复杂场景下的焊缝识别情况,对轮毂焊缝进行精确识别、快速定位,保证轮毂生产线的生产效率。

3.6.1 问题背景

在汽车轮毂的生产过程中,轮毂的扩口、滚型、扩张操作可能会使轮毂焊缝出现细小的裂缝或砂眼,所以要对轮毂焊缝精确识别定位后进行气密性检测,轮毂焊缝的识别定位的速度、精确度将直接影响整个轮毂生产的速度和气密性检测的准确性。目前汽车轮毂生产线中轮毂焊缝的识别与定位主要通过人工完成,这样识别精度不高还耗时、耗力,不利于整个生产流程的智能控制。因此,在轮毂生产过程中实现对轮毂焊缝的精确识别和快速定位是一个亟待解决的技术问题。

3.6.2　方法描述

如图 3-1、图 3-2 所示,基于深度学习的汽车轮毂焊缝识别与定位方法大体有以下几个步骤:第一步,通过摄像机 A 采集汽车轮毂在旋转圆台正上方的图像(图 3-3);第二步,基于目标检测方法识别图像中的焊缝,并用矩形框标记出来(图 3-4);第三步,用矩形框中心点表示轮毂焊缝在视野内的位置信息(图 3-5),将该位置信息转换到极坐标下,传送给智能控制模块;第四步,智能控制模块根据接收到的位置信息计算旋转圆台的旋转角度和方向,控制伺服电机带动旋转圆台使轮毂焊缝旋转到预设位置;第五步,摄像机 B 获取汽车轮毂在旋转圆台上的侧面图像,基于目标检测方法再次识别焊缝,用矩形框标记,并验证轮毂焊缝旋转到预设范围内(图 3-6—3-8)。

具体地说,采集轮毂生产线上汽车轮毂在旋转圆台上的旋转图像,由于车间环境复杂、轮毂类型多样、焊缝形状不一,为了提高焊缝识别算法的精确度和鲁棒性,采集的图像要尽可能多且类型丰富。对筛选出来的轮毂图像进行人工标记,由于我们通过摄像机采集的是视频,还需要进行视频抽帧,筛选出其中存在焊缝的轮毂图像。统一采用 labelme 这一深度学习标注工具上的矩形框工具将轮毂图像上的焊缝用最小的矩形框框起来,其标签统一为"wheel",然后将标注的信息导出为 obj 格式文件。根据采集的数据和焊缝标注的信息用 YOLO 算法进行模型训练并测试。损失函数是偏移量的损失,即将真实的标签宽、高转换为对应特征图尺寸上宽、高的偏移量与预测出的宽、高偏移量计算误差,迭代次数是 300 000,采用 Darknet53 网络结构。第一步、第五步中摄像机 A、摄像机 B 的参数包括直角镜头、无畸变、手动调焦等。第二步、第五步中采用的目标检测算法为 YOLO 算法。第三步中以轮毂图像的中心点为原点建立直角坐标系,矩形框四个顶点的坐标分别为 (x_{A1}, y_{A1}),(x_{A2}, y_{A2}),(x_{A3}, y_{A3}),(x_{A4}, y_{A4});矩形框中心点坐标 (x_{Amid}, y_{Amid}),$x_{Amid} = \dfrac{x_{A1} + x_{A2} + x_{A3} + x_{A4}}{4}$,$y_{Amid} = \dfrac{y_{A1} + y_{A2} + y_{A3} + y_{A4}}{4}$;矩形框中心点转换到极坐标下 $(\rho_{Amid}, \theta_{Amid})$,$\rho_{Amid} = \sqrt{x_{Amid}^2 + y_{Amid}^2}$,$\theta_{Amid} = \arctan \dfrac{y_{Amid}}{x_{Amid}}$ $(x_{Amid} \neq 0)$。在 $x_{Amid} = 0$ 的情况下,若 y_{Amid} 为正数,$\theta_{Amid} = 90°$;若 y_{Amid} 为负数,则 $\theta_{Amid} = 270°$。第四步中指定位置坐标为 $(\rho_{object}, \theta_{object})$,若 $\theta_{Amid} - \theta_{object} \geqslant 0$,控制旋转圆台顺时针旋转,旋转角度为 $|\theta_{Amid} - \theta_{object}|$;若 $\theta_{Amid} - \theta_{object} < 0$,控制旋转圆台逆时针旋转,旋转角度为 $|\theta_{Amid} - \theta_{object}|$。第五步中摄像机 B 拍摄的汽车轮毂侧面图像的焊缝识别矩形框四个顶点坐标分别为 (x_{B1}, y_{B1}),(x_{B2}, y_{B2}),(x_{B3}, y_{B3}),(x_{B4}, y_{B4}),$x_{Bmin} = \min(x_{B1}, x_{B2}, x_{B3}, x_{B4})$,$x_{Bmax} = \max(x_{B1}, x_{B2}, x_{B3}, x_{B4})$,设定焊缝坐标误差阈值为 x_e,则如果满足 $-x_e < x_{Bmin} < x_{Bmax} < x_e$,则表示旋转后的汽车轮毂焊缝在预设范围内。第五步判定轮毂焊

坐标是否在预设的范围内,如果识别的焊缝坐标在预设范围内,则完成焊缝定位;如果识别的焊缝坐标不在预设范围内,则返回第一步重新进行图像处理并识别定位焊缝。

图 3-1　汽车轮毂焊缝精确识别与快速定位方法的流程图

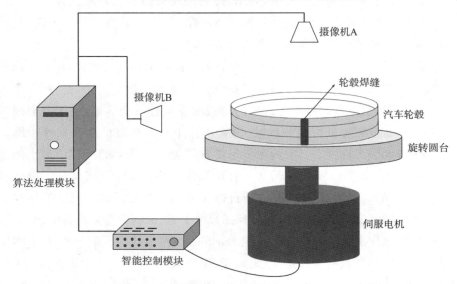

图 3-2　汽车轮毂焊缝精确识别与快速定位方法的设备结构示意图

图 3-3　摄像机 A 拍摄的轮毂焊缝图像

图 3-4　识别算法对摄像机 A 拍摄图像的焊缝识别结果

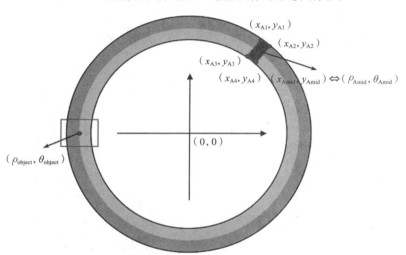

图 3-5　汽车轮毂焊缝在摄像机 A 视野中的结构示意图

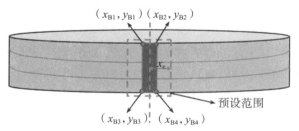

图 3-6　汽车轮毂焊缝在摄像机 B 视野中的结构示意图

图 3-7　摄像机 B 拍摄的轮毂焊缝图像

图 3-8　识别算法对摄像机 B 拍摄图像的焊缝识别结果

本方法的有益效果如下。

（1）本方法应用于汽车轮毂生产过程中，用 YOLO 算法对摄像机 A 拍摄的轮毂正上方图像进行焊缝识别，根据焊缝识别框的位置信息，自动计算旋转圆台要旋转的方向与角度，智能控制模块控制伺服电机带动旋转圆台只进行一次不大于 180 度的旋转就将轮毂焊缝旋转到指定位置，极大地减少了轮毂焊缝的定位时间，可以实现轮毂焊缝的快速定位。

（2）本方法应用于汽车轮毂生产过程中，首先，用 YOLO 算法对摄像机 A 拍摄的轮毂正上方图像进行焊缝识别，并智能控制轮毂旋转到指定位置；其次，用 YOLO 算法对摄像机 B 拍摄的轮毂侧面图像进行焊缝识别，根据焊缝识别框的位置信息，对轮毂焊缝是否旋转到预设范围内进行验证。通过轮毂上方图像和侧面图像对轮毂旋转到预设位置进行校验，有效地提高了轮毂焊缝定位的精确度。

（3）本方法应用于汽车轮毂生产过程中，对于 YOLO 目标识别算法的模型训练了大约 50 000 张图像，是在模拟真实车间环境下对 25 种类型的轮毂进行数据采集，使得 YOLO 算法能够应对复杂场景下的焊缝识别情况，适应性较强。

（4）本方法应用于汽车轮毂生产过程中，采用的 YOLO 算法是比较快的目标对象检测算法之一，焊缝识别的实时性强，保证了轮毂生产线的生产效率。

3.6.3　小结

本节将深度学习方法应用于汽车轮毂生产加工流水线上，提出了一种基于深度学习的汽车轮毂焊缝精确识别与快速定位方法。本方法能够应对复杂场景下的焊缝识别情况，对轮毂焊缝进行精确识别、快速定位，推动轮毂生产线的自动化、智能化作业。

本章小结

本章首先对目标检测的基本概念及原理进行了概述，然后分类介绍了目标检测模型，最后给出了轮毂焊缝精确识别与快速定位目标检测的实际应用案例。

4 文本检测

文本检测及其相关问题一直都是计算机视觉领域的热点与难点,其技术已普遍应用于语言翻译、辅助驾驶、地理定位、图像检索等诸多方面,早在几十年前科研工作者们就开始了相关研究。但是,在复杂背景下,针对自然场景中多尺度、多方向的文本检测仍然存在诸多困难。

本章研究了基于深度学习的文本检测方法,具体的工作和研究成果如下:针对自然场景中多尺度文本检测效果不佳、文本区域边界检测不准确等问题,提出一种基于多尺度特征融合的任意方向文本检测算法。首先,利用深度卷积神经网络提取不同尺度特征,通过上采样将高层特征与底层特征相融合得到包含丰富语义信息的特征图;其次,通过语义分割的方法得到文本的头尾区域,利用头尾区域的像素预测文本头尾区域的边界顶点,克服了因网络感受野的限制而难以有效检测长文本的困难。再次,引入在线难例挖掘(Online Hard Example Mining,OHEM)解决训练过程中正负样本类别不平衡的问题,提高了检测的效果。实验结果表明:该方法在自然场景文本检测,尤其是长文本检测中具有一定的优越性。在公开的 MSRA-TD500、ICDAR 2013、ICDAR 2015及 ICDAR 2017 MLT 自然场景文本数据集上进行测试比较,该方法的检测效果超过目前大部分方法,证明本章方法的合理性和有效性。

4.1 研究基础

最近几年来,深度学习(Deep Learning)的发展速度十分惊人,成为流行的科学研究方法之一。深度学习凭借对数据强大的拟合能力在计算机视觉、推荐系统、自然语言处理等领域都取得了突破,为机器学习带来了革命性的进步。深度学习其实是机器学习(Machine Learning)的一个分支,但相对于传统的机器学习方法来说,深度学习可以使用更深、更复杂的网络结构从数据中提取出更高层次的特征。在传统的机器学习方法中,研究人员利用自己的专业知识来人工设计一些特征,比如,尺度不变特征变换(Scale Invariant Feature Transform,SIFT)是处理局部特征描述子中非常有用的特征。SIFT 对于图像的旋转、尺度、亮度等都能够保持不变,是一种十分稳定的特征,能够解决很多问题,但这种人工设计特征不是万能的。面对不同的问题场景,研究人员需要花费大量的时间构造不同的特征,选取好的特征在很大程度上是靠研究人员对专业的理解水平以及运气的,而且一个算法的好坏直接取决于选取特征的好坏。当面对图像、音频等更复杂的非结构化数据时,人工选择特征的缺点就更加明显了,而深度学习能够自主地学习到数据的高层次特征。因为深度学习具有强大的拟合数据能力,能够训练更复杂的网络,计算机硬件和计算方式有了改进,所以深度学习能够快速地发展。

最近,由于深度学习发展和成熟,深度学习在很多方面成功应用,我们可以不使用人工定义的特征,而让深度学习算法来提取特征。[1]这使得文本检测也进入深度神经网络的时代。文本检测是从整幅的输入图像中定位文字的位置。文本的位置由包围盒表示,一般情况下,水平的包围盒由四个矩形的坐标(x,y,w,h)组成。在一些问题中还需要检测多方向的包围盒,此时包围盒通常由(x,y,w,h,θ)五个参数或者$(x_1,y_1,x_2,y_2,x_3,y_3,x_4,y_4)$八个参数表示,其中,$\theta$是包围盒和水平方向的角度,$(x_i,y_i)$($i=1,2,3,4$)是四边形的四个顶点坐标。自然场景文本检测主要受到三方面的挑战:一是场景文本的多样性,自然场景图像中的文本可能有完全不同的字体、颜色、尺度和方向;二是背景的复杂性,自然场景中的背景可能非常复杂,标志、栅栏、砖块和草等元素几乎与文本无法区分,很容易造成混淆和错误;三是干扰因素(如噪声、失真、低分辨率、不均匀照明和部分遮挡)可能导致文本检测失效。

传统的场景文本检测方法利用传统的图像处理技术和统计机器学习的方法在自然场景文本检测领域取得一定的成果,其中,具有代表性的算法包括基于连通域分析的笔画宽度变换(SWT)、最大稳定极值区域(MSER)算法和基于滑动窗口的区域特征分类方法。然而,受制于自然场景文本图像中文本和背景的复杂性以及图像噪声干扰等因素,基于这些算法仍然难以高效、准确地检测自然场景中的文本实例。

基于深度学习的文本检测分为两种思路:一种是基于候选区域(Region Proposal)的方法,一种是基于语义分割的方法。基于候选区域的方法主要通过区域建议网络(Region Proposal Network,简称 RPN)、候选区域生成算法或其他方式预定义不同尺寸的多个候选框,并利用 CNN 提取的候选区域的图像特征判断该区域是否属于文本实例。这类方法通常建立在经典目标检测算法基础上,如 R-CNN、Faster R-CNN、SSD 和 YOLO,具有深度神经网络提取图像特征的优点,有较好的检测效果。SSD 是通过使用默认框(Default Box)来获取候选区域。RRPN 提出带角度的锚点(Anchor),通过设计足够多角度和尺度的 Anchor 来覆盖场景中的文本。R-CNN 通过对不同感受野的候选区域池化(RoI Pooling)来检测多角度文本。SegLink 将文本分为分割(Segments)和连接(Links),通过多尺度预测 Segments 和 Links,利用后处理方法连接成文本。此类算法需要在不同尺度的特征层上设置一些固定的不同尺寸、不同宽高比的 Anchors,然后将这些锚点和真实文本框在中心点、宽和高等信息的差异作为卷积神经网络预测的目标。然而自然场景中的文本形状各异,尺寸和宽高比的差异大,预先设定的锚点候选框尺寸大小无法近似匹配真实文本,因此难以对多尺度文本实现有效的检测。文本检测和通用目标检测的差异如图 4-1 所示,一是文本对象的宽高比范围较大,而通用目标检测中,目标对象的宽高比一般在 3 以内[2];二是通用目标检测中的边界框(Bounding Box)是水平矩形,而文本对象是有方向的,其边界框需要用旋转四边形或者多边形来表示。

(a) 自然场景文本检测　　　　　　　　(b) 通用目标检测

图 4-1　自然场景文本检测和通用目标检测比较

为适应文本的特性,一些研究者通过语义分割的方法预测像素所在文本区域的几何属性(中心点、顶点、宽度、高度或角度等),预测文本框的目标,避免了基于通用目标检测改进的文本检测算法需要预设锚点带来的问题。基于语义分割的自然场景文本检测方法通过借鉴经典语义分割算法的思路,利用深度卷积和上采样提取多级融合特征,预测图像中的每个像素是否属于文本区域。He 等[3]首次提出直接回归的概念,用自己搭建的 FPN 网络结构,直接学习四个点相对于中心点的偏移量,并用 Scale & Shift 方案来缩小要学习目标值的范围。EAST 算法[4]通过上采样将多个不同尺度的特征层融合,并在最后一个特征层上预测文本框的中心区域以及中心区域中每个像素所在文本框的位置信息。Xue 等[5]在 EAST 基础上增加了边界学习任务,通过边界语义的引导来准确检测文本,因为边界像素比中间像素更准确地回归边框,最终使相邻文本行更容易区分。这些方法避免了基于通用目标检测改进的文本检测算法需要预设锚点带来的问题。Cheon 等[6]提出的完全卷积实例感知语义分割(Fully Convolutional Instance-aware Semantic Segmentation,FCIS)中多了一个相对位置的信息,这样就能够通过相对位置来区分不同的实例。语义分割的优势在于能够处理多个方向的文本,但是不好的地方就是预测的结果是与分割的结构高度相关的,有时还需要后处理来纠正一些错误的预测。

4.2　基于多尺度特征融合的自然场景文本检测算法

本部分提出了一种基于多尺度特征融合的任意方向文本检测算法,能够实现对多尺度任意方向文本进行检测。首先,设计一种多尺度特征融合网络进行自然场景文本图像特征提取,通过上采样以自底向上的连接方式将不同尺度的特征进行融合,能够实现检测不同尺度的文字。其次,设计了一种新颖的几何表示形式,利用文本头尾区域的边界点分别预测文本区域两端顶点来进行文本区域的几何特征表示。在检测长文本时,相应感受野内背景干扰相对更少,对感受野大小的要求更低,因此检测结果更为准确。我们提出了一种新的后处理方法,利用头尾区域直接预测短边边界的顶点坐标,将同一文本区域预测的头尾边界顶点坐标相结合,便能得到精确、完整的文本检测结果。再次,面对栅栏、格子等复杂场景,我们利用 OHEM 对复杂情况下的文本进行训练,在一定程度上解决了类别不平衡的问题,提高了检测的效果。本部分所提算法在长文本数据集 MSRA-TD 500、定向文本数据集 ICDAR 2015、多语言数据集 ICDAR2017 MLT 等多个自然场景文本检测数据集上分别取得了81.70%,85.31%和67.25%的 F 值,结果超过了目前大部分算法。

4.2.1　算法

　　本章提出的基于多尺度特征融合的任意方向文本检测算法如图 4-2 所示。其主要由四个模块组成,特征提取、多尺度特征融合、几何特征输出共同构成网络部分,最后一个后处理模块根据网络输出每像素的几何特征向量预测图像中的文本区域顶点坐标,从而得到最终预测结果。在本部分中我们将对算法中的每个模块进行详细介绍。

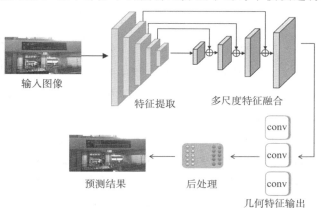

图 4-2　基于多尺度特征融合的检测算法

　　多尺度特征融合网络结构如图 4-3 所示。该算法的网络结构可以大致分为三个部分:特征提取、特征融合以及几何特征输出。首先将包含文本的自然场景图像作为输入信息,在特征提取阶段经过卷积神经网络处理后得到不同尺度的特征层;随后在特征融合阶段利用上采样调整小尺度特征层的大小后,与大尺度特征层融合;最后根据融合后的特征图进行文本区域的几何属性预测。

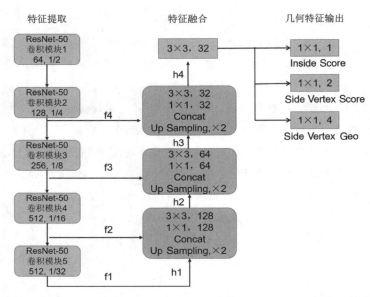

特征提取   特征融合   几何特征输出

ResNet:残差网络;Concat:拼接;Up Sampling:上采样;Inside Score:文本区域内的置信度;Side Vertex Score:边界元素置信度;Side Vertex Geo:短边顶点坐标。

图 4-3   多尺度特征融合网络结构图

特征提取:特征提取部分将 ResNet-50 作为卷积神经网络主干,使用在 ImageNet 数据集上预先训练的卷积神经网络参数初始化。从特征提取阶段提取四个级别的特征图(表示为 f_i),它们的大小分别为输入图像的 $1/32$,$1/16$,$1/8$ 和 $1/4$。通常使用卷积层和池化层交错的卷积神经网络来预先训练特征提取。将 ResNet 与经典的 VGG16 和 PVANET[7] 相比较,VGG16 尽管应用广泛,但是感受野太小,模型太大;虽然 PVANET 是一个轻量级网络,其通过增加网络的深度能提取更深层次的特征,具有较好的网络性能,但是网络的加深可能会造成梯度爆炸和梯度消失的问题;ResNet 是一种解决网络深化带来的问题的残余网络,使网络能够向更深层次深化,学习更丰富的特征信息。与 VGG16 和 PVANET 相比,ResNet-50 的参数量更少,计算存储花销更小,而且 ResNet-50 使用了残差结构,能够有效地缓解训练时发生梯度消失的情况。因此,选用 ResNet-50 作为特征提取部分卷积神经网络的主干。

特征融合:为了能够有效检测到不同尺寸大小的文本,将特征提取阶段提取到的多层特征进行融合。由于自然图像中的文本大小是不同的,而且卷积神经网络提取的低级特征语义信息相对较少,但目标位置是准确的,这有利于预测小文本区域。高级特征语义信息相对较丰富,但目标位置相对粗略,这有助于预测大的文本区域。具体来说,对高层的特征先进行上采样,与低一层的特征的宽高维度保持一致,然后沿通道方向将上采样的特征与低一层的特征进行连接,最后使用一个 conv 1×1 与一个 conv 3×3 的卷积操作将特征进行融合。将融合后的特征继续融合更低层特征,直至融合的特征的宽高为原图像的 $1/4$。多尺度特征融合的方式如下:

$$g_i = \begin{cases} \text{unpool}(h_i) & \text{if } i \leqslant 3 \\ \text{conv}_{3\times3}(h_i) & \text{if } i = 4 \end{cases} \tag{4.1}$$

$$h_i = \begin{cases} f_i, \text{if } i = 1 \\ \text{conv}_{3\times3}(\text{conv}_{1\times1}(|g_{i-1};f_i|)), \text{otherwise} \end{cases} \tag{4.2}$$

式中,g_i 是合并基础,h_i 是合并特征映射,运算符 $|\cdot;\cdot|$ 表示沿通道轴连接特征图。在每个合并阶段,最后一个特征映射首先被馈送到上采样层以使其大小加倍,然后与当前特征映射连接。接下来,通过 conv 1×1 减少通道数量并减少计算,然后利用 conv 3×3 融合信息,最终产生该合并阶段的输出。在合并之后,转换 conv 3×3 层产生合并分支的最终特征图并将其馈送到网络的下一阶段。

几何特征输出:基于长文本区域检测的需要,我们设计了一种新的几何形状表示方法。我们改进了 EAST[5] 算法的输出模式,使长文本预测更加准确。EAST 算法通过预测像素点到文本框四条边的距离来计算文本框的顶点坐标。而对于长文本的四边形来说,从短边一侧的若干像素来预测另一侧的两个顶点难度较大,因此,我们设计了一个有头尾标识的文本框边界顶点表示方式。利用文本短边区域像素点预测短边顶点坐标,头部像素只负责预测其一侧的两个顶点,尾部像素负责预测另一侧的两个顶点。将特征融合阶段得到特征图经过三个 conv 1×1 操作输出每像素几何特征向量,包括三部分:像素点在文本区域内的置信度、边界元素置信度、短边顶点坐标。

每像素几何特征向量如图 4-4 所示,其中,第一位是像素点在文本区域内的置信度(判断像素是否在文本框中),第二位和第三位是边界元素置信度(判断像素是否属于文本框边界像素以及是头部还是尾部区域)。最后四位是边界像素预测的两个短边顶点坐标。

内部像素	边界像素	头(尾)像素	头(尾)顶点 x_1	头(尾)顶点 y_1	头(尾)顶点 x_2	头(尾)顶点 y_2

图 4-4　网络输出每像素几何特征向量

网络的损失函数 Loss 如下:

$$L = L_{cls} + \lambda_{reg} L_{reg} \tag{4.3}$$

式中,L_{cls} 为分类损失,L_{reg} 为回归损失,λ_{reg} 为超参数,用于平衡分类损失和回归损失,在本实验中超参数设置为1。

$$L_{cls} = \frac{1}{|\Omega|} \sum_{x \in \Omega} H(p_x, p_x^*)$$
$$= \frac{1}{|\Omega|} \sum_{x \in \Omega} (-p_x^* \log p_x - (1 - p_x^*) \log(1 - p_x)) \tag{4.4}$$

式中,$|\Omega|$ 表示 OHEM[7] 中所选正像素的数量,$H(p_x, p_x^*)$ 表示预测的 p_x 与标注值 p_x^* 的交叉熵损失,通过交叉熵(Cross-entropy)函数尽可能地使模型输出的分布与训练样本的分布一致。交叉熵主要呈现的是实际输出(概率)与期望输出(概率)的差距,两个概率分布越接近,则交叉熵的值就越小。

$$L_{\text{reg}} = \frac{1}{|\Omega|} \sum_{x \in \Omega} \text{IoU}(R_x, R_x^*) + \lambda_\theta (1 - \cos(\theta_x, \theta_x^*)) \qquad (4.5)$$

回归损失 L_{reg} 又分为两部分:一部分是 IoU 损失,一部分为旋转角度损失。其中,$\text{IoU}(R_x, R_x^*)$ 是预测边界与真实值之间的 IoU 损失;θ_x 是对旋转角度的预测,θ_x^* 表示真实值。

后处理:从网络输出的几何特征向量中不能直接得到文本区域的预测结果,还需要进行后处理才能得到完整的结果。整个后处理的流程如图 4-5 所示,具体如下:由多尺度特征融合网络得到每像素几何特征向量,根据像素点在文本区域内的置信度输出的值确定激活像素(pixel)。然后遍历所有激活像素,合并特征图中左右相邻的激活像素,形成若干区域列表(region list)。然后,遍历特征图中彼此相邻的所有区域列表,将区域列表合并以形成区域组(region groups)。依次遍历区域组中的像素点,根据几何特征向量中边界元素置信度(side vertex)中的值判断像素是否属于文本框边界像素及该像素属于头部(head)还是尾部(tail)区域。接下来,用每个区域组中头(尾)区域的每个像素分别预测头(尾)顶点坐标。最后,将每个顶点所有预测值的加权平均值作为最后的预测坐标值,从而得到文本框的最终预测顶点坐标。

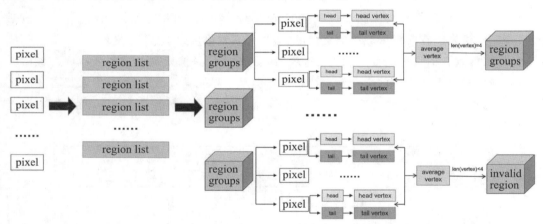

pixel:激活像素;region list:区域列表;region groups:区域组;head:头部区域;tail:尾部区域;head vertex:头部边界顶点预测值;tail vertex:尾部边界顶点预测值;average vertex:边界顶点预测值的平均值;invalid region:无效区域。

图 4-5　后处理示意图

4.2.2　实验

4.2.2.1　实验环境及细节

我们使用模型在 ImageNet DataSet 上训练。训练过程包括两个步骤:首先我们使用 Synth 800K DataSet 训练 10 个批次,然后采用真实数据来微调模型直到收敛。在测试时,将头部、尾部区域的分类阈值均设置为 0.9。实验的硬件环境是 Intel Core 7700 CPU,16 GB RAM,Nvidia GTX 2080 Ti 显卡,操作系统为 Ubuntu 16.04。

　　数据增强对于加强深度神经网络的鲁棒性非常重要。首先,把图像的更长侧从640 像素调整为 2 560 像素。接下来,对图像进行[-10°,10°]范围内的随机旋转。然后,在 0.8 至 1.2 的比例中重新设置图像的高度,而它们的宽度保持不变。最后,从变换的图像中裁剪 640×640 随机样本。

　　使用 Adam 作为网络训练优化器,学习率设置为 0.001。以多步调整为学习率调整策略,每经过 10 000 次迭代,学习率衰减为原来的 0.94 倍。使用在 ImageNet 上预训练的 ResNet-50 模型初始化本网络中特征提取部分的模型参数,其余新加入层的参数使用符合均值为 0、方差为 0.01 的高斯分布的随机数进行初始化。

4.2.2.2　数据集

　　ICDAR 2013 是 ICDAR 2013 鲁棒阅读竞赛的挑战 2 中提出的数据集,其关注自然图像中的水平文本检测和识别。其训练集中有 229 幅图像,测试集中有 233 幅图像。此外,还为每个单词级和字符级文本实例提供了边界框和标签。

　　ICDAR 2015 是 ICDAR 2015 鲁棒阅读竞赛的挑战 4 中提出的数据集。该数据集包括 1 500 张图片,其中,1 000 张用于训练,其余用于测试。这些图片是由谷歌眼镜附带拍摄的。因此,场景中的文本可能处于任意方向,或者受到运动模糊和低分辨率的影响。

　　ICDAR 2017 MLT 是来自 ICDAR 2017MLT 鲁棒阅读竞赛的一个大规模的多语言文本数据集,包括 7 200 次训练图像、1 800 个验证图像和 9 000 个检测图像。数据集由来自 9 种语言的完整场景图像组成,此数据集中的文本区域可以在任意方向,因此它更加多样化和具有挑战性。

　　MSRA-TD 500 是由 300 个训练图像和 200 个测试图像组成的数据集。文本区域以 RBOX 格式标注,文本的标注由宽度、高度、方向和中心点的坐标组成。文本区域具有任意的方向,并且在句子级别进行标注。该数据集中的文本具有大小变化剧烈、宽高比变化剧烈、多方向的特点,这给文本检测带来了很大的困难。

　　SynthText 包含使用合成文本引擎生成的 800k 训练图像。它们是通过混合自然图像和人工渲染的文本合成的。将字体类型、大小和颜色随机的文本放置在颜色和纹理一致的区域,并考虑 3D 场景。

4.2.2.3　难例挖掘

　　为了获得更好的效果,我们在训练中引入 OHEM 进行负样本挖掘。由于图像中文本区域被分割,存在样本的不平衡。文字区域往往占比比较小,背景占比比较大。对于一张图中的多个文本,小的文本区域的损失往往被大文本区域的损失覆盖;而且还有一种情况,背景中存在难以区分的样本。对于每个图像,选择 512 个困难负样本、512 个随机负样本和所有正样本进行分类。对于边界回归,我们从每个图像中选择 128 个困难正样本和 128 个随机正样本进行训练。增加对复杂场景进行训练的次数,同时,在训练过程中均衡正负样本,避免了类别不均衡的问题,提高了检测的准确率。

4.2.2.4　评估指标

经典的评估指标采用召回率（Recall，R），准确率（Precision，P）和 F 值（F-measure，F）作为文本检测的评价指标。计算方式如下所示：

$$R = \frac{TP}{TP+FN} \times 100\% \qquad (4.6)$$

$$P = \frac{TP}{TP+FP} \times 100\% \qquad (4.7)$$

$$F = 2 \times \frac{P \times R}{P+R} \times 100\% \qquad (4.8)$$

式中，TP、FP 和 FN 分别代表正例预测为正例、负例预测为正例和正例预测为负例。对于文本检测，如果检测到的多边形和标签真实值之间的交集大于给定的阈值（通常设置为 0.5），则检测到的区域被认为是正例。

4.2.2.5　实验结果

我们在 MSRA-TD 500 数据集上评估本部分算法对长文本检测的有效性。MSRA-TD 500 数据集的检测目标是文本行，文本行中含有许多长文本。表 4-1 为不同算法在 MSRA-TD 500 数据集上的测试结果。从表 4-1 的结果来看，与以往的优秀算法相比，本部分算法获得了最高的召回率和最高的 F 值，分别为 78.40% 和 81.70%，准确率也达到了 85.30%。与 EAST 比较，我们的结果中各项指标均优于 EAST，这得益于引入了 OHEM 对困难样本进行训练。本部分算法相较于 Liao 等[12]的算法召回率提升了 3.8%。图 4-6 为本部分算法在 MSRA-TD 500 数据集上的检测结果示例。图 4-7 为本部分算法与 EAST 检测长文本的结果比较示例，其中，图 4-7(a) 为 EAST 的检测结果，EAST 的检测结果虽然准确定位出图像中的文本区域，但由于网络结构的限制，边界像素点感受野不足，未能准确定位出文本的边界，存在未检测到的边界区域。从图 4-7 中可以看出本部分算法在长文本检测中具有更好的效果。表中加粗的数字表示最佳结果，其他表同。

表 4-1　不同算法在 MSRA-TD 500 数据集上的测试结果比较

算法	年份	准确率/%	召回率/%	F 值/%
RRPN[2]	2018	82.00	68.00	74.00
DDR[3]	2017	77.00	70.00	74.00
EAST[4]	2017	83.56	67.13	74.45
Seglink[8]	2017	86.00	70.00	77.00
PixelLink[9]	2018	83.00	73.20	77.80
RRD[7]	2018	**87.00**	73.00	79.00
Lu 等[1]的算法	2020	85.60	72.20	78.30
游洋彪和石繁槐的算法	2021	86.30	74.60	80.00
本部分算法		85.30	**78.40**	**81.70**

图 4-6　本算法在 MSRA-TD 500 数据集上的
检测结果示例

（a）EAST 检测长文本的效果　　　　　　（b）本部分算法检测长文本的效果

图 4-7　不同方法对长文本的检测效果比较示例

我们在数据集 ICDAR 2015 上评估了本部分算法检测定向文本的有效性。表 4-2 为不同算法在 ICDAR 2015 数据集上测试结果。从表 4-2 的结果来看，与以往的优秀算法相比，本部分算法获得了最高的召回率为 82.04%，准确率和 F 值也分别达到了 88.84% 和 85.31%，获得了次优的结果。与游洋彪和石繁槐[10] 结果相比，本部分算法的召回率取得了 0.24% 的提升。

图 4-8　本部分算法在 ICDAR 2015 数据集上的检测结果示例

图4-8为本部分算法在 ICDAR 2015 数据集上的检测结果示例。

表 4-2　不同算法在 ICDAR 2015 数据集上的测试结果比较

方法	年份	准确率/%	召回率/%	F 值/%
CTPN[11]	2016	74.00	52.00	61.00
文献[3]中的算法	2017	82.00	80.00	81.00
RRPN[2]	2018	84.00	77.00	80.00
EAST[4]	2017	83.27	78.33	80.72
TextBoxes＋＋[12]	2018	87.80	78.50	82.90
SegLink[8]	2017	85.50	82.00	83.70
RRD[7]	2018	88.00	80.00	83.80
PSENet[13]	2019	86.10	83.80	84.90
Lu 等[1]中的算法	2020	83.20	82.10	82.70
游洋彪和石繁槐[10]中的算法	2021	**89.42**	81.80	**85.44**
本部分算法		88.84	**82.04**	85.31

我们在数据集 ICDAR 2017 MLT 上评估了本部分算法对多语言文本的有效性。表 4-3 为各种算法在 ICDAR 2017 MLT 数据集上测试结果。从表 4-3 的结果来看,与以往的优秀算法相比,本部分算法获得了最高的准确率,为 80.95%,同时召回率和 F 值也分别达到了 57.51% 和 67.25%,获得了次优的结果。PSENet 使用 ResNet-152 为骨干网络,且使用了额外的数据集进行训练,因此取得了更好的召回率和 F 指数。而本部分算法与 PSENet 相比具有更好的准确率。图 4-9 为本部分算法在 ICDAR 2017 MLT 数据集上的检测结果示例。

表 4-3 不同算法在 ICDAR 2017 MLT 数据集上的测试结果比较

方法	年份	准确率/%	召回率/%	F 值/%
Linkage-ER-Flow[14]	2017	44.48	25.59	32.49
TH—DL[14]	2017	67.45	34.78	45.97
TDN SJTU2017[14]	2017	64.27	47.13	54.38
SARI FDU RRPN v1[2]	2017	71.17	55.50	62.37
SCUT DLVClab1[14]	2017	80.28	54.54	64.96
FOTS[15]	2018	79.48	57.45	66.69
PSENet[13]	2019	75.35	**69.18**	**72.13**
本部分算法		**80.95**	57.51	67.25

图 4-9 本部分算法在 ICDAR 2017MLT 数据集上的
检测结果示例

本章小结

针对自然场景中文本尺度多样而难以有效检测的问题,本章研究了基于深度学习的文本检测算法,提出了一种基于多尺度特征融合的任意方向文本检测算法。该算法通过多尺度特征融合网络进行文本图像的特征提取,特征融合和几何特征输出,得到每像素几何特征表示。通过后处理判断文本的头部、尾部区域,将头部、尾部区域预测的各自边界的顶点组合起来,便可得到精确、完整的文本检测结果。在多种数据集上我们做了大量实验,在 MSRA-TD 500、ICDAR 2015 及 ICDAR 2017 MLT 文本检测数据集上的实验测试结果表明该算法在自然场景文本检测中具有较高的定位准确性和鲁棒性。该算法目前主要适用于定向文本,在未来的工作中,我们将结合注意力机制和语义分割来改善该算法,使其具有更强的泛化能力以实现对任意形状文本的检测。

参考文献

[1] LU L Q, WU D, WU T, et al. Anchor-free multi-orientation text detection in natural scene images[J]. Applied intelligence, 2020, 50(4): 1-15.

[2] MA J Q, SHAO W Y, YE H, et al. Arbitrary-oriented scene text detection via rotation proposals[J]. IEEE transactions on multimedia, 2018, 20(11): 3 111-3 122.

[3] HE W, ZHANG X Y, YIN F, et al. Deep direct regression for multi-oriented scene text detection[C]//2017 IEEE international conference on computer vision (ICCV), October 22-29, 2017, Venice, Italy. IEEE, c2017: 745-753.

[4] ZHOU X Y, YAO C, WEN H, et al. East: an efficient and accurate scene text detector[C]//2017 IEEE conference on computer vision and pattern recognition (CVPR), July 21-26, 2017, Honolulu, HI, USA. IEEE, c2017: 5 551-5 560.

[5] XUE C H, LU S J, ZHAN F N, et al. Accurate scene text detection through border semantics awareness and bootstrapping [C]//European conference on computer vision, September 8-14, 2018, Munich, Germany. ECCV, c2018: 370-387.

[6] CHEON Y, HONG S H, KIM K H, et al. PVANET: deep but lightweight neural networks for real-time object detection[J]. 2016, arXiv: 1608.08021.

[7] LIAO M H, ZHU Z, SHI B G, et al. Rotation-sensitive regression for oriented scene text detection [C]//2018 IEEE/CVF conference on computer vision and pattern recognition, June 18-23, 2018, Salt Lake City, UT, USA. IEEE, c2018: 5 909-5 918.

[8] SHI B G, BAI X, BELONGIE S. Detecting oriented text in natural images by linking segments [C]//2017 IEEE conference on computer vision and pattern recognition (CVPR), July 21-26, 2017, Honolulu, HI, USA. IEEE, c2017: 2 550-2 558.

[9] DENG D, LIU H F, Li X L, et al. PixelLink: detecting scene text via instance segmentation[C]//AAAI conference on artificial intelligence. AAAI, 2018, 32(1).

[10] 游洋彪,石繁槐. 短边顶点回归网络:新型自然场景文本检测器[J]. 哈尔滨工业大学学报,2021, 53(12): 89-97.

［11］TIAN Z，HUANG W L，HE T，et al. Detecting text in natural image with connectionist text proposal network［C］//European conference on computer vision，October 8-16，2016，Amsterdam，The Netherlands. ECCV，c2016：56-72.

［12］LIAO M H，SHI B G，BAI X. Textboxes＋＋：a single-shot oriented scene text detector［J］. IEEE transactions on image processing，2018，27(8)：3 676-3 690.

［13］WANG W，XIE E，LI X，et al. Shape robust text detection with pro-gressive scale expansion network［C］//Proceedings of the IEEE/CVF conference on computer vision and pattern recognition. IEEE，2019：9 336-9 345.

［14］NAYEF N，YIN F，BIZID I，et al. ICDAR2017 robust reading challenge on multi-lingual scene text detection and script identification-RRC-MLT［C］//2017 14th IAPR international conference on document analysis and recognition (ICDAR)，November 9-15，2017，Kyoto，Japan. IEEE，c2017：1 454-1 459.

［15］LIU X B，LIANG D，YAN S，et al. FOTS：fast oriented text spotting with a unified network［C］//2018 IEEE/CVF conference on computer vision and pattern recognition，June 18-23，2018，Salt Lake City，UT，USA. IEEE，c2018：5 676-5 685.

5 冠状动脉分割

　　心血管疾病非常常见,是死亡率较高的疾病之一。冠心病是主要的心血管疾病之一。冠状动脉 CT 血管造影(Coronary Computed Tomography Angiography,CCTA)主要在冠心病临床诊断的早期筛查中使用。不断发展的计算机辅助诊断技术对 CCTA 图像的自动化处理及精度提出了更高的要求。

　　本章以 CCTA 图像数据为研究对象,从图像预处理步骤出发,提出了基于分形特征分析的噪声图像超分辨率重建算法,以获得纹理细节丰富的无噪声 CCTA 图像;针对医学图像自动化高精度分割问题,基于目标检测和分割深度神经网络,提出了基于多特征融合 Mask R-CNN 的冠状动脉分割算法,为冠心病辅助诊断系统提供技术支撑。

　　CCTA 图像在获取和处理过程中不可避免地会引入噪声,并且噪声会对分割网络的特征提取造成影响,针对这一问题,我们提出一种基于分形分析的噪声图像超分辨率重建算法。分形分析可以有效地描述图像的纹理特征,因此,我们将分形分析应用到超分辨率重建模型中,进一步利用图像的局部特征分析,提出一种基于局部分形维数的去噪声算法来恢复无噪声图像。在此研究基础上,我们采用多重分形谱来描述和分析图像的局部特征,提出一种基于多重分形谱的分形滤波算法;基于对退化模型的观察,将插值和去噪问题建模在同一框架下恢复无噪声图像。

　　我们通过多特征融合来提高分割网络的分割精度,提出一种基于多特征融合的 Mask R-CNN 冠状动脉分割网络;针对 CCTA 图像的弱边界问题,引入一种边界特征提取算法来提取有效的边界特征。CCTA 图像具有复杂的背景,某些组织器官的形状和灰度强度类似于冠状动脉,例如,肺动脉、肺静脉和骨骼使高精度分割困难。我们针对这一问题,利用分形维数可以描述图像的复杂性以及表示区域间的相似性,用来区分冠状动脉与其他组织器官。利用特征融合算法可以互补特征的优势,提高网络感知细节信息以及提取特征的能力。

5.1　研究基础

　　本部分主要介绍图像超分辨率重建和图像分割的相关基础知识。在获取冠状动脉医学影像数据时不可避免地会引入噪声,并且对医学图像处理过程中也会引入随机噪声,这些噪声使医学图像丢失了很多细节纹理信息,对后续的医学图像处理造成困难。因此首先需要对含噪声的医学图像进行去噪声和细节恢复等操作。大部分的冠状动脉医学图像都具有弱边界和复杂背景,对于基于特征的分割网络,这些特征对冠状动脉的分割造成了极大的困难。应从图像具有的特点出发,设计相应的特征提取和增强算法,以此提高网络的特征学习能力。

5.1.1　图像超分辨率重建

　　现有的图像超分辨率重建算法可分为基于插值的算法[1,2]、基于重建的算法[3,4]和基于学习的算法[5,6]。基于插值的算法通常利用插值核基函数来估计高分辨率(High Resolution,HR)图像中的未知像素。然而在处理图像时,这些算法在边缘处容易生成锯齿形的边缘。为了提高传统算法的性能,许多自适应插值算法被提出。虽然这些算法可以保持更锐化的边缘,但是它们经常产生斑点噪声或扭曲的纹理区域。基于重建的算法在重建过程中一般都要运用一定的先验知识。这种算法可以保持图像的边缘结构,防止混叠现象,但当要求的放大倍数较大时,重建图像的质量会迅速下降(如过于光滑、丢失重要高频细节)。基于学习的算法大多数都通过 HR 图像和低分辨率(Low Resolution,LR)图像对之间的映射关系建立模型,通过模型来恢复图像中缺失的高频细节。基于学习的算法有两种:一种是依赖外部训练数据集,这种算法一般适用于某一类特殊的图像,但它们是固定的,因此应用于具有特殊属性的医学图像是不合适的;另一种是用 LR 图像本身代替外部训练集,这种算法是利用相似度冗余信息生成相同尺度内和不同尺度间的 HR 图像。然而,如果 LR 图像没有足够的重复形式,这些算法很容易生成锐化的边缘。针对具有噪声的数据,一种方案是采用稀疏表示的算法,另一种方案是将图像恢复过程分为去噪和插值过程,这两个步骤互不相交。虽然这些算法可以很好地处理噪声,但是会引入伪影,这些伪影在插值阶段会被进一步放大。

5.1.2　经典的分割算法

　　在计算机辅助诊断系统中,图像分割技术是极其关键的一步,分割结果的好坏可能会直接影响医生的诊断。图像分割可简单理解为提取具有特定特征的感兴趣区域的技术和过程,在图像识别和计算机视觉中大多数作为预处理过程。经典医学图像分割算法包括:① 基于阈值的分割算法。阈值分割算法是一种最常用的分割技术,其思想往往也会应用到其他算法中。阈值分割的基本思想是将输入的图像变换为输出图像：

$$g(x,y)=\begin{cases}1,f(x,y)\geqslant T\\0,f(x,y)<T\end{cases} \tag{5.1}$$

式中，T 表示设定的阈值，$g(x,y)=1$ 表示属于分割目标的图像元素，$g(x,y)=0$ 表示属于背景的图像元素。从公式可以看出，阈值是分割的关键。如何设定一个合适的阈值是研究者需要研究的问题。针对医学图像，其分割区域的灰度值大多是渐进变化的，因此选择一个确定的阈值是困难的。② 基于区域的分割算法。区域生长是典型的基于区域的算法，其基本思想是将具有相似性质的像素集合划分为一个区域，即从某个或某些像素出发，最后得到一系列区域，进而实现目标分割。③ 基于边缘的分割算法。这类算法对边缘(灰度级或结构突变)进行检测，确定一个区域。对于不复杂的图像，例如边缘灰度值过渡变化较大和噪声较小的图像，现有的边缘检测器可以取得较好的效果。当输入的图像的边缘模糊、丢失、不连续时，边缘检测器的分割结果不理想。当输入的图像是具有噪声的医学图像，现有的基于导数的边缘检测器的分割效果明显降低。④ 基于能量泛函的分割算法。最具代表性的是 Snake 模型，其在生物医学图像分割领域被广泛应用，但初始轮廓的设置对分割结果的影响较大，难以处理曲线拓扑结构的变化，并且能量泛函只依赖于曲线参数的选择，与物体的几何形状无关，这限制了其进一步的应用。⑤ 基于聚类的分割算法。模糊 C 均值聚类算法(FCM)是最常用的聚类算法，其思想是样本点对每个聚类有一个隶属度关系，对于具有不同隶属度函数的样本点可以归属于所有聚类。当输入具有噪声的医学图像，传统的聚类算法不考虑图像的空间信息，因此噪声与灰度分布不均对算法影响较大。⑥ 基于神经网络的分割算法。这类算法大多是通过训练多层感知机来得到分类函数，然后对图像中的逐个像素进行分类，当所有像素划分类别后生成分割结果。在训练网络模型时需要大量的训练数据，并且网络结构的选择也是研究者关注的问题。

5.1.3　Mask R-CNN 网络

近年来，深度神经网络在计算机视觉、医学辅助诊断技术和自然语言处理等不同领域显示出了良好的性能。Mask R-CNN[7] 是一种典型的用于图像分割的深度学习网络，相比于 Faster R-CNN[8] 有了改进，在数字图像中物体的分割和检测方面表现出色。

R-CNN 目标检测网络的实现主要依靠卷积神经网络。从网络结构来看，模型首先利用选择搜索算法对输入图像进行处理，将图像分为若干块。然后通过训练好的支持向量机，网络将属于同一个目标的图像块提取出来，即为待检测的感兴趣区域。然后通过卷积神经网络进行特征提取。最后将上步提取的特征输入支持向量机进行分类，得到目标的类别，并通过一个边界框回归算法调整目标包围框的大小。支持向量机和特征提取网络都是单独训练的，并且选择搜索算法是非常耗时的。针对这些问题，Fast R-CNN 网络对其进行了改进。

Fast R-CNN 对 R-CNN 网络做了改进，但是依然采用耗时的选择搜索算法提取候选框。Fast R-CNN 使用神经网络对全图进行特征提取,然后使用一个 ROI Pooling 层在提取的全图特征上为感兴趣区域选取对应的特征。最后将提取的感兴趣区域特征输入全连接层进行分类和包围框的修正。Faster R-CNN 通过区域建议网络(Region Proposal Network,RPN)来生成待检测区域,从而取代了耗时的选择搜索算法。

Mask R-CNN 是在 Faster R-CNN 基础上发展而来的,在其基础上增加感兴趣区域匹配层(Region of Interest Align,ROI Align)以及全卷积网络(Fully Convolutional Network,FCN)。Mask R-CNN 网络主要的流程框架如图 5-1 所示,Mask R-CNN 的总体结构包括与 Faster R-CNN 结构相同的分类检测分支和掩码预测分支。分类检测分支同样对感兴趣区域产生类别标签以及检测包围框。掩码预测分支是 Mask R-CNN 网络的改进之处,通过该分支会生成二值掩码。每个二值掩码都依赖于分类检测分支的结果。Mask R-CNN 实现了像素级别的图像实例分割任务,将物体检测和目标分隔并行处理,取得较好的实例分割效果。

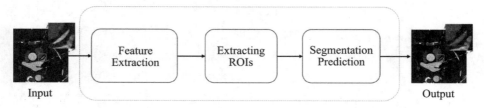

Input:输入;Feature Extraction:特征提取;Extracting ROIs:提取感兴趣区域;Segmentation Prediction:分割预测;Output:输出。

图 5-1　Mask R-CNN 流程图

5.2　基于分形分析的噪声图像超分辨率重建

通常来说,大多数现有的超分辨率(Super Resolution,SR)算法不考虑噪声,将 SR 重建和去噪声视为两个独立的问题并分别执行。但是,在成像过程中不可避免地会引入噪声。基于对退化模型的观察,本部分对插值和去噪声问题进行了建模,在相同框架下恢复无噪声 HR 图像。通过将局部分形维数(Local Fractal Dimension,LFD)应用于图像局部特征分析,提出了一种单一噪声图像 SR 算法。然后,通过对插值图像进行进一步的局部特征分析,提出了一种基于 LFD 的去噪声算法来恢复无噪声图像。

5.2.1　噪声图像超分辨率重建算法

提出的重建算法是基于对退化模型的分析的,即上采样和去噪声。在研究中,插值和去噪声均被视为一个估计问题,在局部分形特征分析的框架下,对无噪声和缺失图像进行了估计。重建算法流程图如图 5-2 所示。

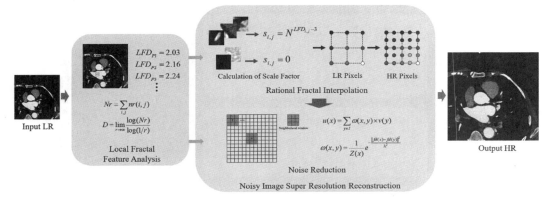

Input LR：输入低分辨率图像；Local Fractal Feature Analysis：局部分形特征分析；Calculation of Scale Factor：尺度因子计算；Rational Fractal Interpolation：有理分形插值；Noise Reduction：降噪；Noisy Image Super Resolution Reconstruction：噪声图像超分辨率重建；Output HR：输出高分辨率图像。

图 5-2 重建算法流程图

5.2.1.1 图像插值

与线性算法相比，非线性算法更适合于图像插值。[9]此外，分形是纹理的有效模型。在这里，我们构造一个有理的分形插值模型。

（1）插值模型重建：令 $\Omega=[a,b;c,d]$ 是平面区域，并且 $\{(x_i,y_j,f_{i,j},d_{i,j}^*,d_{i,j}):i=1,2,\cdots,N;j=1,2,\cdots,M\}$ 是一组给定的数据点，其中，$a=x_1<x_2<\cdots<x_N=b,c=y_1<y_2<\cdots<y_M=d$ 是节点距离，$f_{i,j}$ 表示在点 (x_i,y_j) 的 $f(x,y)$ 值。$d_{i,j}^*$ 和 $d_{i,j}$ 分别设为在点 (x_i,y_j) 处的偏导数值 $\dfrac{\partial f(x,y)}{\partial x}$ 和 $\dfrac{\partial f(x,y)}{\partial y}$。定义 $h_i=x_{i+1}-x_i,l_j=y_{j+1}-y_j$ 和点 $(x,y)\in[a,b;c,d],\theta:=\dfrac{x-x_1}{x_N-x_1},\eta:=\dfrac{y-y_1}{y_M-y_1}$。定义

$$\omega_{0,0}(\theta)=\frac{(1-\theta)^2(1+\theta)}{1-\theta+\theta^3},\omega_{0,1}(\theta)=\frac{\theta^2}{1-\theta+\theta^3} \tag{5.2}$$

$$\omega_{1,0}(\theta)=\frac{\theta(1-\theta)^2}{1-\theta+\theta^3},\omega_{1,1}(\theta)=\frac{-\theta^2(1-\theta)}{1-\theta+\theta^3}$$

现在，我们考虑以下迭代功能系统（Iterated Function System，IFS），

$$\begin{cases}\varphi_i(x)=a_ix+b_i\\\psi_j(y)=c_jy+d_j\\F_{i,j}(x,y,z)=s_{i,j}z+P_{i,j}(\varphi_i(x),\psi_j(y))-s_{i,j}B_{i,j}(x,y)\end{cases} \tag{5.3}$$

式中，$|s_{i,j}|<1,a_i=\dfrac{x_{i+1}-x_i}{x_N-x_1},b_i=\dfrac{x_Nx_i-x_ix_{i+1}}{x_N-x_1},c_j=\dfrac{y_j-y_1}{y_M-y_1},d_j=\dfrac{y_My_j-y_1y_{j+1}}{y_M-y_1}$，并且

$$P_{i,j}(\varphi_i(x),\psi_j(y))=a_{r,s}(\theta,\eta)f_{i+r,j+s}+b_{r,s}(\theta,\eta)h_id_{i+r,j+s}^*+c_{r,s}(\theta,\eta)l_jd_{i+r,j+s} \tag{5.4}$$

$$B_{i,j}(x,y)=a_{r,s}(\theta,\eta)f_{r(N-1)+1,s(M-1)+1}+b_{r,s}(\theta,\eta)H_Nd_{r(N-1)+1,s(M-1)+1}^*+$$

$$c_{r,s}(\theta,\eta)L_Md_{r(N-1)+1,s(M-1)+1} \tag{5.5}$$

$$a_{r,s}(\theta,\eta)=\omega_{0,r}(\theta)\omega_{0,s}(\eta),b_{r,s}(\theta,\eta)=\omega_{1,r}(\theta)\omega_{0,s}(\eta),c_{r,s}(\theta,\eta)=\omega_{0,r}(\theta)\omega_{1,s}(\eta) \tag{5.6}$$

然后通过公式(5.3)定义的 IFS$\{I \times J \times R;(\varphi_i(x),\psi_j(y),F_{i,j}(x,y,z))\}$允许特定的吸引子 G，并且 G 是连续函数 $\Phi(x,y)$ 的图形，满足

$$\Phi(\varphi_i(x),\psi_j(y)) = F(x,y,\Phi(x,y)) = s_{i,j}\Phi(x,y) + P_{i,j}(\varphi_i(x),\psi_j(y)) -$$
$$s_{i,j}B_{i,j}(x,y), i=1,2,\cdots,N-1, j=1,2,\cdots,M-1 \qquad (5.7)$$

$s_{i,j}$ 称作 IFS 的尺度因子。此外，如果 $|s_{i,j}| < \min\{a_i,c_j\}$，则由公式(5.7)定义的分形插值函数(Fractal Interpolation Function，FIF)$\Phi(x,y)$ 是 C^1 连续的。$\{(a_{r,s}(\theta,\eta), b_{r,s}(\theta,\eta),c_{r,s}(\theta,\eta)):r=0,1;s=0,1\}$ 等项被称为公式(5.7)定义的二元有理 FIF 的对称基，满足

$$\sum_{s=0}^{1}\sum_{r=0}^{1}a_{r,s}(\theta,\eta)=1 \qquad (5.8)$$

(2) 基于 LFD 的尺度因子计算：插值表面具有不同的形状，并具有不同的尺度因子值。尺度因子值越高，对应的插值曲面越复杂。另一方面，不同的 LFD 对应图像的不同区域。纹理复杂的图像区域的 LFD 较大，平滑区域的像素值变化较小。构造的分形表面中分形维数与尺度因子之间的关系如公式(5.9)所示：

$$\sum_{i=1}^{N}\sum_{j=1}^{N}|s_{i,j}|a_i^{D-2}c_j=1 \qquad (5.9)$$

式中，D 是由公式(5.7)定义的分型表面的盒维数。对于图像来说，$a_i=c_j=\dfrac{1}{N}$。

根据公式(5.9)，曲面的分形维数与相应的二元有理 FIF 中的比例因子值密切相关。本研究的目的是使用曲面插值从一个 LR 图像中恢复高质量的 HR 图像。考虑到图像的局部几何结构，根据公式(5.9)，给出每个图像斑块的比例因子，即

$$s_{i,j}=N^{\mathrm{LFD}_{i,j}-3} \qquad (5.10)$$

(3) 插值算法：使用不同的比例因子，可以用不同的形式表示所构造的有形分形插值函数，这适合于描述和处理图像。基于图像的局部分形特征分析，将所提出的模型应用于图像插值。

我们的插值算法包括三个部分：
① 将 LR 图像分解为 3×3 大小的块。
② 分别对每个图像块进行插值。
③ 将这些图像块集成到 HR 图像中。
对于每个 LR 图像块，如图 5-3 所示，可以通过构造内插函数获得丢失的 HR 样本。该算法的基本思想是使用 3×3 矢量控制网格构造插值曲面，然后获得 HR 图像中每个点的强度。更

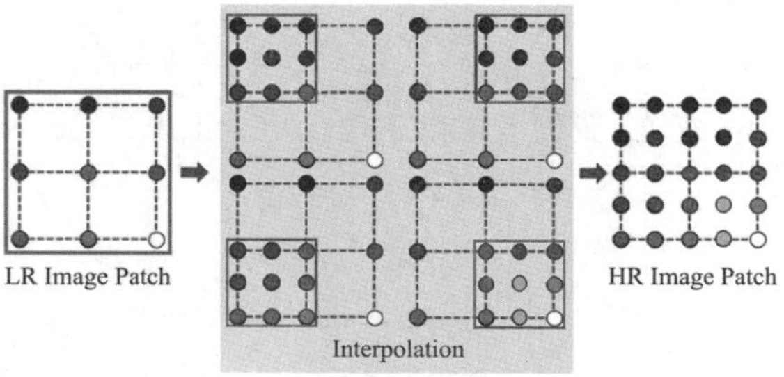

LR Image Patch：低分辨率图像块；Interpolation：插值；HR Image Patch：高分辨率图像块。

图 5-3　有形分形插值模型的插值过程

具体地来说，分形是由类似于整体的部分组成的形状，如图 5-3 所示，通过使用 3×3 LR 图像的像素来计算矩形(3×3)中的像素。对于整个图像，在处理过程中小块之间存

在重叠的像素点,以确保小块之间的平滑连接。此外,通过以光栅扫描顺序遍历 LR 图像中的每个色块来完成内插。

5.2.1.2　图像去噪声

现有的大多数去噪声算法都是对图像中的像素进行平均以达到去噪声效果。但是,这些算法往往会在去噪声过程中导致图像细节丢失。NL-means 算法利用图像中的冗余信息滤除噪声,并很好地保留了图像细节。但是,当该算法错误地选择相似点时,图像信息的细节将无法很好地保留,这在具有复杂纹理的图像中尤为常见。相反,分形可以正确描述图像的空间特征信息。LFD 是表征图像粗糙度的重要参数。因此,我们提出了一种基于 LFD 的 NL-means 去噪声算法,该算法将 LFD 与局部均值相结合以搜索并正确选择相似点。该算法具有更好的去噪声效果,并保留了图像的纹理和结构信息。

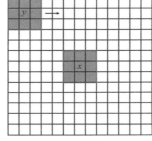

邻域窗口

如图 5-4 所示,图中的大窗口是一个以目标像素 x 为中心的搜索窗口,其中,两个灰色小窗口是分别以 x 和 y 为中心的邻域窗口。以 y 为中心的邻域窗口在搜索窗口内移动,每个像素 x 被计算为具有与搜索窗口中 x 相似结构的像素的加权平均值。给定一个有噪声的图像 v,去噪声后的图像为

图 5-4　搜索窗口中邻域窗口的滑动过程

$$u(x)=\sum_{y\in I}\omega(x,y)*v(y) \tag{5.11}$$

式中,权重 $\{\omega(x,y)\}_y$ 取决于 x 和 y 之间的相似性并满足通常的条件,即 $0\leqslant\omega(x,y)\leqslant1,\sum_y\omega(x,y)=1$。$I$ 代表搜索窗口中的像素。

为了在去噪声过程中有效保留图像边缘和复杂纹理,要借助 LFD 为像素搜索正确的相似点。LFD 可以反映图像块的粗糙度。阈值 T 用于滤除不相似的图像块。令 $fd(x)$ 为像素 x 的分形维数。当 $|fd(x)-fd(y)|>T$ 时,$\omega(x,y)=0$;当 $|fd(x)-fd(y)|\leqslant T$ 时,相似度作为加权欧式距离的递减函数:

$$\omega(x,y)=\frac{1}{Z(x)}e^{-\frac{\|fd(x)-fd(y)\|^2}{h^2}} \tag{5.12}$$

式中,$Z(x)$ 是归一化常数,计算如下:

$$Z(x)=\sum_y e^{-\frac{\|fd(x)-fd(y)\|^2}{h^2}} \tag{5.13}$$

式中,$fd(x)$ 表示以像素 x 为中心的正方形邻域,参数 h 作为过滤度。

5.2.1.3　分形滤波算法

由于单独的分形维数不能提供对目标的足够描述,多重分形分析作为经典分形分析的扩展,更适合描述复杂的模式。此外,利用多重分形谱(Multi-fractal Spectrum,MFS)度量图像的多重分形,MFS 是提取图像纹理和结构信息的有力工具,我们用它来

分析图像特征。

$$f(\alpha) = \min_{-\infty < q < \infty}(\alpha q - \tau(q)) \tag{5.14}$$

$$\alpha_{min} = \frac{\mathrm{d}\tau(q)}{\mathrm{d}q}\bigg|_{q \to +\infty}, \alpha_{max} = \frac{\mathrm{d}\tau(q)}{\mathrm{d}q}\bigg|_{q \to -\infty} \tag{5.15}$$

进一步得到光谱宽度（$\Delta\alpha = \alpha_{max} - \alpha_{min}$）和光谱差 $\Delta f = f(\alpha_{min}) - f(\alpha_{max})$。图 5-5 为不同图像的 $(\alpha, f(\alpha))$ 分布，左图为原图，右图为对应的分形图。对于不同类型的图像，光谱宽度和光谱差有明显的差异。同样，$\alpha \sim f(\alpha)$ 的分布与相同类型的图像相似。$\Delta\alpha$ 和 Δf 被用来描述图像小块之间的相似度，将其应用到图像去噪声中，可以选择正确的图像信息。在去除图像噪声的过程中，有效地保存了图像的纹理和结构信息。本部分提出了一种基于 MFS 的分形滤波算法。该算法的主要步骤如下。如图 5-6 所示，其流程与上一个去噪声算法的流程类似，包括以目标像素 x 为中心的搜索窗口和以 x 和 y 为中心的邻域窗口。以 y 为中心的邻域窗口在搜索窗口中移动，对于一个像素 x，计算搜索窗口中具有类似结构的像素的加权平均。即给定一幅噪声图像 v，去噪后得到图像 u，有下面的公式

$$u(x) = \sum_{y \in I} \omega(x, y)v(y) \tag{5.16}$$

式中，权重 $\{\omega(x, y)\}_y$ 取决于 x 和 y 的相似度，并且满足通常的条件 $0 \leqslant \omega(x, y) \leqslant 1$ 和 $\sum_y \omega(x, y) = 1$。I 表示搜索窗口中的像素。权重系数 $\omega(x, y)$ 由计算 $\Delta\alpha$、Δf 和加权欧氏距离判定。

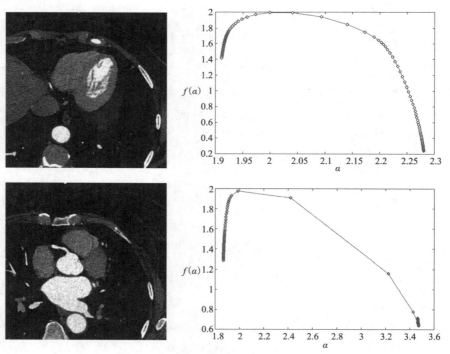

图 5-5　不同图像的多重分形谱

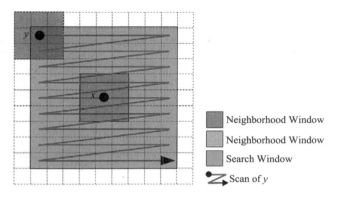

Neighborhood window：邻域窗口；Search window：搜寻窗口；Scan of y：y 的扫描。

图 5-6　分形滤波算法实现过程

$$\omega(x,y)=t_1\omega_1(x,y)+t_2\omega_2(x,y)+t_3\omega_3(x,y) \tag{5.17}$$

$$\omega_1(x,y)=\frac{1}{A(x)}e^{\frac{|\Delta a_{v(x)}-\Delta a_{v(y)}|}{h^2}},\omega_2(x,y)=\frac{1}{B(x)}e^{\frac{|\Delta f_{v(x)}-\Delta f_{v(y)}|}{h^2}}$$

$$\omega_3(x,y)=\frac{1}{C(x)}e^{-\frac{\|V_{(x)}-V_{(y)}\|_{2,a}^2}{h^2}} \tag{5.18}$$

$$A(x)=\sum_y e^{\frac{|\Delta a_{v(x)}-\Delta a_{v(y)}|}{h^2}},B(x)=\sum_y e^{-\frac{|\Delta f_{v(x)}-\Delta f_{v(y)}|}{h^2}},C(x)=\sum_y e^{-\frac{\|V_{(x)}-V_{(y)}\|_{2,a}^2}{h^2}} \tag{5.19}$$

式中，$0\leqslant t_1,t_2\leqslant1,t_3\leqslant1,t_1+t_2+t_3=1,V(x)$ 和 $V(y)$ 分别表示以 x 和 y 为中心的正方形邻域，$a>0$ 为高斯核的标准差，$A(x)$、$B(x)$、$C(x)$ 为归一化常数，参数 h 为滤波尺度。

5.2.2　实验结果及分析

为了说明所提出算法的有效性，我们对冠状动脉 CTA 图像数据集进行了实验，并选择了 8 种 SR 算法与我们开发的算法进行比较。这些算法是双三次插值：MMPM[10]、Zhang's[11]、US[2]、LMMSE[12]、ASDS[13]、NASR[14] 和 DPIR[15]。在所有实验中，原始图像均添加了不同级别的高斯噪声作为输入（高斯噪声的标准偏差分别为5、10 和 20）。实验结果如表 5-1、表 5-2、表 5-3 所示。表中加粗的数据表示同类数据中最优的，后文表格也这样表示。

我们采用峰值信噪比（Peak Signal-to-noise Ration，PSNR）和结构相似度（Structural Similarity，SSIM）指数进行定量比较。PSNR 定义为 $10\log_{10}(255^2/MSE)$，其中，MSE 是要比较的两个单色图像的均方差（Mean Squared Error，MSE）。SSIM 是基于视觉的指标，用于评估图像重建质量。

表 5-1　在 Test 1 上图像的评价指标

Image	Noise	Index	Bicubic	MMPM	Zhang's	US	LMMSE	ASDS	NASR	DPIR	Ours
Img1	$\sigma=5$	PSNR	30.01	31.94	32.39	31.9	30.01	32.37	30.51	30.24	**33.22**
		SSIM	0.828	0.921	0.94	0.923	0.939	0.902	0.882	0.935	**0.942**

（续表）

Image	Noise	Index	Bicubic	MMPM	Zhang's	US	LMMSE	ASDS	NASR	DPIR	Ours
Img2	$\sigma=5$	PSNR	30.97	31.04	31.09	30.77	30.97	31.95	30.78	29.53	**32.04**
		SSIM	0.71	0.902	0.904	0.884	0.9	0.874	0.859	0.897	**0.912**
Img3	$\sigma=5$	PSNR	25.56	25.51	25.47	24.91	25.56	**26.78**	24.49	24.38	25.56
		SSIM	0.66	0.874	0.869	0.862	0.879	0.88	0.845	0.858	**0.883**
Avg	$\sigma=5$	PSNR	28.68	29.33	29.59	29.08	28.68	30.23	28.46	28.45	**30.25**
		SSIM	0.695	0.87	0.872	0.85	0.87	0.843	0.816	0.871	**0.884**
Img1	$\sigma=10$	PSNR	28.32	30.26	29.88	29.39	28.32	29.38	27.78	29.46	**31.32**
		SSIM	0.771	0.865	0.885	0.828	0.873	0.782	0.759	0.892	**0.9**
Img2	$\sigma=10$	PSNR	28.88	30.12	29.35	28.61	28.88	29.18	28.38	29.16	**30.44**
		SSIM	0.627	0.849	0.824	0.774	0.79	0.76	0.74	0.845	**0.861**
Img3	$\sigma=10$	PSNR	24.68	24029	23.69	24.12	24.68	25.51	23.73	24.4	25.22
		SSIM	0.601	0.801	0.817	0.785	0.798	0.79	0.753	0.834	**0.851**
		SSIM	0.608	0.864	0.839	0.755	0.78	0.75	0.719	0.857	**0.866**
Avg	$\sigma=10$	PSNR	27.23	28.16	27.79	27.4	27.23	28	26.7	27.78	**29.01**
		SSIM	0.626	0.808	0.808	0.754	0.78	0.735	0.708	0.815	**0.831**
Img1	$\sigma=20$	PSNR	25.59	26.9	28.73	24.39	26.28	21.03	25.4	23.08	**29.01**
		SSIM	0.688	0.63	0.776	0.685	0.763	0.579	0.5	0.749	**0.805**
Img2	$\sigma=20$	PSNR	24.63	26.3	28.52	23.93	25.2	20.83	24.58	23.1	**28.58**
		SSIM	0.615	0.71	0.72	0.735	0.756	0.654	0.589	0.788	**0.81**
Img3	$\sigma=20$	PSNR	19.97	21.22	25.08	22.1	19.57	19.54	20.37	20.02	**25.79**
		SSIM	0.597	0.752	0.742	0.767	0.764	0.749	0.688	**0.82**	0.79
Avg	$\sigma=20$	PSNR	23.7	25.21	27.21	23.6	24.14	20.65	23.84	23.86	**28.01**
		SSIM	0.602	0.678	0.712	0.701	0.754	0.598	0.565	0.751	0.777

表 5-2　在 Test 2 上的评价指标

Noise	Index	Bicubic	MMPM	Zhang's	US	LMMSE	ASDS	NASR	DPIR	Ours
$\sigma=5$	PSNR	28.17	29.91	29.98	29.74	28.32	30.01	29.15	29.97	**30.16**
	SSIM	0.827	0.849	0.852	0.831	0.853	0.844	0.826	0.857	**0.872**
$\sigma=10$	PSNR	25.16	25.38	25.57	25.44	25.25	25.37	24.58	26.04	**26.22**
	SSIM	0.693	0.783	0.794	0.778	0.791	0.741	0.714	0.793	**0.823**
$\sigma=20$	PSNR	22.93	23.87	24.76	22.99	23.14	23.21	23.07	24.29	**25.56**
	SSIM	0.671	0.744	0.743	0.719	0.727	0.702	0.694	0.761	**0.798**

表 5-3　无噪声图像的边缘保留指数

Dataset	Bicubic	MMPM	Zhang's	US	LMMSE	ASDS	NASR	DPIR	Ours
Test 1	0.786	0.805	0.796	0.79	0.787	0.793	0.779	0.808	**0.821**
Test 2	0.662	0.667	0.684	0.679	0.681	0.689	0.663	0.669	**0.705**

在表 5-1 和表 5-2 中,我们报告了所有算法的 Test 1 和 Test 2 的平均 PSNR 和 SSIM 性能。表中的加粗数字代表最佳性能。根据表 5-1 和表 5-2 的 PSNR 和 SSIM 值,在大多数情况下,与所有基线相比,我们的算法产生最佳的定量结果,尤其是 SSIM 得分。结果表明,所构造的有理分形插值模型可以很好地保留图像的原始结构。此外,与其他算法相比,我们的算法在噪声水平较高时具有明显的优点。我们可以得出结论:局部分形特征分析是一种用于噪声图像 SR 重构的非常有效的方法。为了验证我们的算法在保留细节方面的有效性,使用边缘保留指数(Edge Preservation Index,EPI)来测试所提出的算法在保留细节方面的能力。该指数易于产生噪声水平[16],而它可以测量对无噪声图像进行超分辨率操作以保持图像边缘的能力。表 5-3 显示了 Test 1 和 Test 2 上不同算法的 EPI 结果。与其他算法相比,我们的算法在 Test 1 上获得了最高的 EPI 值,还可以很好地保留 Test 2 数据集精细的图像细节。

5.2.3　小结

本部分在局部分形特征分析的框架下,提出了一种新的噪声图像超分辨率重建算法,其中,LFD 用于描述图像的空间特征信息。基于对退化模型的观察,所提出的算法将上采样和降噪均视为估计问题,并在相同的框架下执行。构建了一种新的具有尺度因子的有理分形插值模型,该模型非常适合于噪声图像的插值。然后,通过将 LFD 图像特征分析应用于图像去噪,重建的 HR 图像将不会出现因噪声引起的伪影。通过对比分析,我们的算法在噪声水平较高时具有明显的优点,可以很好地保留精细的图像细节。

5.3　基于多特征融合的 MFM R-CNN 网络

冠状动脉分割是计算机辅助诊断冠心病的一个重要步骤。冠状动脉 CT 血管造影(Coronary Computed Tomography Angiography, CCTA)图像存在弱边界和具有干扰信息的复杂背景,给精确分割带来了困难。特征融合利用特征间的互补优势可以增强网络的特征表示。针对 CCTA 图像分割的难点,提出了一种多特征融合掩模区域卷积神经网络(Multifeature Fusion Mask Region-based Convolutional Neural Network, MFM R-CNN)。

5.3.1 算法描述

Mask R-CNN 可以自动提取感兴趣区域,降低干扰信息的影响,然后对感兴趣区域进行分割预测。CCTA 图像中的冠状动脉边界较弱,对比度较低。CCTA 图像背景复杂,一些组织形状与冠状动脉相似,如肺动脉、肺静脉和骨骼。这些特性使用 Mask R-CNN 进行 CCTA 图像分割成为一项困难的任务。增强医学图像中的边界特征,可以解决弱边界问题对分割精度的影响。分形维数可以描述图像的复杂性,也可以表示区域之间的相似性,这就是分形特征。分形特征可以用来解决 CCTA 图像背景复杂的问题。特征融合可以提高网络感知细节信息的能力。通过添加特征融合层,修改掩模 R-CNN 的网络结构,将特征提取阶段提取的三种特征通过特征融合方式来增强特征。

我们提出一种 MFM R-CNN 用于冠状动脉分割。针对冠状动脉图像的弱边界,提出了一种有效的边界特征提取算法。该算法利用非下采样轮廓波变换(Nonsubsampled Contourlet Transform,NSCT)和 Canny 算子从医学图像中提取高频信息,然后将提取的高频信息迭加作为边界特征。接下来,针对 CCTA 图像的复杂背景,利用分形特征对其进行描述。冠状动脉在不同尺度上具有自相似性,可以用分形特征来表示。这些分形特征可以用来区分冠状动脉与其他血管和组织。最后,我们加入特征融合层来提高网络的特征表示。特征融合层对提取的边界特征和分形特征进行归一化处理,并进行特征融合操作。在网络中添加特征融合层可以充分利用特征的优势,增强网络对细节的敏感性。该算法的网络框架如图 5-7 所示。

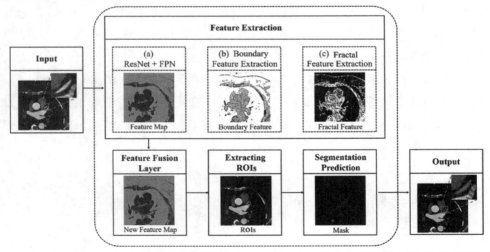

Input:输入;Feature Extraction:特征提取;ResNet＋FPN:深度残差网络和特征金字塔网络;Feature Map:特征图;Boundary Feature Extraction:边界特征提取;Boundary Feature:边界特征;Fractal Feature Extraction:分形特征提取;Fractal Feature:分形特征;Feature Fusion Layer:特征融合层;New Feature Map:新特征图;Extracting RoIs:提取感兴趣区域;RoIs:感兴趣区域;Segmentation Prediction:分割预测;Mask:遮罩;Output:输出。

图 5-7　本部分算法的网络框架图

Mask R-CNN 的特征提取器为 ResNet 和 FPN。通过特征提取,图像从 $640 \times 480 \times 3$ 的尺寸转换为 $32 \times 32 \times 2\,048$ 尺寸的特征图,该特征图成为接下来阶段的输入。然而,由于 CCTA 图像具有弱边界并且背景中有较多的影响分割的干扰信息,使得生成的特征图质量不理想。因此,我们使用边界特征提取算法和分形特征提取算法对提取的特征进行增强。

5.3.1.1　边界特征提取

由于 CCTA 成像模式的影响,冠状动脉边界较弱、对比度低。NSCT[17] 算法可以给出 CCTA 图像边界轮廓的渐进最优表示,并增加更多的细节信息。Canny 算子可以检测出连续的边界轮廓。为了增强边界特征,我们提出了一种结合 NSCT 算法和 Canny 算子的边界提取算法。

如图 5-8 所示,通过非下采样金字塔(Nonsubsampled Pyramid,NSP)处理将图像分为高通部分和低通部分,然后通过非下采样方向滤波器组(Nonsubsampled Directional Filter Bank,NSDFB)处理将高通部分分成多个方向子带,即为高频信息,将多方向高频信息组合作为边界。从图中可以看出,NSCT 提取的结果包含更多的细节,但边界轮廓可能是不连续的。为了提取完整的边界,利用 Canny 算子处理 NSP 产生的低通部分。最后将 NSCT 提取的边界与 Canny 算子检测到的边界通过迭加的方式整合为新的边界,该边界既包含更多的细节信息又包含完整的边界轮廓信息。通过该算法既可以增强冠状动脉边界以减少血管壁的影响,又可以增强冠状动脉与其他组织之间的边界以提高分割精度。

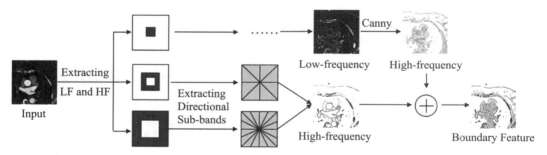

Input:输入;Extracting LF and HF:提取低通和高通部分;Extracting Directional Sub-bands:提取方向子带;Low-frequency:低频;High-frequency:高频;Boundary Feature:边界特征。

图 5-8　边界特征提取算法

5.3.1.2　分形特征提取

特征提取的性能是 Mask R-CNN 分割精度的关键。然而在实际应用中,CCTA 图像背景复杂,包含了一些特征类似冠状动脉的组织。这些复杂的背景在特征提取过程中提供了更多的干扰信息,使得特征提取的性能不理想。分形特征可以描述图像的复杂性,表示区域间的相似性,可以用来区分冠状动脉与其他组织。

为了提高特征提取性能,我们对分形特征进行了提取。如图 5-9 所示,粗糙区域的分形维数大于光滑区域的分形维数。分形维数在一定区域内的大小和分布可用来区分不同的血管系统。

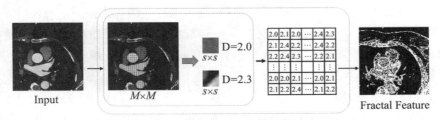

Input：输入；Fractal Feature：分形特征。

图 5-9　分形特征提取

5.3.1.3　多特征融合

为了增强网络的特征提取和特征学习能力，我们在特征提取网络之后添加了一层新的特征融合层。特征融合层由裁剪层和融合层组成。裁剪层通过卷积操作统一上阶段提取的特征图的大小，以确保所有需要融合的特征具有相同的维度；使用上采样和下采样操作，以确保待融合的特征图具有相同的尺寸。融合层将上步提取的边界特征和分形特征通过归一化操作转化为边界和分形特征映射。然后，融合层将边界特征图和分形特征图融合到原始特征图中。在 CCTA 图像中，冠状动脉边界较弱，部分冠状动脉目标较小，因此通过 Mask R-CNN 提取的特征并不完美。特征融合操作通过添加和增强特征来丰富特征信息，对小目标和弱特征目标的检测和分割具有重要意义。

如图 5-10 所示，MFM R-CNN 模型通过裁剪和归一化操作之后，利用特征融合操作，将边界特征和分形特征融合到原始特征图中，公式如下：

$$F_{\text{new}} = F_{\text{original}} \bigoplus F_{\text{boundary}} \bigoplus F_{\text{fractal}} \qquad (5.20)$$

式中，F_{new} 表示 MFM R-CNN 提取的新特征图，F_{original}、F_{boundary} 和 F_{fractal} 分别表示原始特征映射、边界特征和分形特征。

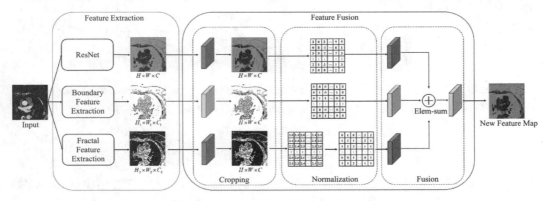

Input：输入；Feature Extraction：特征提取；ResNet：深度残差网络；Boundary Feature Extraction：边界特征提取；Fractal Feature Extracture：分形特征提取；Cropping：裁剪；Normalization：标准化；Feature Fusion：特征融合；Fusion：融合；New Feature Map：新特征图。

图 5-10　特征融合

5.3.1.4　提取感兴趣区域

为了降低背景中干扰信息的影响,通过特征融合提取感兴趣区域(Region of Interest,ROI)。如图 5-11 所示,首先,RPN 的滑动窗口在融合后的特征图上移动,每个特征像素对应原图像中的位置处生成 15 个锚。锚的尺度为(8,16,32,64,128),宽高比为(0.5,1,2)。然后将生成锚输入大小为 1×1 的回归层和分类层中,确定对应区域的类别和位置,同时采用非极大值抑制算法(Non-maximum Suppression,NMS)对生成的锚进行调整。最终将选定的锚视为 ROI 的建议框。由于增强和丰富了特征图,最终的建议框更加准确。

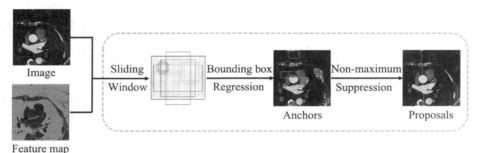

Image:图像;Feature map:特征图;Sliding Window:滑动窗口;Bounding box regressing:边界框回归;Anchors:锚;Non－maximum suppression:非极大值抑制;Proposals:建议框。

图 5-11　感兴趣区域提取过程

5.3.1.5　分割预测

在上述提取的感兴趣区域上进行分割预测,利用 FCN 生成掩模。与 CNN 的结构不同,FCN 将全连接层修改为卷积层,并通过反卷积操作直接生成掩码。FCN 网络的作者提出了 FCN-32s、FCN-16s 和 FCN-8s。FCN-16s 与 FCN-32s 的区别在于 FCN-16s 逐像素增加了不同层的特征,也就是说,FCN-16s 执行特征融合。FCN-8s 逐像素迭加多层特征,也就是说,它执行多层特征融合。通过增强边界特征和丰富分形特征,可以提高网络对 CCTA 图像细节的敏感性。分形特征可以表征复杂图像中不同区域的相似性,融合分形特征可以使网络利用区域间的相似性关系。对于 MFM R-CNN 模型中的 FCN,使用新的特征映射可以提高分割精度。

5.3.2　实验结果及分析

首先,我们构建了一个冠状动脉数据集。其次,为了验证我们提出的算法的合理性,我们在冠脉数据集上对 FCN、U-Net 和 DeepLab 进行消融实验和对比实验。为评价算法的有效性和分割准确性,使用的指标如下:平均精度(Average Precision,AP)、召回率(Recall)、骰子系数(Dice)、体积重叠误差(Volumetric Overlap Error,VOE)、相对体积差异(Relative Volume Difference,RVD)、平均对称表面距离(Average Symmetric Surface Distance,ASSD)、均方根对称表面距离(Root Mean Square Symmetric Surface Distance,RMSD)、最大对称表面距离(Maximum Symmetric Surface Distance,MSSD)。

使用 FCN、U-Net 和 DeepLab 在冠状动脉数据集上进行了对比实验。弱边界、低对比度和模糊限制了 FCN 的分割能力。U-Net 的真阳性分割结果良好，但假阳性较多。视觉上，我们的算法分割结果优于其他比较算法。山东省千佛山医院的医生认为我们的算法的实验结果比其他比较算法好（表 5-4）。

表 5-4 与其他网络在冠状动脉数据集上的评价指标

Model	Dice/%	VOE/%	RVD/%	ASD/mm	RMSD/mm	MSSD/mm
FCN	74.2±20.7	38.7±20.7	33.6±27.2	1.1±0.7	1.2±0.2	4.3±3.2
Unet	75.9±18.8	41.7±20.7	32.5±21.8	4.3±3.3	13.2±12.2	89.9±59.2
Deeplab	77.8±13.7	36.5±26.3	26.3±21.0	1.2±0.6	1.6±0.9	2.9±1.9
MFM R-CNN	**84.0±10.1**	**26.9±10.4**	**12.1±17.8**	**1.1±0.1**	**1.0±0.2**	**1.6±2.4**

FCN 实验结果的 ASD、RMSD 和 MSSD 值分别为（1.1±0.7) mm、（1.2±0.2) mm 和（4.3±3.2) mm。这三个指标计算了分割结果与真值标签之间的距离。MSSD 的值由分割结果与真值标签之间的距离决定。由于 U-Net 的分割结果有很多假阳性，所以 MSSD 的值特别大。

5.3.3 小结

本部分提出了一种基于多特征融合的冠状动脉分割网络框架。针对 CCTA 图像的弱边界问题，提出了一种基于 NSCT 算法和 Canny 算子的边界提取算法来增强边界特征。然后，考虑到分形维数可以描述图像的复杂性和表征区域间的相似性，我们提取分形特征来识别复杂背景的 CCTA 图像中的冠状动脉。最后，通过添加特征融合层来提高特征提取性能，在特征提取过程中利用特征融合操作将生成的边界特征与分形特征进行融合。

参考文献

[1] HUNG K W, SIU W C. Robust soft-decision interpolation using weighted least square[J]. IEEE transactions on image processing, 2012, 21(3): 1 061-1 069.

[2] WANG L F, WU H Y, PAN C H. Fast image upsampling via the displacement field[J]. IEEE transactions on image processing, 2014, 23(12): 5 123-5 135.

[3] SUN J, SUN J, XU Z B, et al. Gradient profile prior and its applications in image super-resolution and enhancement [J]. IEEE transactions on image processing, 2011, 20(6): 1 529-1 542.

[4] WANG L F, XIANG S M, MENG G F, et al. Edge-directed single-image super-resolution via adaptive gradient magnitude self-interpolation[J]. IEEE transactions on circuits and systems for video technology, 2013, 23(8): 1 289-1 299.

[5] TIMOFTE R, SMET V D, GOOL L V. A+: adjusted anchored neighborhood regression for fast super-resolution[C]//Asian conference on computer vision, November 1-5, 2014, Singapore. c2014: 111-126.

[6] DEKA B, MULLAH H U, PRASAD A V V. Fast multispectral image super-

resolution via sparse representation[J]. IET image processing，2020，14（12）：2 833-2 844.

[7] HE K，GKIOXARI G，DOLLAR P，et al. Mask RCNN[C]//2017 IEEE international conference on computer vision （ICCV），October 22-29，2017，Venice，Italy. IEEE，c2017：2 961-2 969.

[8] REN S Q，HE K M，GIRSHICK R，et al. Faster R-CNN：towards real-time object detection with region proposal networks[J]. IEEE transactions on pattern analysis and machine intelligence，2017，39(6)：1 137-1 149.

[9] HE L，TAN J，HUO X，et al. A novel super-resolution image and video reconstruction approach based on Newton-Thiele's rational kernel in sparse principal component analysis[J]. Multimedia tools and applications，2017，76(7)：9 463-9 483.

[10] HUANG Y F，Li J，Gao X B，et al. Single image super-resolution via multiple mixture prior models[J]. IEEE transactions on image processing，2018，27（12）：5 904-5 917.

[11] ZHANG Y F，FAN Q L，BAO Y F，et al. Single-image super-resolution based on rational fractal interpolation[J]. IEEE transaction image process，2018，27(8)：3 782-3 797.

[12] ZHANG L，LI X，ZHANG D. Image denoising and zooming under the linear minimum mean square-error estimation framework[J]. IET image processing，2012，6(3)：273-283.

[13] DONG W S，ZHANG L，SHI G M，et al. Image deblurring and super-resolution by adaptive sparse domain selection and adaptive regularization[J]. IEEE transactions on image processing，2011，20(7)：1 838-1 857.

[14] MANDAL S，BHAVSAR A，SAO A K. Noise adaptive super-resolution from single image via non-local mean and sparse representation[J]. Signal processing，2017，132：134-149.

[15] ZHANG K，LI Y W，ZUO W M，et al. Plug-and-play image restoration with deep denoiser prior[J]. IEEE transactions on pattern analysis and machine intelligence，DOI：10.1109/TPAMI.2021.3088914.

[16] JOSEPH J，JAYARAMAN S，PERIYASAMY R V，et al. An edge preservation index for evaluating nonlinear spatial restoration in MR images[J]. Current medical imaging，2017，3(1)：58-65.

[17] XU Y，QUAN Y H，LING H B，et al. Dynamic texture classification using dynamic fractal analysis[C]//2011 international conference on computer vision，November 6-13，2011，Barcelona，Spain. c2011：1 219-1 226.

6 单幅图像去雨

本章将对单幅图像去雨方法的一系列经典算法进行介绍,并尝试提出一种新的去雨算法。

6.1 基于物理模型的单幅图像去雨算法

6.1.1 通过图像分解实现基于单幅图像的自动去除雨纹

这种算法不直接应用传统的图像分解技术,而是先利用双边滤波器将图像分解为低频和高频部分。然后通过执行字典学习和稀疏编码将高频部分分解为一个"雨分量"和一个"非雨分量",在保留大部分原始图像细节的同时,可以成功地从图像中去除雨纹。

6.1.2 采用自适应非局部均值滤波器的单幅图像去雨

针对单幅图像的自适应雨纹去除算法,先通过分析每个像素位置椭圆核的旋转角度和宽高比来检测雨纹区域,然后通过自适应选择非局部邻域像素及其权重,对检测到的雨纹区域进行非局部均值滤波。

非局部均值滤波原理:

$$NLu(p) = \frac{1}{C(p)} \int f(\mathrm{d}(B(p), B(q))) u(q) \mathrm{d}q \tag{6.1}$$

式中,$\mathrm{d}(B(p), B(q))$表示以p、q为中心点的邻域块之间的欧式距离,f表示一个单调递减函数,约束距离越近的权重值越大。$C(p)$为归一化系数。

6.1.3 时空相关雨滴的广义低秩外观模型

时空相关雨滴的广义低秩外观模型既不需要雨像素检测,也不需要耗时的字典学习阶段。然而,由于雨痕通常在成像场景中表现出相似和重复的模式,一种从矩阵到张量结构的低秩模型被提出来捕捉时空相关的雨痕。通过外观模型,可以统一地从图像/

视频(以及其他高阶图像结构)中去除雨纹。

6.1.4 基于层先验的去雨算法

去除雨纹可以表示为层分解问题,雨纹层迭加在包含真实场景内容的背景层上。可以使用以简单的补丁为基础的先验知识的背景和雨纹层。这些先验是基于高斯混合模型的,可以适应多种方向和尺度的雨纹。

从数学上讲,观测到的降雨图像 $O \in R^{M \times N}$ 可以建模为期望背景层 $B \in R^{M \times N}$ 和雨纹层 $R \in R^{M \times N}$ 的线性迭加,表示为 $O = B + R$。去除雨纹的目标是从输入图像 O 分解无雨背景 B 和雨纹层 R,从而提高了图像的可见性。

6.1.5 基于联合双层优化的单幅图像去雨算法

这种去雨算法将输入图像分解为无雨背景层 B 和雨纹层 R,采用联合优化的算法,在去除 B 的雨纹细节和去除 R 的非雨纹细节之间交替进行,该算法由三种新的图像先验知识辅助。由于雨纹通常跨越一个狭窄的范围,先分析雨纹图像中的局部梯度统计信息,以确定雨纹占主导地位的图像区域。从这些图像区域中估计主导降雨条纹的方向,并提取一组以雨为主的斑块。接下来,在背景层 B 上定义两个先验,一个基于集中稀疏表示,另一个基于估计的降雨方向。第三先验定义在雨纹层 R 上,基于斑块与提取的雨斑的相似性。

6.1.6 一种用于单幅图像去雨的方向性全局稀疏模型

该算法综合考虑雨纹固有的方向和结构知识以及图像背景信息的特性,建立了一个包含三个稀疏项的全局稀疏模型。采用交替方向乘子法(ADMM)求解所提出的凸模型,保证了模型的全局最优解。

6.2 基于学习的单幅图像去雨算法

6.2.1 DerainNet:一种用于单幅图像去雨的深层网络结构

DerainNet 这种深层网络结构用于从图像中去除雨纹,基于深度卷积神经网络,直接从数据中学习雨图像细节层和干净图像细节层之间的映射关系。与其他增加网络深度或广度的常用策略不同,DerainNet 用图像处理领域知识对目标函数进行修改,并用一个中等大小的深度卷积神经网络来改进去雨。

6.2.2 通过深度细节网络为单幅图像去雨

受深度残差网络(ResNet)通过改变映射形式来简化学习过程的启发,一种深度细节网络被用来直接缩小从输入到输出的映射范围,使得学习过程更加简单。为了进一步提高去雨效果,在训练过程中通过聚焦高频细节,利用先验的图像域知识,去除背景干扰,使模型聚焦于图像中的雨水结构。这表明,深层架构不但有利于完成高层次的视觉任务,而且可以用来解决低层次的成像问题。

6.2.3 基于多流稠密网络的密度感知单幅图像去雨

DID-MDN 是一种新的基于密度感知的多流稠密卷积神经网络算法,用于联合雨密度估计和去雨。该算法使网络本身能够自动确定雨密度信息,然后在估计的雨密度标签的引导下有效地去除相应的雨纹。为了更好地描述不同尺度和形状的雨带,作者提出了一种多流稠密连接的去雨网络,有效地利用了不同尺度的雨纹特征。在此基础上,建立一个包含雨量密度标签影像的新资料集,并用以训练所提出的密度感知网络。

6.2.4 通过循环层次增强的单幅图像去雨网络

由于雨纹会严重影响和降低图像的可见性,单幅图像去雨是许多计算机视觉任务中的一个重要问题,可以采用递归层次增强网络(ReHEN)来逐步去除雨纹。与以往的深度卷积网络方法不同,这种网络采用了一个层次增强单元(HEU),可以充分提取局部层次特征,生成有效的特征,添加一个递归增强单元(REU)来从 HEU 中提取有用的信息,有利于后期去雨。为了关注雨纹的不同尺度、形状和密度,HEU 和 REU 都采用了挤压激励块来对高层特征分配不同的尺度因子。

6.2.5 半监督去雨生成式对抗网络

从单幅图像中去除雨纹是一项具有挑战性的任务。尽管有监督的深度去雨网络利用合成数据集的成对数据取得了令人印象深刻的结果,但由于降雨移动能力的弱泛化,在真实的雨图像上仍然不能获得令人满意的结果,即预先训练的模型通常不能处理新的形状和方向,这可能导致过度去雨或去雨不足的结果。有一种新的基于半监督去雨生成式对抗网络(Semi-derain GAN),可以在一个基于监督和非监督过程的统一网络中同时使用合成的和真实的雨图像。共享监督和非监督过程参数的半监督雨纹学习算法(SSRML)可以使真实图像贡献更多的雨纹信息。

6.2.6 一种基于模型驱动的单图像去雨深层神经网络

深度学习(DL)算法在单幅图像去雨中获得了最佳性能。然而,目前大多数 DL 结构仍然缺乏足够的可解释性,并且没有与一般雨纹内的物理结构完全集成。而基于模型驱动的深层神经网络具有完全可解释的网络结构。具体来说,基于表示雨水的卷积字典学习机制,一种新的单幅图像去雨模型建立起来,该模型是用近似梯度下降技术设计的一种只包含简单算子的迭代算法来求解的。这样,形成了一种新的深层网络结构,称为雨卷积字典网络(RCDNet)。通过端到端的训练,RCDNet 可以自动提取所有的雨核和近邻算子,忠实地刻画雨背景层和干净背景层的特征,从而使其具有更好的去雨性能,特别是在真实场景中。

6.3　基于挤压激励块的多阶段去雨算法

在计算机视觉领域,降雨天气往往会导致图像的内容和色彩发生改变,严重影响人的主观视觉感受。针对现有去雨方法忽视通道之间相关性和去雨不彻底的问题,我们提出了一种基于挤压激励块(Squeeze-and-excitation Block,下文用 SE 表示)的多阶段去雨算法。该算法通过结合挤压激励块和残差块,能够对不同特征通道的相关性进行建模,从而更好地提取图像特征,解决雨纹在图像中分布不均匀造成去雨困难的问题。此外,该算法还引入多阶段对雨图像进行处理以得到清晰图像。实验表明,与现有的去雨算法相比,该算法在多个公开的数据集上具有更好的视觉效果。

6.3.1　基本概念与原理

挤压激励块是一种新的架构单元[1],由于它可以从许多信息中选择出需要强调的特征,已在深度学习领域(如物体检测[2]、图像分类[3]、图像分割[4]和视觉语义匹配[5])得到了广泛的应用。具体来说,挤压激励块通过研究网络设计中的通道关系,可以建模特征通道之间的依赖关系来提高网络产生结果的质量。模块允许网络执行重新校准的机制,通过这种机制,网络可以使用全局信息来选择性地强调有用特征并抑制用处小的特征,并且简化学习过程,增强网络的表示能力。实验证明,挤压激励块可以显著改善现有卷积神经网络的性能。我们的算法将挤压激励块与残差块相结合,可以更好地提取雨图像中的雨纹特征,保证去雨后的图像更接近真实的无雨图像。

6.3.2　提出算法

我们针对现有去雨算法忽视通道关系和去雨不彻底的问题,提出一种基于挤压激励块的多阶段去雨网络。

为了更好地提取雨特征,我们提出的算法将挤压激励块应用到多阶段去雨网络中,能够在有效去除雨纹的同时保持图像细节。挤压激励块能够建模特征通道之间的关系,允许网络执行重新校准,从而选择性地强调和抑制特征。多阶段去雨网络使用六个阶段来处理雨图像,并在每一阶段结束后将输出结果与输入雨图像一起输入下一阶段以帮助网络学习特征。每一个阶段的四个模块分别为 Conv+ReLU、SE、ResBlocks 和 Conv,其中,单元 Cell 是算法的核心内容。在每一阶段中,卷积层、挤压激励块和残差块的参数不变。算法的总体框架如图 6-1 所示。

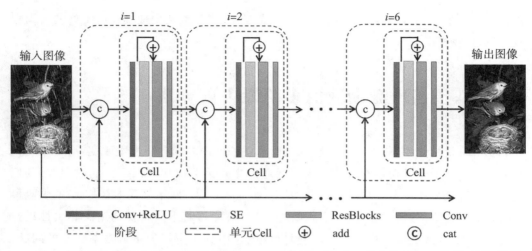

Conv＋ReLU：卷积＋ReLU 函数；SE：挤压激励块；ResBlocks：残差块；Conv：卷积；Cell：单元；add：加；cat(concatenate)：连接。

图 6-1　本部分算法的总体框架

图 6-1 中 SE 为挤压激励块，ResBlocks 为残差块，cat 表示连接，i 表示第 i 个阶段。每一个阶段中单元的总体过程可以表示为

$$y^i = f_2(f_{res}(SE(f_1(x, y^{i-1})))), 0 \leqslant i \leqslant 6 \qquad (6.2)$$

式中，i 表示第 i 个阶段，y^{i-1} 表示第$(i-1)$个阶段的输出，x 表示输入图像，y^{i-1} 和 x 相连接构成了每个阶段的输入。每个阶段的细节如图 6-2 所示。

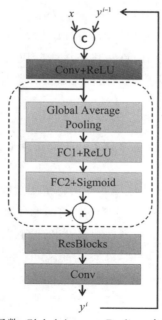

Conv＋ReLU：卷积＋ReLU 函数；Global Average Pooling：全局平均池；FC1＋ReLU：全连接层 1＋ReLU 函数；FC2＋Sigmoid：全连接层 2＋ReLU 函数；ResBlocks：残差块；Conv：卷积。

图 6-2　阶段细节图

每个阶段主要包括四个部分：第一部分即 f_1，连接 y^{i-1} 和 x，并通过 Conv＋ReLU 层将雨图像转化为特征图。第二部分，经过挤压激励块（SE，即图 6-2 中虚线部分）与第一步得到的结果相加。挤压激励块的第一层为全局平均池（Global Average Pooling），第二层为一个全连接层 FC1 和 ReLU，第三层为一个全连接层 FC2 和 Sigmoid。第三部分即 f_{res}，使用五层的卷积残差层对特征图像进行处理。第四部分即 f_2，通过最终卷积层，将特征图转化为去雨图像以供下一阶段输入。

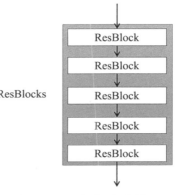

图 6-3　ResBlocks 细节图

ResBlocks 结构由五层的卷积残差块递归组成，其结构如图 6-3 所示。图 6-3 所示的 ResBlocks 中，每个小残差块所有的滤波器大小为 3×3，边缘填充大小为 1×1。

6.3.3　实验

我们在四个数据集上进行了实验，这四个数据集包括三个公开合成数据集和一个真实场景数据集。把两种传统去雨算法（LP[6]、UGSM[7]）和三种基于学习的算法（CNN[8]、DDN[9]、DID-MDN[10]）与本部分算法进行比较。

6.3.3.1　数据集

基于学习的算法在训练的过程中，需要大量的有雨图像和清晰图像作为训练样本。但由于在真实情况中很难一次性捕获到足够并且满足条件的图像，为了解决数据集的问题，往往采用人工合成的雨图像。为了保证本部分算法的有效性，在三个公开的合成数据集（Rain 200 H[11]、Rain 200 L[11]、DDN-Data[9]）和一个真实场景数据集上进行训练和测试。Rain 200 H 和 Rain 200 L 数据集均包含 1 800 张合成雨图像及其对应的清晰图像用于网络训练，并包含 200 张合成雨图像用于测试。DDN-Data 数据集包含 12 600张合成雨图像及其对应的无雨图像，合成雨图像中包含 14 种雨纹，这些雨纹具有不同方向、大小和密度。另外，DDN-Data 数据集还提供了一个 1 400 张雨图像的测试数据集方便对算法进行测试。

6.3.3.2　实验细节

实验在 Ubuntu 16.04 系统上使用 Pytorch 深度学习框架完成。训练集的输入图片有两种尺寸，大小分别为 481×321 和 321×481，批量大小（Batch Size）设置为 10。采用 Adam 算法所提出的优化网络，网络迭代次数为 100 次，初始学习率为 0.001。当达到迭代次数分别达到 30、50 和 80 时，学习率将在原来基础上乘以 0.2 进行衰减。

6.3.3.3　实验结果与分析

图 6-4、图 6-5、图 6-6、图 6-7 分别展示了本部分算法的实验结果在公开数据集 Rain 200 H、Rain 200 L、DDN-Data 和真实场景雨图像的比较结果。

(a) 原图   (b) 本部分算法

图 6-4　在 Rain 200 H 数据集上去雨结果的比较

(a) 原图   (b) 本部分算法

图 6-5　在 Rain 200 L 数据集上去雨结果的比较

(a) 原图   (b) 本部分算法

图 6-6　在 DDN-Data 数据集上去雨结果的比较

(a) 原图   (b) 本部分算法

图 6-7　在真实雨场景中去雨结果的比较

从图 6-4、图 6-5、图 6-6、图 6-7 中可以观察到,本部分算法不但能够有效去雨,而且可以保持图像的亮度和图像细节不受雨纹影响。

为进一步验证本部分算法的有效性,我们采用峰值信噪比(PSNR)[12]和结构相似性(SSIM)[12]两个评价指标来对实验结果进行比对。PSNR 的单位为 dB,数值越大表示得到的结果失真度越小。SSIM 是一种全参考的图像质量评价标准,该指标从亮度、对比度和结构方面度量所得结果的图像相似性。SSIM 的取值范围为 0 到 1,SSIM 的值越大表示失真度越小。

在 3 个合成数据集上,几种图像去雨算法的 PSNR 和 SSIM 如表 6-1、表 6-2 所示。

表 6-1 不同算法的 PSNR(单位:dB)

算法	Rain 200 H	Rain 200 L	DDN-Data
LP[6]	14.275 6	25.844 7	24.618 2
UGSM[7]	14.183 5	26.254 0	22.684 4
CNN[8]	15.026 3	29.761 3	23.569 3
DDN[9]	20.661 7	30.629 9	25.227 5
DID-MDN[10]	20.473 8	27.460 5	24.216 3
本部分算法	21.312 5	31.810 9	25.348 8

表 6-2 不同算法的 SSIM

算法	Rain 200 H	Rain 200 L	DDN-Data
LP[6]	0.431 4	0.714 4	0.818 9
UGSM[7]	0.473 8	0.779 1	0.753 4
CNN[8]	0.787 3	0.891 2	0.832 0
DDN[9]	0.764 9	0.921 7	0.869 6
DID-MDN[10]	0.738 8	0.79	0.867 7
本部分算法	0.814 7	0.922 4	0.872 3

如表 6-1、表 6-2 所示,本部分算法与现有的 5 种先进算法进行对比,本部分算法的 PSNR 的结果是最好的,而且 SSIM 的结果也是最优的。由此可见,本部分算法具有较好的去雨性能。

6.3.3.4 消融实验

为了验证挤压激励块结合残差块和多阶段去雨算法的有效性,我们做了关于模块组合和阶段数的消融实验。相关实验均在数据集 Rain 200 H 上进行。

我们将阶段数均设为 6 次。实验将长短期记忆人工神经网络(LSTM)、门控循环单元(GRU)和挤压激励块(SE)分别与残差块(ResBlocks)结合进行测试。为保证实验的完整性,我们对仅使用残差块的网络也进行了实验对比。如表 6-3 所示,挤压激励块和残差块结合的算法具有最好的性能,其 PSNR 和 SSIM 相比其他组合均有一定的提升。

表 6-3 不同模块结合的 PSNR 和 SSIM 结果

模块或模块的结合	PSNR/dB	SSIM
ResBlocks	20.747 6	0.773 4
LSTM＋ResBlocks	20.551 7	0.768 8
GRU＋ResBlocks	21.079 6	0.796 3
SE＋ResBlocks	21.312 5	0.814 7

6.3.4 结论

考虑到挤压激励块和残差块结合可以建模特征通道之间的相关性,充分利用空间上下文信息,而多阶段网络有助于单幅图像彻底去雨,我们提出了一种将挤压激励块应用到多阶段去雨网络的算法来解决雨纹带来的图像退化问题。该算法可以通过挤压激励块选择性地强调和抑制雨图像中的特征,有助于网络提取特征从而得到令人满意的去雨结果。而通过使用多阶段去雨网络,可以解决网络难以一次性去除全部雨纹的问题,从而得到更加清晰的无雨图像。实验证明,本部分提出的算法可以有效地解决因雨纹导致的图像质量下降问题,且其客观指标 PSNR 和 SSIM 也证明了所提出算法的优越性。

本章小结

单幅图像去雨任务近年来被越来越多地关注,目前解决方法可以分为两类:使用基于物理模型的去雨算法或基于深度学习的去雨算法。基于物理模型的算法一般采用各种先验知识和物理模型来进行单幅图像去雨。而基于深度学习的算法主要依靠数据驱动,通过网络模型学习雨残差图而去雨或者直接恢复清晰图像。当前的应用于图像去雨领域的公共数据集主要是合成的雨图像,但是合成雨图像无法完全模拟真实世界的有雨图像,有时会导致去雨算法在自然场景的雨图像上的泛化能力较弱。对于图像去雨算法,做到彻底去雨并保持背景场景的细节信息非常重要。我们提出了一种基于挤压激励块的多阶段去雨算法,来帮助获得更加清晰的图像并保持背景细节。

参考文献

[1] HU J, SHEN L, ALBANIE S, et al. Squeeze-and-excitation networks[J]. IEEE transactions on pattern analysis and machine intelligence, 2020, 42(8): 2 011-2 023.

[2] LIN Z, JI K F, LENG X G, et al. Squeeze and excitation rank faster R-CNN for ship detection in SAR Images[J]. IEEE geoscience and remote sensing letters, 2019, 16(5): 751-755.

[3] WANG L, PENG J T, SUN W W. Spatial-spectral squeeze-and-excitation residual network for hyperspectral image classification[J]. Remote sensing, 2019, 11(7): 884.

[4] RUNDO L, HAN C, NAGANO Y, et al. USE-net: incorporating squeeze-and-excitation blocks into U-net for prostate zonal segmentation of multi-institutional MRI datasets[J]. Neurocomputing, 2019, 365: 31-43.

［5］WANG H R，JI Z，LIN Z G，et al. Stacked squeeze-and-excitation recurrent residual network for visual-semantic matching［J］. Pattern recognition，2020，105，DOI：10. 1016/j. patcog. 2020. 107359.

［6］LI Y，TAN R T，GUO X，et al. Rain streak removal using layer priors［C］//2016 IEEE conference on computer vision and pattern recognition（CVPR），June 27-30，2016，Las Vegas，NV，USA. IEEE，c2016：2 736-2 744.

［7］DENG L J，HUANG T Z，ZHAO X L，et al. A directional global sparse model for single image rain removal［J］. Applied mathematical modelling，2018，59：662-679.

［8］FU X Y，HUANG J B，DING X H，et al. Clearing the skies：a deep network architecture for single-image rain removal［J］. IEEE transactions on image processing，2017，26(6)：2 944-2 956.

［9］FU X Y，HUANG J B，ZENG D L，et al. Removing rain from single images via a deep detail network［C］//2017 IEEE conference on computer vision and pattern recognition（CVPR），July 21-26，2017，Honolulu，HI，USA. IEEE，c2017：1 715-1 723.

［10］ZHANG H，PATEL V M. Density-aware single image de-raining using a multi-stream dense network［J］. 2018 IEEE/CVF conference on computer vision and pattern recognition，June 18-23，2018，Salt Lake City，UT，USA. IEEE，c2018：695-704.

［11］YANG W H，TAN R T，FENG J S，et al. Deep joint rain detection and removal from a single image［J］. 2017 IEEE conference on computer vision and pattern recognition（CVPR），July 21-26，2017，Honolulu，HI，USA. IEEE，c2017：1 685-1 694.

［12］HORÉ A，ZIOU D. Image quality metrics：PSNR vs. SSIM［C］//2010 IEEE international conference on pattern recognition，August 23-26，2010，Istanbul，Turkey. IEEE，c2010：2 366-2 369.

7 单幅图像去雾

雾霾天气时有发生,这会影响人们的出行和安全,空气中的悬浮颗粒会造成拍摄的图像质量大大降低,导致图像的可视性变差、对比度减低。图像在交通监控、海洋监测和卫星成像等方面有重要的应用,有雾天气下拍摄的图像严重影响图像的应用价值以及分类和识别等计算机视觉任务。因此,雾天图像清晰化已经成为近年来机器学习研究的热点问题。图像去雾的任务是恢复清晰的图像、提高图像的质量。本章主要分析了雾形成的物理过程,研究了基于物理模型和深度学习的单幅图像去雾算法,并提出了一系列改进的算法。

7.1 大气散射模型

在雾、霾等介质下,目标反射光受大气中悬浮粒子的吸收和散射作用,同时太阳光等环境光受大气中散射介质的散射作用形成背景光,造成摄像机拍摄的图像变暗、模糊不清。Nayar 和 Narasimhan[1] 通过建立数学模型,描述了这个物理过程,如图 7-1 所示。

图 7-1　大气散射的物理过程

这个物理模型[1]可被推导如下:

$$I(x) = J(x)t(x) + A(1 - t(x)) \tag{7.1}$$

式中,$I(x)$ 代表观察到的有雾图像,$J(x)$ 是自然无雾图像,$t(x)$ 和 A 分别代表透射率和大气光值。单幅图像去雾的目的是从一张有雾图像中恢复出一张清晰的图像,此过程就需要对大气光值 A 和透射率 $t(x)$ 进行估计。

7.2　经典的图像去雾算法

近年来,计算机视觉任务吸引了国内外学者的高度关注。在低水平的视觉任务中,图像去雾因其重要的应用价值受到研究人员和一些公司的重视。图像去雾技术普遍应用于公共安防、文化艺术、医学影像、军事侦察等领域。目前具有竞争力的图像去雾算法主要分为两类:一类是基于物理模型的算法,一类是基于深度学习的算法。

7.2.1　基于物理模型的去雾算法

基于物理模型的单幅图像去雾算法是建立在雾霾形成的物理过程上的,通过分析雾形成的原因以及图像在获取过程中因空气中悬浮颗粒的散射作用而降质的过程,建立了雾图成像模型。这类算法通过对无雾图像的统计建立先验或者假设知识对物理模型的参数大气光值和透射率进行估计,从而利用大气散射模型[1]不断反演出无雾图像。这类算法从根本上以物理模型为依据,有针对性,恢复的去雾效果自然且信息损失少,应用范围广泛。但是基于物理模型的算法大多需要依赖于一定的先验条件,先验条件不满足会导致估计的中间参数不准确,从而导致去雾效果不理想。

Tan[2]提出了一种基于两个前提条件的有效图像去雾算法。第一个条件是无雾图像的对比度应高于有雾图像的对比度。第二个条件是场斑的衰减是距离的连续函数,而且是平滑的。该算法仅通过一幅图像的局部对比度最大化来实现去雾。但是,由于深度突然变化,很容易产生严重的晕轮效应,在雾重的图像中导致色彩过饱和。基于物体表面阴影与透射图之间没有相关性的假设,Fattal[3]使用独立分量分析和马尔可夫随机场模型来估计表面反照率,然后获得场景的透射率,进而从有雾图像中恢复了清晰的图像。He 等[4]提出了一种暗通道先验(Dark Channel Prior,DCP)算法,该算法在一定程度上可以有效克服上述两种算法(Tan[2],Fattal[3])的不足。暗通道原理来源于一幅遥感图像和一幅水下图像,用于从无雾的自然图像中总结规则。将该原理与大气散射模型相结合,实现了基于 DCP 的单幅图像去雾。Gibson 等[5]基于 DCP 的粗传输图提出了一种中值暗通道先验(Median Dark Channel Prior,MDCP)算法。通过计算中值邻域代替 DCP 算法的最小值,减少了出现在场景边缘的光晕现象。

Zhu 等[6]提出了一种色彩衰减先验,假设场景深度与雾霾浓度呈正相关关系。然后,根据上述先验信息,利用回归的线性模型对场景的深度和雾霾传播进行估计。Berman等[7]提出了一种非局部先验的假设,即清晰图像中的颜色可以通过一些不同的颜色在RGB(Red,Green,Blue)颜色空间中紧密聚类来近似表示。受到雾霾的影响,聚类像素的传输系数不同,每个簇都成为 RGB 空间中的一条雾线(Haze-line),因此,可以根据这些雾线来估计图像的透射率和清晰度。尽管对许多场景基于先验的算法通常简单、有效,但它们有一个共同的局限性,即描述的是特定的统计信息,这可能不适用于某些图像。

7.2.2 基于深度学习的去雾算法

近年来,深度学习在图像分类、检测和识别等领域取得了卓越的成绩。研究人员利用深度学习在图像去雾方面也进行了探索,涌现了许多优异的算法。基于深度学习的去雾算法利用深度学习的模型对大气光值和透射率进行求解,进而利用大气散射模型达到去雾目的,或者利用网络模型直接恢复无雾图像。这种算法适用性广、针对性强、实用性好。基于深度学习的算法主要分为基于学习估计中间参数的算法和基于学习端到端的去雾算法。

(1)基于深度学习估计中间参数的算法。Ren 等[8]提出了一种多尺度卷积神经网络(Multi-scale Convolutional Neural Network,MSCNN),它由粗尺度和细尺度网络组成,用于学习有雾图像输入与透射率之间的映射关系从而达到图像去雾的目的。Cai 等[9]提出了另一种透射率估计网络(DehazeNet),这个设计与传统的卷积神经网络不同,它加入了特征提取和非线性回归层,在去雾结果上有不错的表现。Zhang 等[10]提出了一个端到端密集连接金字塔去雾网络(Densely Connected Pyramid Dehazing Network,DCPDN),可以联合学习到大气光值和透射率。具体思想是通过提出的密集连接编码器-解码器结构来精确估计透射率,并采用了一个 U-net 结构估计大气光值,然后在大气散射模型的基础上恢复无雾图像。

生成对抗网络(Generative Adversarial Networks,GANs)最初由 Goodfellow 等[11]提出,由于 GANs 在产生真实的图像方面具有巨大潜力,已经被广泛应用于图像分割、图像去雾、风格迁移等领域。在可微分编程的启发下,Zhu 等[12]将大气散射模型重新定义为一种新的 GAN(DehazeGAN),它可以同时自动地从数据中学习中间参数从而达到去雾。Yang 等[13]提出了一种解纠缠去雾网络,利用对抗性学习来估计清晰图像、透射率和大气光值,然后利用物理模型重建原始输入。该模型可以仅使用非配对监督来训练,并能够产生感知上吸引人的去雾结果。Zhang 等[14]提出了一种基于 GAN 的统一单幅图像去雾网络,联合估计透射率并执行去雾过程。

(2)基于学习端到端的去雾算法。该算法不像大多数的去雾算法那样分别计算透射率矩阵与大气光值,而是直接通过网络生成无雾的图像。Li 等[15]通过重新构建大气散射模型,提出了一体化除雾算法(AOD-net),直接通过轻量级的 CNN 生成清晰的无雾图像,这种新颖的设计使 AOD-net 更容易嵌入其他深度模型,以便改善图像的质量。Ren 等[16]观察到由于大气光的影响,有雾图像的颜色经常发生变化;由于散射和衰减,遥远区域的能见度不足。基于这些观察,他们估计出三个置信图用于从原始有雾图像中恢复整个图像的颜色和可见性。首先估计有雾输入的白平衡图像,以恢复场景的潜在颜色。然后提取包括对比度增强图像和伽马校正图像在内的可见信息,以获得更好的全局可见性。最后获得清晰图像。Engin 等[17]将用于风格迁移的循环一致对抗网络(Cycle-consistent Adversarial Network,CycleGAN)应用于单幅图像去雾,并提出了一种不需要成对的有雾和无雾图像循环去雾模型(Cycle-dehaze),该算法网络框架由两个生成器和两个判别器组成,该循环结构保证了去雾结果的高 PSNR 值,提出的循环感知一致性损失使图像的锐度得以很好地保留。

综上,基于物理模型的算法的核心是估计大气散射模型的中间参数,而在求解过程中只有有雾图像已知,这个求解过程是具有挑战性的。在恢复无雾图像时,需要依赖假设和先验知识来对大气光值和透射率进行求解。基于深度学习的图像去雾算法的关键是建立一个网络结构估计大气光值和透射率或者直接恢复无雾图像,基于深度学习的算法由数据驱动,因此对于训练数据存在依赖性。单幅图像去雾研究是一个热点问题,也是难点问题,需要研究者继续深入研究,以不断提高去雾算法的性能,从而提升去雾图像的质量和去雾算法的鲁棒性。

7.3 基于迭代去雾模型和 CycleGAN 的单幅图像去雾算法

为了提高图像的去雾能力,同时恢复丰富的图像细节信息,本节提出了一种基于迭代去雾模型和 CycleGAN 的去雾算法。与其他经典的图像去雾算法相比,本节提出的算法能获得更好的视觉效果,同时在客观指标上也具有竞争力。

7.3.1 问题的提出

基于无雾室外图像的观察和统计,He 等提出了暗通道来估算大气光值和透射率。由于其具有简单性和有效性,许多学者基于暗通道先验进行了进一步的研究。基于暗通道,我们在先前的工作中提出了一个迭代去雾模型[18],该模型通过同时优化估计的大气光值和透射率来逐渐逼近无雾图像。迭代去雾模型符合物理模型的规律,并实现了良好的色彩保真度和对比度增强。但是,它在某些黑暗的有雾图像上的除雾效果并不令人满意。

GAN 具有产生逼真的图像的巨大潜力,因此已被广泛用于单幅图像去雾。基于 GAN 的算法具有良好的除雾性能,但是,去雾后的图像可能会出现颜色失真并遭受信息损失。

考虑到基于物理模型的算法无法完全消除某些图像上的雾,并且基于 GAN 的算法保真度较差,为了彻底地去雾并恢复逼真的图像,我们改进了 CycleGAN,将迭代去雾模型嵌入 CycleGAN 的生成过程。我们提出的混合模型 ICycleGAN 基于物理模型,由数据驱动,因此,它可以在保持图像自然特性的同时有效消除雾。此外,我们构造了一个细节信息一致性损失,促使 ICycleGAN 更好地保持图像的细节。

7.3.2 去雾模型的设计

ICycleGAN 由一个用于去雾的迭代生成过程、一个用于添加雾的生成器 F 和两个判别器 G 组成。判别器被训练来区分一个生成的样本是真还是假。ICycleGAN 的框架如图 7-2 所示。我们通过构造细节信息一致性损失进一步改进了 CycleGAN 公式。在测试阶段,采用双三次下采样对输入网络的图像进行调整,采用有理分形插值将生成的图像重建到原始大小。

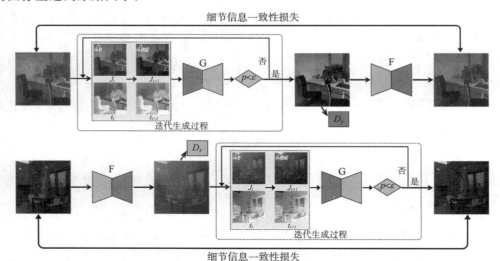

图 7-2　ICycleGAN 的框架

7.3.2.1　ICycleGAN 的网络框架

我们将迭代去雾模型嵌入 CycleGAN 的生成网络 G,G 用于去雾,形成新的迭代生成过程。图 7-3 显示了该过程的流程图。

利用雾密度划分方法将有雾的输入图像划分为不同的区域。基于暗原色先验,对各区域的大气光值和透射率进行估计。然后,利用代数迭代算法得到去雾图像 J_1。接下来,生成一次迭代的结果 $G(x_1)$。然后,把 $G(x_1)$ 作为模糊图像输入下一次迭代。最后,经过 n 次迭代,得到最终清晰的图像 $G(x_n)$。把 $G(x_n)$ 和对应的无雾图像输入相应的判别器,通过训练鉴别所生成的图像是真是假。我们设置训练样本的平均亮度 ε 为迭代终止准则的阈值。在每次迭代结束时,$G(x_n)$ 的暗像素百分比被计算为 p_n。当 p_n $<\varepsilon$,迭代应该终止。

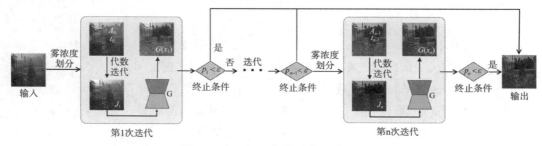

图 7-3　ICycleGAN 的迭代生成过程

7.3.2.2　损失函数

Cycle-dehaze 通过在 ImageNet[19] 上预先训练的 VGG16[20] 模型,通过提取高、低层次特征,引入循环感知一致性损失来保持图像结构。公式如下所示:

$$L_{\text{perceptual}} = \| \phi(x) - \phi(F(G(x))) \|_2^2 + \| \phi(y) - \phi(G(F(y))) \|_2^2 \qquad (7.2)$$

式中,x 和 y 分别代表有雾图像和对应的清晰图像,$\| \ \|_2$代表标准欧几里得距离,ϕ 表示一个特性提取器。但是,单纯添加循环感知一致性损失得到的去雾场景保真度较差。

近年来,许多基于一致性的损失函数得到了广泛的研究。为了恢复精细的细节和真实的色彩,我们提出了一个细节信息一致性损失,使生成的图像和真实值之间的像素差异最小化。基于欧几里得距离在空间感知上几乎是一致的假设,通过计算 Lab 颜色空间的差异来获得细节信息一致性损失。公式如下所示:

$$L_{\text{detail}} = \| \sum_{i=1}^{3} \varphi_i (G(\tilde{x}) - y \|_2^2 + \| \sum_{i=1}^{3} \varphi_i (G(F(\tilde{y})) - y \|_2^2 \qquad (7.3)$$

式中,φ_1、φ_2、φ_3 表示 Lab 颜色空间中三个颜色分量的去雾图像与真实无雾图像之间的差值,$G(\tilde{x})$ 表示迭代生成过程后的图像。ICycleGAN 完整的优化函数包含 CycleGAN 的基本公式、公式(7.2)和公式(7.3)中描述的损失,这些损失在优化框架的训练过程中被最小化。网络整体的目标函数如下所示:

$$L_{\text{ICycleGAN}}(G, F, D_X, D_Y) = \arg \min_{G,F} \max_{D_X, D_Y} L_{\text{CycleGAN}} + \alpha L_{\text{perceptual}} + \beta L_{\text{detail}} \qquad (7.4)$$

式中,α 和 β 是控制损失相对重要性的正值权重。

7.3.2.3　基于有理分形插值[21]的图像重建

由于训练设备的限制,ICycleGAN 需要 256×256 像素的分辨率输入并生成相同大小的输出。有理插值函数是一种较为精确的近似函数,可以实现理想的插值。分形函数是描述图像纹理的一种有效方法。通过有理分形插值函数得到的重建图像具有清晰的边缘和精细的纹理细节。因此,我们采用有理分形插值[21]对去雾后的图像进行放大,以避免图像降质。图 7-4 说明了有理分形插值的过程。

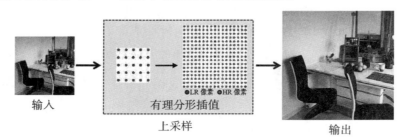

图 7-4　有理分形插值的过程

7.3.3　实验结果及分析

在本节中,我们评估提出的单幅图像去雾算法在合成数据集和自然有雾图像上的结果,并与几种先进的基于物理模型的算法(包括 Gibson 等的方法[5]、CAP[6]、NLD[7]、DCP[4] 和 Wang 等的算法[18])以及几种基于深度学习的算法(包括 DCPDN[10]、GFN[16] 和 Cycle-dehaze[17])进行比较。采用 PSNR、SSIM、信息熵和颜色自然指数(Color Natural Index,CNI)[22]对实验结果进行评价。然后,我们进一步分析了实验结果。最后,通过消融研究对所提出的算法进行了分析。

7.3.3.1　数据集

在训练阶段,我们使用 NTIRE 2018 挑战赛中的单幅图像去雾数据集(I-HAZE[23]和 O-HAZE[24])作为训练图像,训练图像包括 25 对室内和 35 对室外超高分辨率的有雾和清晰的图像对。我们采用随机裁剪作为数据增强的预处理步骤,提高了方法的鲁棒性。另外还对 5 个室内有雾场景和 10 个室外有雾场景进行了测试。

7.3.3.2　实现细节

本实验使用 TensorFlow 框架和 NVIDIA GeForce RTX 2080 Ti GPU,并使用 Adam 优化器以 1e-4 的学习率进行优化。此外,我们设置 $\lambda = 10, \alpha = 0.000\ 1$ 和 $\beta = 0.000\ 1$。关于批处理大小,根据 Goodfellow 等[25]的算法,当批处理大小为 1 时,泛化误差通常是最好的,因此,我们将网络的批处理大小设置为 1。生成器和判别器采用了 CycleGAN 的结构。在测试阶段,我们将图像裁剪成正方形以适合我们的网络。

7.3.3.3　在合成有雾图像的结果

我们通过计算 PSNR、SSIM、信息熵和 CNI 来评估我们的单幅图像去雾算法在合成数据集上的性能。信息熵表示图像中信息的平均值。信息熵越高,图像越清晰,图像质量越好。CNI 是一个经常用于评估图像的保真度和自然度的指标。该指标主要用于判断去雾图像,范围为 0～1,其中,CNI 值为 1 表示最自然的图像。同时,我们将 ICycleGAN 与其他算法进行了比较。图 7-5 为在 I-HAZE 数据集上的实验结果对比。

（a）有雾图像　　（b）本部分算法

图 7-5　在 I-HAZE 数据集上的实验结果对比

通过观察图 7-5,可以看到我们的去雾算法消除了图像中的大部分雾,恢复了适当的亮度和颜色水平。

表 7-1 和表 7-2 展现了几种算法处理合成有雾图像的结果。从表中可以看出,本部分算法的客观结果几乎总是排名第一或第二。ICycleGAN 将迭代去雾模型嵌入 CycleGAN 的生成过程,克服了传统算法适用性差的问题,提高了基于学习的去雾算法的保真度。本部分算法的 CNI 值不是最高的,因为与基于物理模型的算法相比,本部分算法在学习过程中丢失了一些细节,而基于物理模型的算法源于雾图降质模型,可以保持图像的自然属性。在未来的工作中,我们将考虑使用一个更高效的深度生成对抗网络来产生更高质量的无雾图像,并具有更高的客观值。

表 7-1　几种算法在 I-HAZE 数据集上的处理结果对比

指标	Gibson's	CAP	NLD	DCP	Wang's	DCPDN	GFN	Cycle-dehaze	本部分算法
PSNR	14.295 6	15.326 6	15.411 7	13.860 5	15.212 4	14.369 7	11.873 9	14.893 3	15.921 8
SSIM	0.697 6	0.709 2	0.679 5	0.679 8	0.698 5	0.724 4	0.527 0	0.743 7	0.745 2
信息熵	11.964 5	11.470 0	13.078 0	11.271 5	11.590 0	13.543 4	12.322 6	13.373 9	13.620 7
CNI	0.450 6	0.615 6	0.546 0	0.577 8	0.579 6	0.542 1	0.593 2	0.518 0	0.544 6

表 7-2　几种算法在 O-HAZE 数据集上的处理结果对比

指标	Gibson's	CAP	NLD	DCP	Wang's	DCPDN	GFN	Cycle-dehaze	本部分算法
PSNR	14.010 7	16.230 8	16.348 9	15.098 7	16.060 3	14.520 3	17.183 6	17.346 9	18.217 9
SSIM	0.616 9	0.605 4	0.599 9	0.573 1	0.621 0	0.591 9	0.616 9	0.858 0	0.854 1
信息熵	13.804 7	12.567 3	15.540 9	12.634 4	13.940 5	15.029 1	13.769 1	15.047 0	15.114 0
CNI	0.478 7	0.459 7	0.597 9	0.525 9	0.533 3	0.535 7	0.495 9	0.527 3	0.554 3

7.3.3.4　在自然有雾图像的结果

此外，为了证明本部分算法的通用性，我们评估了 ICycleGAN 对自然有雾图像的性能。结果表明，该算法在处理真实的有雾图像时也能保持图像的颜色和细节信息。考虑到我们的模型没有在自然有雾图像上进行训练，我们仅将该算法与其他基于学习的去雾算法进行了比较。我们使用在 O-HAZE 上训练过的模型来测试自然图像，因为它们包含了外景。Village、Palace、Cityscape、House 和 Plain 图像是模型在 O-HAZE 上训练的测试结果。

表 7-3 提供了去雾图像的信息熵和 CNI 的比较。在信息熵比较中，本部分算法排第一，本部分算法也获得了较高的 CNI 值。总体而言，这些实验结果清楚地表明，本部分算法在处理自然有雾图像方面与其他算法是有竞争力的。

表 7-3　几种算法对自然有雾图像的处理结果对比

图像	指标	输入图像	DCPDN	GFN	Cycle-dehaze	本部分算法
Village	信息熵	10.391 5	11.803 2	12.479 5	12.274 8	13.465 7
	CNI	0.419 4	0.502 4	0.526 1	0.443 2	0.490 6
Palace	信息熵	9.914 8	12.611 0	11.603 3	13.260 6	13.802 5
	CNI	0.321 0	0.517 8	0.525 3	0.392 8	0.412 9
Cityscape	信息熵	11.263 6	13.520 1	14.226 7	13.653 8	13.993 6
	CNI	NaN	NaN	0.536 0	0.471 7	0.507 1
House	信息熵	14.562 8	14.859 8	15.022 3	14.818 0	15.127 3
	CNI	NaN	NaN	0.741 1	0.629 9	0.661 9

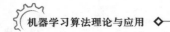

(续表)

图像	指标	输入图像	DCPDN	GFN	Cycle-dehaze	本部分算法
Plain	信息熵	10.481 5	13.557 9	13.152 9	13.030 7	14.126 8
	CNI	NaN	0.543 3	0.592 0	0.531 4	0.602 3
平均值	信息熵	11.322 8	13.270 4	13.296 9	13.407 5	14.103 1
	CNI	0.370 2	0.521 2	0.584 1	0.493 8	0.534 9

7.3.3.5　在浓雾图像的性能

为了验证本部分算法在浓雾图像上的通用性,我们使用在 O-HAZE 数据集上训练的模型在 Dense-haze 数据集上测试了 ICycleGAN,结果表明我们的模型在浓雾图像上也有良好的泛化能力。基于物理模型的算法的结果表明,Gibson 的算法、CAP 算法、DCP 算法和 Wang 的算法不能很好地处理浓雾图像,而且恢复的图像仍然含有大量的雾。NLD 算法可以去除大部分的雾,但恢复后的图像亮度明显变暗。在基于学习的算法的结果中,DCPDN 和 GFN 算法并不能有效地去雾。此外,DCPDN 的研究结果受到了色彩变化的影响。Cycle-dehaze 算法恢复的图像中还残留了一些雾。相比之下,本部分算法消除了图像中的大部分雾,恢复了适当的亮度和丰富的细节。

表 7-4 给出了浓雾图像的信息熵和 CNI 的比较。在信息熵和 CNI 的比较中,本部分算法分别排名第一和第二。NLD 是基于物理模型的算法,可以保持图像的物理属性,所以实验结果的 CNI 值较高,但视觉效果不是特别好。

表 7-4　几种算法对浓雾图像的处理结果对比

指标	Gibson's	CAP	NLD	DCP	Wang's	DCPDN	GFN	Cycle-Dehaze	本部分算法
信息熵	9.697 0	11.914 0	15.678 8	12.591 5	10.818 7	9.543 5	14.083 1	16.324 8	16.424 3
CNI	NaN	0.386 9	0.582 5	NaN	NaN	NaN	NaN	0.482 1	0.517 4

综上所述,本部分算法有效地去除了雾,恢复了真实的色彩和细节。我们的模型具有较好的通用性,不仅能处理合成的有雾图像,而且对自然有雾图像也能取得较好的效果。此外,本部分算法能有效去除稀疏的雾,在处理浓雾时也具有优势。

7.3.3.6　消融实验

为了证明我们的模型的有效性,我们进行了一系列的消融实验。我们验证了迭代去雾模型的必要性。然后,我们证明了基于物理模型的算法和基于学习的算法相结合的效果。最后,我们证明了所提出的损失函数的有效性。

为了验证迭代除雾模型的必要性,我们进行了消融实验,以探索每次迭代对网络性能的影响。

迭代优化算法可以保持图像的物理特性,但去雾效果不好,恢复后的图像显得暗淡且保留了一定的雾度。基于学习的算法可以消除大部分雾,但是会牺牲图像的颜色和细节信息。本部分算法结合了两种模型的优点,不仅保持了基于学习的算法的去雾彻底性,还保持了基于物理模型的算法的良好保真度,恢复的图像质量明显变高。

最后,通过消融实验验证了细节信息一致性损失的有效性。表 7-5 显示了在 I-HAZE数据集上有或没有细节信息一致性损失的定量结果的比较。从表 7-5 中可以看出,细节信息一致性损失可以提高去雾图像的质量。因此,添加损失可以有效地提高本部分算法的图像去雾性能。

表 7-5 消融实验中有或者无细节一致性损失的结果对比

项目	PSNR	SSIM	信息熵	CNI
无细节一致性损失	15.647 5	0.744 4	13.563 5	0.537 5
有细节一致性损失	15.921 8	0.745 2	13.620 7	0.544 6

本节基于迭代去雾模型和 CycleGAN 提出了一种混合迭代去雾模型。迭代去雾算法基于物理模型,考虑了图像的物理特性。基于学习的去雾算法从数据分布的角度近似真实图像,减少了对单个图像的依赖。我们通过将迭代去雾模型嵌入生成过程,提出了一个名为 ICycleGAN 的混合模型。该算法有效地解决了物理模型普适性不足的问题,同时提高了基于学习的去雾架构保真度差的问题。此外,我们建立了细节信息一致性损失,以恢复更多的细节和自然颜色。在合成和真实的有雾图像上的实验结果证明,本部分算法可以在保持物理属性的同时恢复高质量的清晰图像。

7.4 混合透射率迭代估计的单幅图像去雾算法

7.4.1 问题的提出

考虑到基于物理模型的算法去雾效果较差,基于学习的算法在自然场景中的泛化能力有限。为了有效地从有雾场景中去雾,我们提出了一个使用 DCP[4] 和 DehazeNet[9] 混合估计透射率的混合迭代模型。DCP 基于大气散射模型,DehazeNet 是数据驱动的,因此提出的算法保留了图像的自然属性,具有普遍适用性,可以达到有效的去雾效果。由于图像中雾密度不均匀,采用局部大气光代替全局大气光。

7.4.2 算法描述

Zhang 等[26] 提出的单幅图像数值迭代去雾算法依赖于物理特征,它可以去除图像中的大部分雾,在保持物理特性的同时恢复适当的亮度和颜色水平。DehazeNet 采用深度网络计算透射率,依靠成对的合成数据有效去雾。我们提出了一种将基于物理模型的算法和数据驱动算法获得的透射率相融合的算法,可以有效地去雾,并保留图像的细节。

在给定一幅有雾图像的情况下,该算法的目标是生成一幅无雾图像。我们采用 AP 算法,它是一种自适应聚类算法,不考虑聚类数量的先验信息,自适应地将雾霾图像划分为雾浓度不同的区域。基于大气散射模型,对每个雾浓度区域的局部大气光进行估计。然后,采用基于物理模型的算法和数据驱动的算法进行透射率计算。联合透射率是将基于 DCP 的算法和 DehazeNet 获得的两个透射率融合在一起产生的。基于 DCP 的算法利用暗通道先验计算粗透射率,然后对粗透射率进行细化,使透射率可以在局部补丁中略有不同。数据驱动算法使用 DehazeNet 来获得估计的透射率。利用融合函数将改进后的传输和估计后的传输进行融合,得到最终的传输。根据物理模型对图像进行恢复,得到第一次迭代的恢复图像。然后,根据迭代终止条件对恢复的图像进行迭代优化。最后得到符合迭代终止条件的清晰图像。

该算法利用成对的合成图像对 DehazeNet 进行训练,获得预训练的模型。然后,采用单幅图像数值迭代去雾算法获得局部大气光值和新的细透射率。将细透射率与网络获得的介质透射率相融合。基于大气散射模型,混合透射率和局部大气光被用来恢复无雾图像。最后,根据迭代终止条件,将恢复后的图像作为有雾图像重新输入,进行迭代去雾。在每次迭代中,我们使用上述预先训练的模型对整个网络进行微调,并产生最终的去雾图像。

7.4.2.1　混合透射率的估计

我们提出的混合透射率估计算法包括两部分:基于 DCP 的估计算法和数据驱动的估计算法。

(1) 基于 DCP 的估计算法:先基于 DCP 得到粗透射率,然后利用一个精化函数对粗透射率进行细化。

粗透射率由以下公式计算,该公式基于一个常见的假设,即局部块内的透射率是恒定的。

$$t_{\text{rough}} = 1 - \omega \min_{c} \left(\min_{y \in \Omega(x)} \left(\frac{I^c(y)}{A^c} \right) \right) \tag{7.5}$$

式中,ω 是一个常量参数,用于为远处的物体保持少量的雾,使得场景看起来很自然。事实上,在一个有雾的图像中,远处的雾的厚度会超过相机镜头附近的雾的厚度。因此,图像中的雾密度是不均匀的,也就是说透射率不是恒定的。它随着图像中雾密度的变化而变化。因此,我们改进了粗透射率,允许在局部补丁上略有不同的透射率估计。细透射率的定义如下:

$$\begin{cases} J_k = J_k t_{k-1} + (1 - t_{k-1}) A_{k-1}^m \\ t_{k,\text{rough}}(x) = 1 - \omega \min_{c} \left(\min_{y \in \Omega(x)} \left(\frac{J_k^c}{A_k^m} \right) \right) \qquad k = 1, 2, \cdots \\ t_{k,1}(x) = refined(t_{k,\text{rough}}(x)) \end{cases} \tag{7.6}$$

式中,k 为迭代次数。细透射率提高了透射率的准确性,确保了去雾图像真实的色彩水平。$t_{k,\text{rough}}(x)$ 表示第 k 个迭代的粗透射率。$refined()$ 表示 Zhang 等[26]的算法中透射率的细化运算,$t_{k,1}(x)$ 表示 DCP 在第 k 次迭代中计算出的最终细透射率。

（2）数据驱动的估计算法：该算法学习有雾图像与其相关传输映射之间的映射关系。DehazeNet由级联卷积层和池化层组成，其中，一些层使用适当的非线性激活函数。经过四个顺序层后，我们得到了介质透射率的估计。

特征提取层定义如下：

$$F_1^i(x) = \max_{j \in [1,k]} g^{i,j}(x), \quad g^{i,j} = W_1^{i,j} * I + B_1^{i,j} \tag{7.7}$$

$W_1 = \{W_1^{i,j}\}_{(i,j)=(1,1)}^{(n_1,k)}$ 为过滤器，$B_1 = \{B_1^{(i,j)}\}_{(i,j)=(1,1)}^{(n_1,k)}$ 为偏差，$*$ 表示卷积操作。I 为输入图像，经过第一层后，得到 n_1 输出特征映射。在这一层中，Maxout 单元将每个 kn_1 维向量映射到 n_1 维向量，并通过自动学习获取与雾相关的特征。

对于多尺度映射，在第二层选择并行卷积运算。输出可以写成：

$$F_2^i = W_2^{[i/3],(i\backslash3)} * F_1 + B_2^{[i/3],(i\backslash3)} \tag{7.8}$$

$W_2 = \{W_2^{p,q}\}_{(p,q)=(1,1)}^{(3,n_2/3)}$ 和 $B_2 = \{B_2^{(p,q)}\}_{(p,q)=(1,1)}^{(3,n_2/3)}$ 包含 n_2 对参数，分为三组。n_2 表示多尺度映射的输出维数。$i \in [1,n_2]$ 是输出特征的索引。

第三层是局部极值选项，集中应用于每个特征映射像素。它可以保持图像恢复的分辨率。它被定义为

$$F_3^i(x) = \max_{y \in \Omega} F_2^i(y) \tag{7.9}$$

式中，$\Omega(x)$ 是一个以 x 为中心的 $f_3 \times f_3$ 邻域。局部极值运算的输出维数为 $n_3 = n_2$。

最后一层为非线性回归，该层采用 BReLU 激活函数。特征图定义为

$$F_4 = \min(t_{max}, \max(t_{min}, W_4 * F_3 + B_4)) \tag{7.10}$$

$W_4 = \{W_4\}$ 包括尺寸为 $n_3 \times f_4 \times f_4$ 的滤波器，$B_4 = \{B_4\}$ 包含一个偏差，$t_{max,min}$ 表示 BReLU 的边际值。根据公式(7.10)，该激活函数的梯度为

$$\frac{\partial F_4(x)}{\partial F_3} = \begin{cases} \frac{\partial F_4(x)}{\partial F_3}, & t_{min} \leqslant F_4(x) \leqslant t_{max} \\ 0, & \text{otherwise} \end{cases} \tag{7.11}$$

根据以上四层，可以得到 DehazeNet$t_{k,2}$ 估计的透射率。

7.4.2.2 混合透射率估计

传统的基于先验的算法在去雾方面的效果不佳，而基于学习的算法在自然图像中的泛化能力较差。为了解决这个问题，我们采用了混合透射率来恢复无雾图像。在本工作中，混合透射率自适应融合两个传输 $t_{k,1}$ 和 $t_{k,2}$。$t_{k,1}$ 的估计采用基于物理模型的算法，可通过公式(7.6)推导。透射率 $t_{k,2}$ 由 DehazeNet 估计，DehazeNet 通过神经网络生成传输映射。

在每个迭代中产生混合透射率，以实现无雾图像恢复。融合方程可描述为

$$t_k = \lambda_1 t_{k,1} + \lambda_2 t_{k,2} \tag{7.12}$$

式中，λ_1 和 λ_2 表示每个透射率的权重。

7.4.2.3 迭代优化

迭代终止准则的阈值设为训练样本 ε 的平均亮度，并随着训练样本的变化进行自适应调整。在每次迭代结束时，计算恢复图像的暗像素百分比为 p。当 $\varepsilon > p$ 时，迭代

应该终止。否则，恢复的图像将进行下一个循环的局部大气光值和传输估计，直到 $\varepsilon > p$。

7.4.2.4 损失函数

DehazeNet 采用均方差（MSE）作为损失函数，使有雾训练图像与相应的无雾图像的透射率的差值最小。MSE 损耗公式如下：

$$L(\Theta) = \frac{1}{N} \sum_{i=1}^{N} \left\| F(I_i^P; \Theta) - t_i \right\|^2 \tag{7.13}$$

式中，$\Theta = \{W_1, W_2, W_4, B_1, B_2, B_4\}$ 为网络参数。F 映射 RGB 值与透射率的关系。I_i^P 是第 i 个训练补丁。t_i 是真值介质透射率。

7.4.3 实验结果

我们将本部分算法与 4 种先进的基于先验的算法（DCP[4]、CAP[6]、NLD[7] 和 Wang 等[18] 的算法）和 7 种基于学习的算法（MSCNN[8]、DehazeNet[9]、AOD-net[15]、GFN[16]、Cycle-Dehaze[17]、ICycleGAN[27] 和 PMHLD[28]）相比较，评价了我们提出的去雾模型的有效性。在合成数据集和真实有雾图像上，将我们的算法与其他算法进行了比较。指标 PSNR、SSIM、信息熵和 CNI[22] 被用来定量评价实验结果。为了证明我们提出的模型的贡献，我们进行了消融实验。

7.4.3.1 实验数据

本文使用了 RESIDE 数据集来合成训练数据。该数据集利用了大量的数据源，包括室内和室外场景图像（分别是 ITS 和 OTS）。我们从 ITS 和 OTS 中选取 4 000 幅随机无雾图像创建训练数据集。然后，从这两个数据集中分别选择 1 000 幅图像作为微调数据集。对于每幅图像，我们随机选择 10 个透射率 $t \in (0,1)$ 均匀地生成 10 幅有雾图像。因此，共有 100 000 幅有雾图像和对应的无雾图像作为 DehazeNet 的训练数据。

7.4.3.2 实验细节

实验是在一台 Intel(R) Core(TM) i5-9400F CPU @2.90 GHz，RAM 16 GB 和 NVIDIA GTX 2080 Ti GPU 的计算机上实现的。DehazeNet 的学习速率设置为5e-3，每 10 个 epoch 衰减一半。DehazeNet 在训练数据集上训练了 50 个 epoch，批大小为 16。将透射率融合权值设为 $\lambda_1 = 0.5, \lambda_2 = 0.5$。最后，我们利用预先训练好的模型在一个微调的数据集上对网络进行微调。

7.4.3.3 合成有雾图像的评估

在合成有雾图像上对本部分算法进行了测试，并在 RESIDE 数据集的测试集 SOTS 上进行了实验。图 7-6 显示了对室内场景的去雾结果。通过去雾结果可以看到，该算法能有效地消除图像中的大部分雾，在视觉上更接近真值。

（a）室内有雾图像　　　（b）用本部分算法去雾后的图像

图 7-6　用本部分算法处理室内有雾图像的对比结果

表 7-6 和表 7-7 分别显示了本部分算法和其他算法在室内和室外测试集上的结果对比。比较指标包括 PSNR、SSIM、信息熵和 CNI。信息熵用于测量图像的平均信息。一个高质量的恢复图像可以得到高信息熵值。CNI 常用来评价去雾图像的自然度和保真度，取值范围为 0～1。对于更自然的图像计算出的 CNI 值更接近于 1。表 7-6 和表 7-7 证明了该算法在这些评价指标上取得了较好的结果，也说明了该算法的有效性。

表 7-6　几种算法处理室内有雾图像的结果比较

算法	PSNR	SSIM	信息熵	CNI
DCP[4]	18.182 9	0.782 6	15.795 5	0.692 8
CAP[6]	19.067 5	0.818 1	15.375 0	0.794 8
NLD[7]	17.267 1	0.777 9	15.491 8	0.683 6
Wang's[18]	19.953 8	0.833 4	15.289 4	0.798 7
MSCNN[8]	17.129 2	0.795 8	15.668 1	0.541 4
DehazeNet[9]	21.346 6	0.861 0	15.470 5	0.721 4
AOD-net[15]	17.939 6	0.803 6	15.429 4	0.666 0
GFN[16]	22.320 0	0.880 0	15.897 1	0.825 4
Cycle-Dehaze[17]	17.266 5	0.801 7	16.003 6	0.722 2
ICycleGAN[27]	20.474 1	0.835 0	**16.328 1**	0.761 5
PMHLD[28]	22.235 9	0.886 9	15.894 1	0.864 2
本部分算法	**22.758 3**	**0.890 4**	16.054 1	**0.875 8**

表 7-7　几种算法处理室外有雾图像的结果比较

算法	PSNR	SSIM	信息熵	CNI
DCP[4]	17.024 9	0.844 2	14.312 3	0.541 5
CAP[6]	18.493 2	0.798 2	13.587 0	0.720 8
NLD[7]	18.474 7	0.853 9	14.520 6	0.543 4
Wang's[18]	20.986 9	0.872 4	13.786 5	0.697 6
MSCNN[8]	19.616 7	0.879 1	14.213 3	0.504 3
DehazeNet[9]	22.793 6	0.895 5	13.906 9	0.658 5

（续表）

算法	PSNR	SSIM	信息熵	CNI
AOD-net[15]	19.774 3	0.883 3	14.381 2	0.562 3
GFN[16]	21.490 0	0.838 0	14.846 4	0.695 5
Cycle-Dehaze[17]	18.055 3	0.852 3	14.765 9	0.521 3
ICycleGAN[27]	20.474 1	0.835 0	**15.085 5**	0.548 7
PMHLD[28]	23.020 3	0.901 1	14.791 4	0.767 9
本部分算法	**23.395 2**	**0.901 2**	14.896 0	**0.887 6**

7.4.3.4　在自然有雾图像上的评估

　　为了验证该算法的实用性，我们也在自然有雾图像上对该算法进行了实验。实验结果证明，该算法可以恢复轮廓清晰的结果，同时减少了细节的损失。表 7-8 和表 7-9 分别显示了该算法在自然图像上的客观结果。

表 7-8　几种算法处理自然图像获得的信息熵的比较

算法	信息熵				信息熵平均值
	Sweden	Cabin	Canyon	Village	
DCP[4]	15.976 2	15.467 2	16.027 1	15.217 0	15.671 9
CAP[6]	15.795 3	15.357 8	15.639 0	15.046 6	15.459 7
NLD[7]	15.722 1	14.798 9	16.017 3	14.524 7	15.265 8
Wang's[18]	15.937 8	15.215 8	15.883 5	14.899 8	15.484 2
MSCNN[8]	15.810 2	15.164 8	15.332 2	14.923 4	15.307 7
DehazeNet[9]	15.954 5	15.172 9	15.990 9	14.866 3	15.496 2
AOD-net[15]	15.897 6	15.138 8	15.467 2	15.192 3	15.424 0
GFN[16]	**16.022 3**	15.396 5	16.118 3	15.218 7	15.689 0
Cycle-Dehaze[17]	13.095 6	12.927 5	14.372 9	13.029 5	13.356 4
ICycleGAN[27]	15.898 5	15.543 2	15.987 5	14.976 2	15.601 4
PMHLD[28]	15.245 4	14.263 2	15.531 9	14.603 9	14.911 1
本部分算法	15.992 3	**15.564 7**	**16.202 3**	**15.261 2**	**15.755 1**

表 7-9　几种算法处理自然图像获得 CNI 的比较

算法	CNI				CNI 平均值
	Cabin	Canyon	Village	Sweden	
DCP[4]	0.584 6	0.815 9	0.934 0	0.597 7	0.733 1
CAP[6]	0.887 9	**0.957 7**	0.985 2	0.725 6	0.889 1

（续表）

算法	CNI				CNI 平均值
	Cabin	Canyon	Village	Sweden	
NLD[7]	0.609 8	0.921 3	0.943 3	0.695 8	0.792 5
Wang's[18]	0.590 0	0.589 3	0.934 0	0.649 9	0.690 8
MSCNN[8]	0.488 8	0.463 9	0.926 4	0.513 6	0.598 2
DehazeNet[9]	0.703 3	0.540 8	0.963 2	0.586 2	0.698 4
AOD-net[15]	0.526 1	0.559 5	0.964 8	0.496 2	0.636 6
GFN[16]	0.717 5	0.603 1	0.926 2	0.564 9	0.702 9
Cycle-Dehaze[17]	0.564 7	0.586 4	0.843 6	0.522 8	0.629 4
ICycleGAN[27]	0.591 2	0.614 2	0.933 6	0.588 4	0.681 9
PMHLD[28]	0.698 9	0.550 8	0.983 6	0.613 4	0.711 7
本部分算法	**0.895 7**	0.940 9	**0.988 6**	**0.738 6**	**0.890 9**

7.4.3.5　消融实验

我们进行了一个消融实验来验证提出的模型的贡献，该模型结合了基于物理模型的算法和基于学习的算法。数值迭代优化算法能较好地保持图像的物理性质，但恢复后的图像仍存在一些雾和暗区域。深度学习优化算法可以有效地消除大部分雾，但牺牲了颜色信息。我们提出的混合模型有效地融合了这两种算法的优点，能够在保持图像物理性质的同时有效去雾。

表 7-10 给出了不同优化算法下的客观结果。实验结果表明，我们提出的混合模型在结果上有明显的改进，这也证明了本部分算法的有效性。

表 7-10　迭代优化、学习优化和本部分算法的定量评价

	PSNR	SSIM	信息熵	CNI
迭代优化	20.986 8	0.872 4	13.786 5	0.697 6
学习优化	22.793 6	0.895 5	13.906 9	0.658 5
本部分算法	**23.395 2**	**0.901 2**	**14.896 0**	**0.887 6**

7.4.3.6　计算复杂度

我们将本部分算法与其他算法在计算复杂度方面进行了比较。我们随机选择 100 幅 512×512 像素的图像，计算每种算法处理这些图像的平均计算时间。实验是在同一台电脑上进行的，这台电脑配备了 Intel(R) Core(TM) i5-9400F CPU @2.90 GHz，16 GB RAM 和 NVIDIAGTX 2080 Ti GPU。由于 DCP、CAP、NLD 和 Wang 等的算法都是基于物理模型的传统算法，所以我们在 CPU 上而不是 GPU 上进行实验。表 7-11 显示了这几种算法的平均运行时间。实验结果表明，本部分算法与其他算法相比，在运行时间上具有一定的竞争力。

表 7-11　几种算法的运行时间比较

算法	平台	时间/秒
DCP[4]	Matlab(CPU)	6.878 5
CAP[6]	Matlab(CPU)	1.173 5
NLD[7]	Matlab(CPU)	6.266 2
Wang's[18]	Matlab(CPU)	1.722 4
MSCNN[8]	MatConvnet(GPU)	3.155 4
DehazeNet[9]	Matlab(GPU)	1.651 7
AOD-net[15]	Pytorch(GPU)	0.308 4
GFN[16]	Matlab(GPU)	5.549 6
Cycle-dehaze[17]	Tensorflow(GPU)	2.525 9
ICycleGAN[27]	Tensorflow(GPU)	2.784 3
PMHLD[28]	Tensorflow(GPU)	1.785 6
本部分算法	Matlab(GPU)	2.458 6

　　本部分提出了一种用于单幅图像去雾的混合迭代模型。考虑到基于物理模型的算法可以很好地保持图像的自然属性，基于学习的算法可以有效地去雾，我们融合了两种模型，提出了一种使用 DCP 和 DehazeNet 混合估计透射率的算法。另外，我们计算不同雾密度区域的局部大气光值来恢复无雾图像。我们在合成和真实有雾图像上做了定性和定量的评估。实验结果表明，本部分算法具有很好的去雾性能，并且可以恢复丰富的细节。

7.5　基于注意力机制的半监督图像去雾算法

　　基于深度学习的去雾算法大多建立在合成的数据集上，针对这一问题，我们提出了一种半监督的去雾算法，利用合成的图像和真实世界的图像共同训练网络。我们考虑到图像雾浓度分布不均的现象，提出了一种多注意力融合的机制。大量的实验结果证明，本部分算法具有良好的去雾性能，并且计算高效。

7.5.1　问题的提出

　　基于学习的去雾算法在大量训练数据的支持下可以通过建模将输入的有雾图像映射到所需的无雾图像，以实现良好的去雾效果。这些算法由数据驱动，但是大多数可用的训练样本由合成的有雾图像组成，这与自然有雾图像不同。因此，这些算法在自然有雾图像上的泛化性能有限。

为了解决上述问题，Golts 等[29]提出了一种基于暗通道先验损失的无监督算法来估计透射率，以达到图像去雾的目的。由于缺少用于学习的无雾图像，无监督算法的去雾性能有限，并且在去雾后的图像中仍残留一些雾。与无监督学习相比，半监督学习在特征表达[30]中似乎是更好的选择。半监督学习提供了一类图像去雾算法，可以改善去雾性能。Li 等[31]提出了一种基于对抗学习的半监督图像去雾网络，为单幅图像去雾提供了新思路。半监督算法在完全消除雾方面比无监督算法好，但它容易出现色偏和污点。

我们提出了一种具有实际应用潜力的半监督单幅图像去雾网络——SADnet。提出的算法是在合成和自然有雾图像上训练完全端到端的模型，训练路径分别对应于有监督的分支和无监督的分支。此外，考虑到图像中雾浓度不均匀，应为不同区域赋予不同的权重。但是，大多数基于学习的图像去雾算法（尤其是半监督的图像去雾算法）都忽略了这一需求。我们提出了一种由三个部分（通道注意力、空间注意力和自注意力）组成的通道-空间-自注意力（Channel-spatial Self-attention，CSSA）机制。通道注意力和空间注意力分别关注通道方面和空间方面的特征，以强调有意义的信息，而自注意力通过建模长期的依赖来进一步改善网络表示。我们在监督训练阶段应用均方差和感知损失，在无监督训练阶段应用全变分和暗通道损失。实验表明，我们提出的半监督去雾算法产生的图像清晰、计算效率高。

7.5.2 算法描述

我们提出的半监督去雾算法的流程如图 7-7 所示。网络遵循一个自动编码器结构。首先将有雾图像输入编码器部分以进行特征提取。具体来说，编码器由三个卷积层组成，其中，最后一个卷积操作将特征图下采样到其原始大小的 1/2。

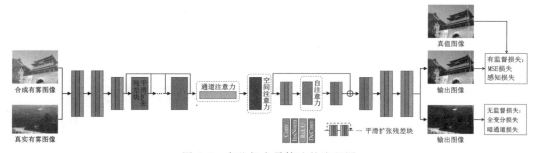

图 7-7 半监督去雾算法的流程图

接下来，使用平滑扩张卷积[32]进行特征增强，涉及七个平滑扩张残差块。为了适应图像中雾浓度不均匀和结构细节不明显的情况，我们提出了一种多注意融合机制，该机制包括三个部分：通道注意力、空间注意力和自注意力。这种多注意融合的结构基于图像去雾过程。考虑到通过卷积提取的不同水平的特征图包含重要性不同的信息，我们提出了一种融合了上述残差块的输出特征的通道注意模块。然后，基于一个重要的观察结果,即图像中的雾分布并不总是均匀的,我们采用空间注意力机制将不同的权重分配到图像中的不同区域。最后,用自注意模块对广泛分离的空间区域之间的长期、多层依赖性进行建模,以恢复更清晰的结构细节。通道注意力和空间注意力是轻量级结构,而自注意力机制在小尺寸空间处理特征图。因此,多注意融合机制不会导致所提出算法的计算复杂度明显增加。

在解码操作之后,获得最终的无雾输出。解码器还包含三个卷积层,其中,第一个反卷积层将特征图上采样回其原始大小。

7.5.2.1　通道一空间一自注意力机制

在有雾图像中,雾的分布密度不均匀。因此,应为不同的特征区域赋予不同的权重。另外,卷积作用于具有局部感受野的信息。仅使用卷积层很难对图像中的全局依存关系建模。CSSA 机制包括三个部分。对于给定的有雾的图像,我们使用通道注意力来使模型关注"有价值的内容是什么",然后使用空间注意力来关注最富信息性的特征的"位置"。最后,我们利用自注意力机制(细节结构如图 7-8 所示)来进一步增强表达有兴趣区域的能力。

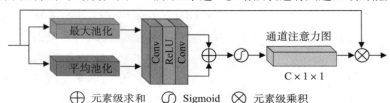

⊕ 元素级求和　　Ⓢ Sigmoid　　⊗ 元素级乘积

图 7-8　通道注意力机制的细节结构

7.5.2.2　通道注意力机制

卷积运算后不同水平的特征表示不同的信息,它们的重要度有所不同。因此,我们提出了一种通道注意力机制以自适应地将权重分配给不同的通道特征。假设 $X=[x_1,\cdots,x_k]$ 为输入,k 表示特征图的数量,其大小为 $H\times W$。在本部分中,k 的值为 8。我们使用平均池化和最大池化来聚合特征图中的空间信息,从而生成两个不同的通道描述符:z_{avg}^c 和 z_{max}^c 分别代表平均池化和最大池化特征,它们的公式如下:

$$z_{\mathrm{avg}}^c=H_{GP}(x_k)=\frac{1}{H\times W}\sum_{i=1}^{H}\sum_{j=1}^{W}x_k(i,j) \tag{7.14}$$

$$z_{\mathrm{max}}^c=H_{MP}(x_k)=\sum_{i=1}^{H}\sum_{j=1}^{W}\max(x_k(i,j)) \tag{7.15}$$

式中,$x_k(i,j)$ 是在位置 (i,j) 处的第 k 个特征 x_k 的值,H_{GP} 表示平均池化函数,H_{MP} 表示最大池化函数。

然后,两个描述符都向前传递到两个卷积层和 ReLU 激活函数,并且通过 Sigmoid 函数获得通道注意力图 M_c,计算公式如下:

$$M_c=\sigma(Conv(\delta(Conv(z_{\mathrm{avg}}^c)))+Conv(\delta(Conv(z_{\mathrm{max}}^c)))) \tag{7.16}$$

式中,δ 和 σ 分别表示 ReLU 和 Sigmoid 函数,而 $Conv$ 表示卷积运算。

最后,通过通道注意力机制输入 F 和 M_c 相乘以生成重新调节的特征 F_c,公式如下:

$$F_c = M_c \cdot F + F \tag{7.17}$$

式中，·表示逐元素乘法。

7.5.2.3　空间注意力机制

因为雾浓度在整个图像中并不总是相同的，所以我们使用空间注意力来开发特征之间的空间关系，从而使模型更加关注信息丰富的部分，例如浓雾图像区域和有价值包含纹理和细节的高频部分。空间注意力模块的详细结构如图 7-9 中所示。

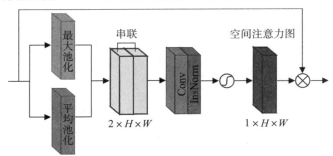

图 7-9　空间注意力机制的细节结构

平均池化和最大池化操作用于聚合输入特征的通道信息。可以将两个合并的特征表示为

$$g_{avg}^s = H_{GP}(F_c) \tag{7.18}$$

$$g_{max}^s = H_{MP}(F_c) \tag{7.19}$$

然后，将池化后的特征进行级联，并通过卷积层、实例正则化操作和 Sigmoid 函数以获得空间注意力图 M_s，公式如下：

$$M_s = \sigma(Conv([g_{avg}^s; g_{max}^s])) \tag{7.20}$$

最后，我们将 M_s 和输入 F_c 相乘以获得空间注意力机制的输出 F_s，公式如下：

$$F_s = M_s \cdot F_c + F_c \tag{7.21}$$

7.5.2.4　自注意力机制

此外，还添加了一个自注意力模块以提供额外的全局特征。自注意力机制的详细结构如图 7-10 所示。自注意力机制[33]补充了卷积运算，并有助于捕获跨图像区域的长期、多层的依赖。在此操作中，首先将输入卷积特征图 x 转换为两个空间 f 和 g 以计算注意力图。计算过程如下：

$$\beta_{j,i} = Softmax(s_{ij}) = \frac{\exp(s_{ij})}{\sum_{i=1}^{N} \exp(s_{ij})}, s_{ij} = f(x_i)^T g(x_j) \tag{7.22}$$

式中，$f(x) = W_f x$，$g(x) = W_g x$，$\beta_{j,i}$ 表示模型在合成 j^{th} 区域时对 i^{th} 位置的关注程度，而 N 是输入特征中特征位置的数量。然后，将 x 转换为另一个特征空间 h，然后乘以 $\beta_{j,i}$，以生成自注意力图输出 o_j，公式如下：

$$o_j = \sum_{i=1}^{N} \beta_{j,i} h(x_i) \tag{7.23}$$

式中,$h(x)=W_h x$。在以上公式中,W_f,W_g 和 W_h 是通过 1×1 卷积计算得到的学习权重参数。

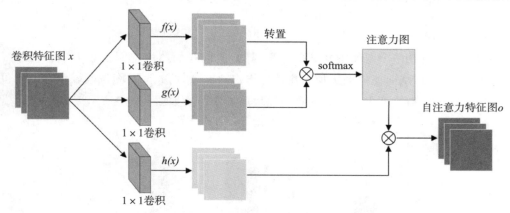

图 7-10 自注意力机制的细节结构

最后,将 o_j 乘以标量 λ(这是一个可学习的参数),然后将结果加入输入 x 中。自注意模块 y 的最终输出公式如下:

$$y=\lambda o_j + x \tag{7.24}$$

7.5.2.5 损失函数

在训练半监督模型时,利用有监督损失和无监督损失分别训练有监督分支和无监督分支。

(1)有监督损失:均方差(Mean Square Error,MSE)损失用于测量无雾图像和去雾图像之间的像素差异。MSE 损失的公式如下所示:

$$L_m=\frac{1}{n_b}\sum_{i=1}^{n_b}\parallel J_i-N(I_i)\parallel_2 \tag{7.25}$$

式中,n_b 是在训练过程中选择的批处理大小,$N(I)$ 和 J 分别代表去雾图像和对应的无雾图像,$\parallel\ \parallel_2$ 代表标准的 $L2\text{-}norm$。为了保留结构特征,我们利用感知损失来保留结构特征,该损失基于 ImageNet[19] 上预先训练的 VGG16[20] 模型。该公式表示如下:

$$L_p=\frac{1}{n_b}\sum_{i=1}^{n_b}\parallel \phi(J_i)-\phi(N(I_i))\parallel_2 \tag{7.26}$$

式中,ϕ 代表特征提取器。

(2)无监督损失:在无监督的分支中,我们引入了全变分(Total Variation,TV)损失,这使我们所提出的网络生成空间平滑的图像。计算公式如下:

$$L_t=\frac{1}{n_b}\sum_{i=1}^{n_b}\parallel \partial_h N(I_i)\parallel_1+\parallel \partial_v N(I_i)\parallel_1 \tag{7.27}$$

式中,∂_h 和 ∂_v 分别代表水平和垂直梯度运算符。He 等[4]之前提出的暗原色基于一项重要观察结果,即清晰的室外图像中的大多数非天空斑块在至少一个颜色通道中包含一些亮度非常低的像素。对于图像 I,暗通道 $D(I)$ 的公式如下:

$$D(I)=\min_{c\in\{r,g,b\}}\left[\min_{y\in\Omega(x)}I^c(y)\right] \tag{7.28}$$

式中, I^c 代表 I 中的颜色通道, 而 $\Omega(x)$ 代表以 x 为中心的局部块。为了产生统计特性类似于无雾图像的图像, 我们采用暗通道(Dark Channel, DC)损失来优化网络, 公式如下所示:

$$L_d = \frac{1}{n_b} \sum_{i=1}^{n_b} \| D(N(I_i)) \|_1 \qquad (7.29)$$

暗通道操作的前向和后向步骤是通过利用查找表(Look-up Table)实现的。

(3) 总损失:本部分的模型的总损失是通过合并监督损失和非监督损失来定义的, 公式如下所示:

$$L = L_m + \lambda_p L_p + \lambda_t L_t + \lambda_d L_d \qquad (7.30)$$

式中, λ_p、λ_t 和 λ_d 是每个损失函数的权重。

7.5.2.6　半监督训练细节

我们所提出的网络模型在有监督和无监督分支中共享权重, 因此我们迭代更新网络参数以实现半监督训练。我们从合成训练数据中随机选择 n_b 个有雾的和清晰的图像对, 然后计算有监督损失以通过反向传播更新权重。接下来, 随机选择 n_b 个真实的有雾图像, 并计算无监督损失以更新权重。网络更新过程的训练算法步骤如下所示。

输入:初始化网络 $Net = \{Net_s; Net_u\}$, 合成训练数据 N_s, 真实训练数据 N_u, 批处理大小 n_b

输出:更新后的网络 Net

(1) while $i < N_u + N_s$　do

(2) 随机从 N_s 选取 n_b 对有雾/无雾图像 I_s/J_s

(3) 随机从 N_u 选取 n_b 张有雾图像 I_u

(4) 获得 $Net(I_s)$

(5) 通过 $\{J_s; Net(I_s)\}$ 由公式(7.25)计算获得 L_m

(6) 通过 $\{J_s; Net(I_s)\}$ 由公式(7.26)计算获得 L_p

(7) 由 $L_m + \lambda_p L_p$ 反向传播 Net_s

(8) $i = i + n_b$

(9) 获得 $Net(I_u)$

(10) 通过从 $Net(I_u)$ 由公式(7.27)计算获得 L_t

(11) 通过从 $Net(I_u)$ 由公式(7.29)计算获得 L_d

(12) 由 $\lambda_t L_t + \lambda_d L_d$ 反向传播 Net_u

(13) $i = i + n_b$

(14) end while

7.5.3　实验结果及分析

在本部分中, 我们将在合成数据集和自然有雾图像上评估所提出的算法, 并将其与几种基于先验的算法(包括 DCP[4]、CAP[6] 和 NLD[7])和基于学习的算法(包括 MSCNN[8]、DehazeNet[9]、AOD-net[15]、GFN[16]、CycleGAN[17]、Li 等[31] 的算法和

Deep-DCP[29])进行比较。我们采用指标 PSNR、SSIM 和信息熵来客观地评估实验结果。然后,我们对结果进行分析。最后,我们进行了一系列的消融实验以进一步探索提出的算法的作用。

7.5.3.1　数据集

对于训练数据,我们采用了 RESIDE 数据集,RESIDE 包含室内和室外合成训练集(分别为 ITS 和 OTS)以及未标记的真实有雾图像(URHI)。为了创建训练集,我们随机选择了 6 000 张合成的有雾图像作为标记数据,其中,3 000 张是来自 ITS 的图像,其他3 000张是来自 OTS 的图像;另外,选择 4 000 张来自 URHI 的真实的有雾图像作为未标记数据。合成测试集(SOTS)是 RESIDE 的测试子集,它包括 500 对室内和室外合成有雾图像和清晰的图像。我们定性和定量地将我们的算法与基于先验和学习的算法在 SOTS 上进行比较。

7.5.3.2　实验细节

该实验是使用 PyTorch 框架[34]和 NVIDIA GeForce RTX 2080 Ti GPU 进行的。本部分算法训练了 100 个迭代次数(Epoch),批处理大小为 2。我们采用 Adam 优化器[35]来优化模型。有监督分支和非监督分支的学习率分别设置为 $1e-2$ 和 $1e-4$,并且每 45 个 epoch 后衰减 0.1。我们将损失权重设置为 $\lambda_p=0.1$、$\lambda_t=1e-5$ 和 $\lambda_d=1e-4$。

7.5.3.3　在合成有雾图像上的性能

我们在包括 SOTS 在内的合成数据集上评估了本部分算法的性能。我们利用训练好的模型来测试 SOTS 室内和室外的合成有雾图像。视觉效果如图 7-11 所示,可以发现,本部分算法消除了大多数雾,并恢复了适当的亮度。

　　　　（a）有雾图像　　　　　　（b）本部分算法

图 7-11　对 SOTS 室内有雾图像的处理结果比较

表 7-12 和表 7-13 列出了在合成有雾图像上不同去雾算法的处理结果。粗体字表示最佳结果。结果表明,与其他算法相比,本部分算法具有竞争力。

表 7-12　不同去雾方法在 SOTS 室内场景的客观结果

	DCP	CAP	NLD	MSCNN	Dehaze-Net	AOD-net	GFN	Cycle-GAN	Li's	Deep-DCP	本部分算法
PSNR	18.182 9	19.067 5	17.267 1	17.129 2	21.346 6	17.939 6	22.320 0	17.266 5	**23.083 5**	19.250 0	22.943 3
SSIM	0.782 6	0.818 1	0.777 9	0.795 8	0.861 0	0.803 6	0.880 0	0.801 7	0.891 2	0.832 0	**0.898 5**
信息熵	15.795 5	15.375 0	15.491 8	15.668 1	15.470 5	15.429 4	15.897 1	16.003 6	16.053 1	15.359 8	**16.117 5**

表 7-13　不同去雾算法在 SOTS 室外场景的客观结果

指示	DCP	CAP	NLD	MSCNN	Dehaze-Net	AOD-net	GFN	Cycle-GAN	Li's	Deep-DCP	本部分算法
PSNR	17.024 9	18.493 2	18.474 7	19.616 7	22.793 6	19.774 3	21.490 0	18.055 3	23.241 1	24.080 0	**25.859 5**
SSIM	0.844 2	0.798 2	0.853 9	0.879 1	0.895 5	0.883 3	0.838 0	0.852 3	0.894 9	**0.933 0**	0.923 9
信息熵	14.312 3	13.587 0	14.520 6	14.213 3	13.906 9	14.381 2	14.846 4	14.765 9	14.894 2	13.662 9	**14.932 5**

7.5.3.4　消融实验

为了验证本部分算法的有效性,我们进行了一系列的消融实验。我们证明了每种注意力机制的必要性。然后,我们展示了在不同损失函数下网络的比较结果。

(1) 注意力机制:为了更好地理解每个注意力模块在 CSSA 机制中的作用,我们进行了一项消融实验。仅使用通道注意力机制时,还原的图像仍保留一些雾度。通过同时考虑重要的通道和空间特征,将通道注意力机制和空间注意力机制结合起来可提高去雾效果。表 7-14 显示了网络在不同注意力机制下对 SOTS 的室外有雾图像的处理结果,这些结果证实了我们提出的注意力机制的有效性。

表 7-14　不同注意力机制下的处理结果比较

注意力机制	PSNR	SSIM	信息熵
无注意力机制	22.393 6	0.885 1	14.314 2
通道注意力机制	24.462 0	0.908 6	14.775 5
通道—空间注意力机制	25.198 8	0.914 0	14.880 7
通道—空间—自注意力机制	**25.859 5**	**0.923 9**	**14.932 5**

(2) 损失函数:为了测试每个损失函数对我们提出的模型的有效性,我们先固定网络结构,然后在不同损失函数的约束下重新训练网络参数。我们比较了在有监督学习下 MSE 和感知损失对网络的影响,然后,在固定有监督损失的情况下,比较了半监督学习下 TV 损失和 DC 损失对网络的影响。表 7-15 提供了在不同损失函数约束下,网络对 SOTS 的室外有雾图像的客观测试结果的比较。表 7-15 显示了在有监督的训练分支中,MSE 和感知损失的组合更为有效。同样,在半监督训练分支中,TV 和 DC 损失的组合会产生更好的结果。此外,在仅 MSE 损失的约束下训练的有监督模型的 PSNR 和 SSIM 值仍高于大部分方法的 PSNR 和 SSIM 值,这进一步证明了我们提出的网络结构的有效性。

表 7-15　不同损失函数下的处理结果比较

	PSNR	SSIM	信息熵
L_m	24.484 3	0.900 4	14.707 5
$L_m + L_p$	24.833 7	0.907 4	14.727 4
$L_m + L_p + L_t$	24.326 6	0.908 8	14.897 6
$L_m + L_p + L_d$	25.587 8	0.923 4	14.742 2
$L_m + L_p + L_t + L_d$	**25.859 5**	**0.923 9**	**14.932 5**

7.5.3.5　运行时间

我们将本部分算法的运行时间与其他算法的运行时间进行了比较。我们随机选择了50 张大小为 512×512 像素的有雾图像,并计算了几种算法所需的平均运行时间。每个测试都是在同一台计算机上进行的,该计算机配备了 Intel(R) i5-9400F CPU @ 2.90 GHz,16 GB RAM 和 NVIDIA GTX 2080 Ti GPU。DCP、CAP 和 NLD 是传统的基于物理模型的算法,因此我们在 CPU 而非 GPU 上计算了它们的运行时间。表 7-16 显示了用于比较的不同算法的运行时间。实验结果表明,该方法与其他方法相比具有竞争优势,同时也证明所提出的多注意融合机制的计算效率。

表 7-16　不同去雾算法的运行时间

	DCP	CAP	NLD	MSCNN	DehazeNet	AOD-net
平台	Matlab(CPU)	Matlab(CPU)	Matlab(CPU)	MatConvnet (GPU)	Matlab(GPU)	Pytorch(GPU)
时间	1.787 5 秒	1.220 7 秒	6.266 0 秒	2.975 1 秒	1.672 3 秒	0.306 1 秒

	GFN	CycleGAN	Li's	Deep-DCP	本部分算法
平台	Matlab(GPU)	TensorFlow(GPU)	Pytorch(GPU)	TensorFlow(GPU)	Pytorch(GPU)
时间	5.547 4 秒	2.487 5 秒	0.702 0 秒	0.925 6 秒	0.436 6 秒

简而言之,我们提出的半监督算法是一种计算效率高的算法,对合成雾图像和自然雾图像均具有良好的去雾效果。

本部分提出了一种用于单幅图像去雾的新的半监督模型。合成有雾图像和自然有雾图像同时用于训练网络,使得算法能够很好地处理自然有雾图像。此外,我们提出了一种通道—空间—自注意力机制,可以有效地处理包含不同权重信息的图像。我们提出的网络相对轻量,并且具有高效的计算能力,因此,可以应用于实际应用。在公共基准数据集和自然有雾图像上的大量实验结果表明,本部分算法与其他算法相比具有良好的性能。

本章小结

单幅图像去雾被广泛研究,目前基于物理模型和深度学习的单幅图像去雾算法是两类最具竞争力的算法。基于物理模型的算法的核心思想是估计出模型中的大气光值和透射率,反演复原无雾图像。目前大部分基于物理模型的单幅图像去雾算法通过利用无雾图像的统计知识,建立假设和先验知识来估计中间参数。这些算法只在一定的条件下成立,当先验被违反时算法估计的中间参数会不准确,导致去雾效果较差。基于深度学习的算法主要是在数据的驱动下,通过网络模型来估计中间参数或者直接恢复无雾图像。当前的应用于图像去雾的数据集主要是合成的有雾图像,合成的图像与真实的有雾图像本质上是不同的,因此会导致模型在自然图像上的泛化能力有限。本章提出两种混合迭代模型和半监督去雾模型,解决现有去雾算法去雾不彻底、保真效果差和泛化性能有限等问题,为单幅图像去雾研究提供了新思路。

针对基于物理模型的算法考虑到图像的物理特性但普适性较差,基于学习的去雾算法去雾彻底但保真效果有限,我们通过将迭代去雾模型嵌入 CycleGAN 的生成过程,提出了混合迭代去雾模型。基于该模型的算法能有效地去雾,同时维持图像的自然属性。为了恢复更多的细节结构,建立了细节信息一致性损失。实验结果表明该算法在浓雾和薄雾图像都能去雾,与其他算法相比也具有竞争力。

考虑到基于物理模型的算法可以很好地保持图像的自然属性,基于学习的算法可以有效地去雾,我们提出了一种混合透射率估计的去雾算法。此外,我们计算不同雾浓度区域的局部大气光值来恢复无雾图像。实验结果表明该算法具有很好的去雾性能,并且可以恢复丰富的细节。

考虑到在实际应用中单幅图像去雾算法需要高效地处理自然场景的图像,为了满足实际应用的需求,我们提出了一种基于注意力机制的半监督去雾模型。为了解决图像中雾浓雾分布不均匀的问题,我们提出了一种多注意力融合机制,能够促使模型关注更重要的信息,提高网络的表达能力和去雾效果。我们提出的网络设计轻量的计算时间较短,因此其具有实际应用的潜力。在公共基准数据集和自然有雾图像上的大量实验结果表明,基于注意力机制的半监督图像去雾算法与其他算法相比具有良好的性能,能达到满意的效果。

参考文献

[1] NARASIMHAN S G, NAYAR S K. Contrast restoration of weather degraded images[J]. IEEE transactions on pattern analysis and machine intelligence,2003,25(6):713-724.

[2] Tan R T. Visibility in bad weather from a single image[C]//IEEE international conference on computer vision and pattern recognition,June 23-28,2008,Anchorage,AK,USA. IEEE,c2008:1-8.

[3] FATTAL R. Single image dehazing[J]. ACM transactions on graphics,2008,27(3):1-9.

[4] ULLAN E,NAWAZ R,IQBAL J. Single image haze removal using dark channel prior[C]//2013 5th International Conference on Modelling,Identification and Control,August 31-September 2,2013,Cairo,Egypt. IEEE,c2013:1 956-1 963.

[5] GIBSON K B,VO D T,NGUYEN T Q. An investigation of dehazing effects on image and video coding[J]. IEEE transactions on image processing,2012,21(2):662-673.

［6］ ZHU Q S, MAI J M, SHAO L. A fast single image haze removal algorithm using color attenuation prior［J］. IEEE transactions on image processing，2015，24（11）：3 522-3 533.

［7］ BERMAN D, TREIBITZ T，AVIDAN S. Non-local image dehazing［C］//2016 IEEE conference on computer vision and pattern recognition（CVPR），June 27-30，2016，Las Vegas，NV，USA. IEEE，c2016：1 674-1 682.

［8］ REN W Q, LUY J S, ZHANG H, et al. Single image dehazing via multi-scale convolutional neural networks［J］. International journal of computer vision，2020，128（1）：240-259.

［9］ CAI B L, XU X M, JIA K, et al. Dehazenet：an end-to-end system for single image haze removal［J］. IEEE transactions on image processing，2016，25（11）：5 187-5 198.

［10］ ZHANG H, PATEL V M. Densely connected pyramid dehazing network［C］. 2018 IEEE/CVF conference on computer vision and pattern recognition，June 18-23，2018，Salt Lake City，UT，USA. IEEE，c2018：3 194-3 203.

［11］ GOODFELLOW I, POUGET-ABADIE J, MIRZA M, et al. Generative adversarial nets［C］//International conference on neural information processing systems，Cambridge，MA，USA：MIT Press，2014：2 672-2 680.

［12］ ZHU H Y, PENG X, CHANDRASEKHAR V, et al. DehazeGAN：when image dehazing meets differential programming［C］//International joint conference on artificial intelligence，July 9-19，2018，Stockholm，Sweden. c2018：1 234-1 240.

［13］ Yang X T, Xu Z, Luo J B. Towards perceptual image dehazing by physics-based disentanglement and adversarial training［C］. International conference on artificial intelligence，August 22，2018，Las Vegas，USA.

［14］ ZHANG H, SINDAGI V, PATEL V M. Joint transmission map estimation and dehazing using deep networks［J］. IEEE transactions on circuits and systems for video technology，2020，30（7）：1 975-1 986.

［15］ LI B Y, PENG X L, WANG Z Y, et al. AOD-net：all-in-one dehazing network［C］//2017 IEEE international conference on computer vision（ICCV），October 22-29，2017，Venice，Italy. IEEE，c2017：4 770-4 778.

［16］ REN W Q, MA L, ZHANG J W, et al. Gated fusion network for single image dehazing［C］//2018 IEEE/CVF conference on computer vision and pattern recognition，June 18-23，2018，Salt Lake City，UT，USA. IEEE，c2018：381-389.

［17］ ENGIN D, GENC A, EKENEL H K. Cycle-dehaze：enhanced CycleGAN for single image dehazing[C]//2018 IEEE/CVF conference on computer vision and pattern recognition, June 18-23, 2018, Salt Lake City, UT, USA. IEEE, c2018: 938-946.

[18] WANG P, FAN Q L, ZHANG Y F, et al. A novel dehazing method for color fidelity and contrast enhancement on mobile devices[J]. IEEE transactions on consumer electronics, 2019, 65(1): 47-56.

[19] DENG J, DONG W, SOCHER R, et al. ImageNet: a large-scale hierarchical image database[C]//2009 IEEE conference on computer vision and pattern recognition, June 20-25, 2009, Miami, FL, USA. IEEE, c2009: 248-255.

[20] SIMONYAN K, ZISSERMAN A. Very deep convolutional networks for large-scale image recognition[J]. IEICE transactions on fundamentals of electronics, computer sciences, 2014, arXiv: 1409.1556.

[21] ZHANG Y F, FAN Q L, BAO F X, et al. Single-image super-resolution based on rational fractal interpolation[J]. IEEE transactions on image processing, 2018, 27 (8): 3 782-3 797.

[22] HUANG K Q, WANG Q, WU Z Y. Natural color image enhancement and evaluation algorithm based on human visual system[J]. Computer vision and image understanding, 2006, 103(1): 52-63.

[23] ANCUTI C O, ANCUTI C, TIMOFTE R, et al. I-HAZE: a dehazing benchmark with real hazy and haze-free indoor images [J]. 2018, arXiv: 1804.05091.

[24] ANCUTI C O, ANCUTI C, TIMOFTE R, et al. O-HAZE: a dehazing benchmark with real hazy and haze-free outdoor images[C]//2018 IEEE/CVF conference on computer vision and pattern recognition, June 18-23, 2018, Salt Lake City, UT, USA. IEEE, c2018: 8 867-8 678.

[25] GOODFELLOW I, BENGIO Y, COURVILLE A. Deep learning[M]. MIT Press, Cambridge, MA, USA, 2016: 274-279.

[26] ZHANG Y F, WANG P, FAN Q L, et al. Single image numerical iterative dehazing method based on local physical features[J]. IEEE transactions on circuits and systems for video technology, 2020, 30(10): 3 544-3 557.

[27] SUN Z Y, ZHANG Y F, BAO F X, et al. ICycleGAN: single image dehazing based on iterative dehazing model and CycleGAN[J]. Computer vision and image understanding, 2021, 203: 43-54.

[28] CHEN W T, FANG H Y, DING J J, et al. PMHLD: patch map based hybrid learning DehazeNet for single image haze removal[J]. IEEE transactions on image processing, 2020, 29: 6 773-6 788.

［29］GOLTS A，FREEDMAN D，ELAD M. Unsupervised single image dehazing using dark channel prior loss［J］. IEEE transactions on image processing，2020，29：2 692-2 701.

［30］ANG J C，MIRZAL A，HARON H，et al. Supervised，unsupervised，and semi-supervised feature selection：a review on gene selection［J］. IEEE/ACM transactions on computational biology and bioinformatics，2016，13（5）：971-989.

［31］LI L，DONG Y L，REN W Q，et al. Semi-supervised image dehazing［J］. IEEE transactions on image processing，2019，29：2 766-2 779.

［32］CHEN D D，HE M M，FAN Q N，et al. Gated context aggregation network for image dehazing and deraining［C］//2019 IEEE winter conference on applications of computer vision（WACV），January 7-11，2019，Waikoloa，HI，USA. IEEE，c2019：1 375-1 383.

［33］ZHANG H，GOODFELLOW I，METAXAS D，et al. Self-attention generative adversarial networks［J］. 2018，arXiv：1805. 08318.

［34］PASZKE A，GROSS S，CHINTALA S，et al. Automatic differentiation in PyTorch［C］//International conference on neural information processing systems workshops，October 14-18，2017，Guangzhou，China. c2017：1-4.

［35］KINGMA D P，BA J. Adam：a method for stochastic optimization［J］. 2014，arXiv：1412. 6980.

8 异构图文本数据分类

文本数据分类在搜索引擎、问答系统、会话系统等重要的信息处理系统中应用非常广泛。随着互联网的高速发展，每天出现的海量文本数据通常具有特征稀疏、用词多样、上下文依赖等特点。针对传统算法缺少表示文本数据结构化信息，基于 CNN、RNN 的深度学习算法缺乏长距离和非连续的单词交互的问题，我们提出了基于多层融合注意力机制的异构图文本数据分类模型（MGAT），将文本中的语序结构映射到图结构中。同时，我们设置了多层融合注意力机制，在特征层面、路径层面、全局层面上使用了图注意力机制，提取对最终分类任务最为关键的表征特性，赋予其较高的关注权重。

8.1 基本概念与原理

8.1.1 常见文本分类深度学习算法

传统的文本表示算法大多使用了布尔模型、空间向量模型和概率模型，这些方法都孤立地看待每个词汇的信息，忽略了词的多义性和歧义性，没有考虑文本内容中的深层次的隐藏信息。之后有人提出了多种深度学习算法来解决该问题，在循环神经网络（Recurrent Neural Networks，RNN）和卷积神经网络（Convolutional Neural Networks，CNN）的基础上扩展模型，提升分类性能，例如 TextCNN[1]、TextRNN[2] 和 TextRCNN[3]。

8.1.1.1 TextCNN

TextCNN 利用 CNN 来提取句子中类似 N-gram 的关键信息。N-gram 是一种基于统计语言模型的算法，它的基本思想是将文本里面的内容按照字节进行大小为 N 的滑动窗口操作，形成长度为 N 的字节片段序列，每一个字节片段称为 gram，对所有 gram 的出现频度进行统计，并且按照事先设定好的阈值进行过滤，形成关键 gram 列表，也就是这个文本的向量特征空间，列表中的每一种 gram 就是一个特征向量维度。

8.1.1.2 TextRNN

TextRNN 实际使用的是双向 LSTM 结构，从某种意义上可以理解为它能捕获变长且双向的 N-gram 信息。它的结构非常灵活，可以改变，比如把 LSTM 单元替换为 GRU 单元，把双向改为单向，添加 Dropout 或 Batch Normalization（批标准化）以及再多堆叠一层，等等。TextRNN 在文本分类任务上的效果非常好,与 TextCNN 不相上下。

8.1.1.3 TextRCNN

TextRCNN(结构如图 8-1 所示)相当于 TextRNN＋CNN,一般的 CNN 网络都是卷积层加上池化层,这里将卷积层换成了双向 RNN,所以结果变为双向 RNN 加上池化层。

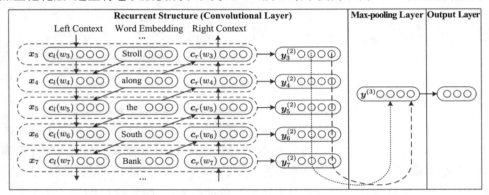

recurrent structure（convolutional layer）:循环结构（卷积层）;max-pooling layer:最大池化层;output layer:输出层;left context:左上下文;word embedding:词向量嵌入;right context:右上下文。这个图是句子 "A sunset stroll along the South Bank provides a array of stunning vantage points" 的一部分的例子,下标表示对应词在原句中的位置。

图 8-1 TextRCNN 的结构

以上列举的算法均为在传统 CNN、RNN 的基础上改进的模型,这些模型会优先考虑文本的顺序信息和局部信息,能够很好地捕获连续词序列中的语义和语法信息,但是它忽略了全局的词共现,词共现中携带了不连续以及长距离的语义信息。以下列出了研究者使用图神经网络进行文本分类的部分算法。

8.1.1.4 概念交互图（Concept Interaction Graph,CIG）

在 CIG 模型[4]中,研究者通过图神经网络对文本进行局部和全局匹配,对每个节点上的文本利用编码器进行局部匹配,从而将长文本匹配转化为节点上的短文本匹配,再通过图神经网络将文章结构信息嵌入匹配结果,综合所有的局部匹配结果,得到全局匹配的结果。

8.1.1.5 TextGCN

在 TextGCN[5]模型中,研究者用整个语料构造一个大图,把词和文档作为图的节点,将文本数据建模为具有不同节点和边类型的异构图,用 GCN 对图进行建模,捕获高阶的邻居节点的信息,通过词共现信息来构建两个词节点之间的边,通过词频和词文档频率来构建词节点和文档节点之间的边,进而将文本分类问题转化成节点的分类问题。

8.1.1.6 TextING

研究者训练了一个 GNN,该 GNN 可以仅使用训练文本来描述详细的单词-单词关系,并推广到测试的新文本中,解决了基于图的算法不考虑细粒度的文本级单词交互而导致忽略每个文本中上下文词关系的问题。研究者在 TextING[6]中将每个文本都视作一个单独的图,可以在图神经网络中学习文本级单词的交互作用,通过在每个文本中应用滑动窗口来构建单个图,把单词节点的信息通过门控图神经网络传播到其邻居,然后汇总到文本嵌入中。

8.1.1.7 HGAT

HGAT[7]模型(图8-2)能够捕捉到解决语义模糊问题的不同类型的信息,并且降低噪声信息的权重来提高分类的准确性,解决短文本语义稀疏且模糊、缺少上下文、有标注的训练数据十分有限的问题。它将短文本建模为异质图,通过图数据的复杂交互来解决数据稀疏和歧义带来的问题。HGAT 通过层次注意力机制更好地实现了信息聚合,所学习到的短文本的表示也更加准确。

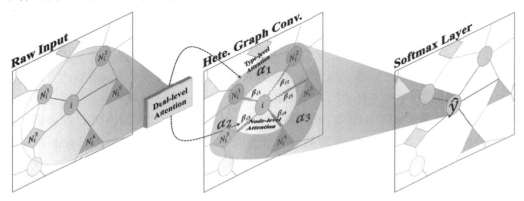

Raw Iuput:原始输出;Dual-level Attention:双层注意力;Hete. Graph Conv. :异构图卷积;Type-level Attention:类型层次的注意力;Node-level Attention:节点级别的注意力;Softmax Layer:Softmax 层。

图 8-2　HGAT 模型示意图

8.1.2　图神经网络

图神经网络(Graph Neural Network,GNN)的基本思想就是基于节点的局部邻居信息对节点进行嵌入,直观来讲,就是通过神经网络来聚合每个节点及其周围节点的信息。在聚合一个节点的邻居节点信息时,采用平均的方法,并使用神经网络进行聚合操作。

考虑到文本数据用词多样化、词类型丰富等特征,我们将这些文本数据建模为包含不同类型节点和链接的异构图。[8]对于用图结构表示的数据,我们很难用传统的算法对其进行特征提取。图神经网络[9,10]是一种直接在图结构上运行的神经网络,表现出了优异的性能,引起了广泛的研究兴趣。下面对几种经典的图神经网络做简单介绍。

8.1.2.1　图卷积神经网络(GCN)

CNN 和 GCN 有着密切的共性联系,本质上都是聚合邻域信息的运算,只是作用的数据对象不同。CNN 作用的对象是有规则的空间结构的数据(如图像),但是,现实生活中有很多数据并不具备规则的空间结构,比如推荐系统、电子交易、计算几何、脑信号、分子结构抽象出的图谱,这些图谱结构中的每个节点连接都不尽相同,而 GCN 就是适合处理这种结构的有力工具。

我们可以分三步去理解图卷积算法。

第一步:发射(Send)。每一个节点将自身的特征信息经过变换后发送给邻居节点。这一步是在对节点的特征信息进行抽取变换。

第二步:接收(Receive)。每一个节点将邻居节点的特征信息聚集起来。这一步是在对节点的局部结构信息进行融合。

第三步:变换(Transform)。把前面的信息聚集之后做非线性变换,增加模型的表达能力。

我们也可以这样理解:与基础的 GNN 相比,GCN 只是在聚合函数上有一些细微的变化。

8.1.2.2　图注意力网络(Graph Attention Networks)

注意力机制如今已经被广泛地应用到了基于序列的任务中,它的优点是能够放大数据中最重要的部分的影响。这个优点已经被证明对许多任务有用,例如机器翻译和自然语言理解。如今融入注意力机制的模型数量正在持续增加,图神经网络也受益于此,它在聚合过程中使用注意力,整合多个模型的输出,并生成面向重要目标的随机行走。另外,图注意力网络引入掩蔽的自我注意力层,对不同的相邻节点分配相应的权重,既不需要矩阵运算,又不需要事先知道图结构。

8.1.2.3　图生成网络(Graph Generative Networks)

图生成网络的目标是在给定一组观察到的图的情况下生成新的图。在自然语言处理中,生成语义图或知识图通常以给定的句子为条件。一些工作将生成过程作为节点和边的交替形成因素。

基于 GCN 的图生成网络主要有分子生成对抗网络(Molecular Generative Adversarial Networks,MolGAN)和深度图生成模型(Deep Generative Models of Graphs,DGMG)。MolGAN(图 8-3)将 relational GCN、改进的 GAN 和强化学习(RL)目标集成在一起,以生成具有所需属性的图。GAN 由一个生成器和一个鉴别器组成,它们相互竞争以提高生成器的真实性。在 MolGAN 中,生成器试图提出一个伪图及其特征矩阵,而鉴别器的目标是区分伪样本和经验数据。此外,还引入了一个与鉴别器并行的奖励网络,以鼓励生成的图根据外部评价器具有某些属性。

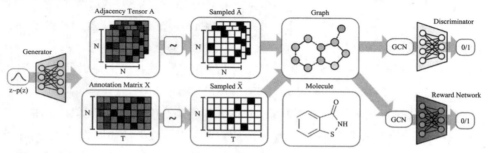

Generator:生成器;Adjacency Tensor A:邻接张量 A;Annotation Matrix X:标注矩阵 X;Sampled:采样;Graph:图;Molecule:分子;Discriminator:鉴别器;Reward Network:奖励网络。

图 8-3　MolGAN 架构

　　DGMG 利用基于空间的图卷积网络来获得现有图的隐藏表示。生成节点和边的决策过程是以整个图的表示为基础的。简而言之,DGMG 递归地在一个图中产生一个节点,直到达到某个停止条件。在添加新节点后的每一步,DGMG 都会反复决定是否向添加的节点添加边,直到决策的判定结果变为假。如果决策的判定结果为真,则评估将新添加节点连接到所有现有节点的概率分布,并从概率分布中抽取一个节点。将新节点及其边添加到现有图形后,DGMG 将更新图的表示。

　　其他架构的图生成网络主要有 GraphRNN 和 NetGAN。

　　GraphRNN:通过两个层次的循环神经网络的深度图生成模型。图层次的 RNN 每次向节点序列添加一个新节点,而边层次 RNN 生成一个二进制序列,指示新添加的节点与序列中以前生成的节点之间的连接。为了将一个图线性化为一系列节点来训练图层次的 RNN,GraphRNN 采用了广度优先搜索(BFS)策略。为了建立训练边层次的 RNN 的二元序列模型,GraphRNN 假定序列服从多元伯努利分布或条件伯努利分布。

　　NetGAN:NetGAN 将 LSTM 与 Wasserstein-GAN 结合在一起,使用基于随机行走的算法生成图形。GAN 框架由两个模块组成,一个生成器和一个鉴别器。生成器在 LSTM 网络中生成合理的随机行走序列,而鉴别器试图区分伪造的随机行走序列和真实的随机行走序列。训练完成后,对一组随机行走中节点的共现矩阵进行正则化,可以得到一个新的图。

8.1.2.4　图时空网络(Graph Spatial-temporal Networks)

　　图时空网络捕捉时空图的时空相关性。时空图具有全局图结构,每个节点的输入随时间变化。例如,在交通网络中,每个传感器作为一个节点连续记录某条道路的交通速度,交通网络的边由传感器对之间的距离决定。图时空网络的目标可以是预测未来的节点值或标签,或者预测时空图标签。目前图时空网络的模型主要有扩散卷积神经网络(Diffusion Convolutional Recurrent Neural Network,DCRNN),CNN-GCN,Structural-RNN 等。

8.2　提出算法

8.2.1　算法概述

　　我们提出了融合多层注意力机制的文本分类模型(Text Classification Model Based on Multi Level Attention Mechanism),简称 MGAT。我们以基于根据文本信息之间的多种联系建立起来的多条元路径为节点聚合邻居信息,集成 MGAT 结构信息的多个方面,接下来,我们设置特征融合来转换和融合原始特征,以便更好地进行表示学习。我们在模型中使用了多层融合注意力机制,分别从节点层、路径层和全局层实现对文本表征特征的有效提取,模拟节点对特征和元路径的偏好,并对得到的节点级、路径级融合特征进行全局层面的分析,进一步提取特征,提高分类精度。

8.2.2 模型

我们使用了异构信息网络建模中经典的方式元路径(Meta-path)的概念。元路径是一条包含关系序列的路径,这些关系定义在不同类型的节点对象之间,描述了节点对象之间的复合关系。

受图卷积神经网络(GCN)的启发,我们认为,目标节点的特征除了其自身的内在特征外,还包括其邻居的特征。基于这个想法,我们通过聚集邻居节点特征来表示具有特定元路径的目标节点,对于每个节点,我们将其基于特定元路径的邻居聚集特征表示为

$$x^\rho = \sum_{j \in N_j^\rho} \omega_j^\rho x_j \tag{8.1}$$

式中,x^ρ 表示基于元路径 ρ 的节点 j 的邻居,x_j 表示与节点 j 相关联的属性信息。

8.2.2.1 特征融合

经过第一步,我们已经可以获得每一个节点的特征和该节点基于多条元路径的邻居的特征,为了能够更好地进行表示学习,我们设置了特征融合部分,对原始特征进行变换和融合。

对于得到的原始稀疏特征矩阵,我们希望将它投影到低维稠密的向量空间中进行表示。数据节点自身的特征及基于不同元路径的节点邻居聚集特征分别表示为

$$x' = \omega x + b \tag{8.2}$$

$$x^\rho = \omega^\rho x^\rho + b^\rho \tag{8.3}$$

式中,ω、ω^ρ 表示权重矩阵,b、b^ρ 偏差向量。

接下来,基于每条元路径,我们将节点本身以及其邻居的聚集特征表示进行特征融合,在这里我们采取了拼接的方式。另外,我们添加了一个全连接层以支撑完成更复杂的交互。

经过特征融合操作后,我们得到基于元路径的融合表示,公式为

$$f^\rho = \text{ReLU}(\omega_f^\rho g[x', f^\rho] + b_f^\rho) \tag{8.4}$$

式中,ω_f 与 b_f 分别表示基于元路径 ρ 的权重矩阵与偏差向量,$g(\cdot, \cdot)$ 表示融合函数,在这里我们选择的是直接拼接的方式。

8.2.2.2 多层融合注意力机制

我们的模型设置了多层融合注意力机制,分别从节点级别、路径级别和全局级别关注特征。

元路径上目标节点的不同邻居特征可能具有不同的重要性,在这一步中,我们基于每一条元路径学习邻居节点特征的注意力权重。我们在这一部分使用了两层全连接网络。

$$V^\rho = \text{ReLU}(\omega_f^1[x'; f^\rho] + b_f^1) \tag{8.5}$$

$$\alpha^\rho = \text{ReLU}(\omega_f^2 V^\rho + b_f^2) \tag{8.6}$$

式中,ω 和 b 分别表示权重矩阵和偏置向量,[;]表示两个向量的连接。

接下来,我们使用 Softmax 函数对注意力分数进行归一化处理,以获得最终的注意力权重。

$$\hat{\alpha}_\rho = \frac{\exp(\alpha^\rho, i)}{\sum_{j=1}^{k} \exp(\alpha^\rho, j)} \tag{8.7}$$

最后,我们可以得到目标节点基于元路径的特征表示:

$$f'_\rho = \hat{\alpha} \odot f_\rho \tag{8.8}$$

式中,$\odot$ 代表元素间的点乘。

经过以上步骤,我们可以得到目标节点基于多条元路径的邻居表示,而每一条元路径携带的特征信息对于最后的分类任务也可能有着不同的贡献程度。因此,我们基于元路径学习路径级别的注意力权重,使用 Softmax 函数对得到的权重进行归一化处理:

$$\beta_\rho = \frac{\exp(t^{\rho T} \tilde{f}_c)}{\sum_{\rho' \in \rho} \exp(t^{\rho' T} \tilde{f}_c)} \tag{8.9}$$

式中,t 表示元路径 ρ 的注意力向量,$\tilde{f}_c$ 表示所有元路径上节点表示的连接。

进一步,我们能得到所有元路径的聚集表示:

$$e = \sum_{\rho \subset p} \beta_\rho f'_\rho \tag{8.10}$$

式中,p 为元路径的集合。f'_ρ 表示基于元路径 ρ 节点邻居的特征表示。

得到了聚集表示 e 后,我们设置了一层全局级注意力机制,能够在全局层面分析节点级、路径级融合特征的重要程度,提取出关键信息,使模型能够达到更好的分类精度。仍使用 Softmax 函数对得到的注意力分数进行归一化处理:

$$m = \text{ReLU}(\boldsymbol{\omega}_f^3 [x'; e] + b_f^3) \tag{8.11}$$

$$r = \text{ReLU}(\boldsymbol{\omega}_f^4 m + b_f^4) \tag{8.12}$$

$$\hat{r} = \frac{\exp(r)}{\sum_{j=1}^{k} \exp(r_j)} \tag{8.13}$$

接下来,我们能够得到特征的最终表示:

$$e' = \tilde{r} \odot e \tag{8.14}$$

式中,ω 和 b 分别表示权重矩阵和偏差向量,e 表示经过节点级和路径级注意力机制后得到的聚集表示。

8.2.2.3　预测层

我们将获得的最终表示(即 e')输入多个完全连接的神经网络,如下所示:

$$H = \text{Relu}(\boldsymbol{\omega}_l \cdots \text{Relu}(\boldsymbol{\omega}_1 e + b_1) + b_l) \tag{8.15}$$

式中,ω 和 b 分别表示每一层的权重矩阵和偏差向量。

通过具有 Sigmod 单位的回归层,我们能得到指定类别的预测概率:

$$p = sigmod(\boldsymbol{\omega}_p^T H + b_p) \tag{8.16}$$

式中，ω_p 与 b_p 分别是权重矩阵和偏差向量。

我们使用最大似然估计对目标函数建模：

$$L(\theta) = \sum_{(u, y) \in D} (y_u \log(p) + (1 - y_u) \log(1 - p)) + \lambda \|\theta\|_2^2 \qquad (8.17)$$

式中，y 和 p 分别给出了节点 u 的基本事实和分类预测概率，λ 是正则化参数。我们采用梯度下降法进行优化。

8.3 实 验

8.3.1 数据集

在实验中，我们使用了以下三个数据集来验证我们提出的模型的效果。

DBLP 数据集：DBLP 是一个计算机类英文文献的集成数据库系统，是以作者为核心的，按年代列出了作者的科研成果。科研成果分为四个领域：数据库、数据挖掘、机器学习、信息检索。我们提取了 DBLP 的一个子集并使用元路径集 {APA，APCPA，APTPA} 来执行实验。

MR 数据集：这是一个电影评论数据集，每个评论只包含一句话。评论中的每个句子都用肯定或否定进行注释，用于进行二元情感分类。

Twitter 数据集：这个数据集是由社交网络 Titter 上的数据组成的，同样是一个二元情感分类数据集。

8.3.2 实验设置

我们使用了 Tensorflow，其主要参数设置如下：采用 Xavier 初始化器随机初始化模型参数，并选择 RMSProp 作为优化器，将 Batch Size 设置为 256，学习率设置为 0.002，并将正则化参数 λ 设置为 0.01 以防止过度拟合。我们设置了两个隐藏层进行预测，采用 ReLu 激活函数在加快收敛速度的同时进一步防止过拟合现象的发生。

8.3.3 模型评估指标

在实验中，我们采用分类任务常见的评估标准——准确率（Accuracy）及 F1 分数（F1 Score）对模型进行评估。

准确率表示预测正确的样本占总样本的比例。准确率定义为

$$Acc = \frac{TP + TN}{TP + TN + FP + FN} \qquad (8.18)$$

式中，TP（True Positives）表示正类判定为正类，FP（False Positives）表示负类判定为正类，TN（True Negatives）表示负类判定为负类，FN（False Negatives）表示正类判定为负类。准确率越高，分类器越好。

F1 分数（F1 Score）又称为平衡 F 分数（Balanced F Score），被定义为精确率和召回率的调和平均数。F1 分数定义为

$$F1 = 2\frac{\text{precision} \cdot \text{recall}}{\text{precision} + \text{recall}} \tag{8.19}$$

式中，precision 表示精确率，是针对预测样本而言的，表示在预测结果的正样本中预测正确的概率；recall 表示召回率，是针对数据样本而言的，表示数据样本的正样本中预测正确的概率。F1 分数越高，表明分类效果越好。

8.3.4　对比实验

为验证我们提出的模型的预测性能，在同等实验环境下，我们分别在 DBLP、MR、Twitter 数据集上进行以下实验。

在数据集 DBLP 上，我们与 FdGars[11]、Player2Vec[12]、GEM[13]、HACUD 模型进行对比，实验结果如表 8-1 所示。

表 8-1　在 DBLP 数据集上的实验结果

模型	年份	F1 分数/%	准确率/%
FdGars	2019	72.57	73.20
Player2Vec	2019	65.72	66.97
GEM	2018	73.36	75.10
HACUD	2019	76.07	77.08
MGAT	**2021**	**76.87**	**78.72**

观察表中结果，我们可以得出以下结论：

在同等实验环境下，我们的模型在 DBLP 数据集上的表现最优。准确率分别比 FdGars、Player2Vec、GEM、HACUD 模型提高了 5.52%、11.75%、3.62%、1.64%，F1 分数分别提高了 4.30%、11.15%、3.51%、0.80%。我们发现，同样将数据建模为异构图，GEM、HACUD 以及我们提出的模型与 FdGars、Player2Vec 相比，在两个评价指标上均有一定程度的提升，这表明加入注意力机制能够有效提升模型对特征的选择能力，能够有效提升分类效果。通过把我们的模型达到的分类结果与 GEM、HACUD 两个模型的分类结果对比可以发现，我们提出的多层融合注意力机制比 GEM 中应用的 Self-attention 自注意力机制以及 HACUD 中应用的双层注意力机制效果更好，能够达到更好的分类准确率，这是因为我们的多层融合注意力机制还在全局层面分析了节点级、路径级融合特征的重要程度。

在数据集 MR 及 Twitter 上，我们分别在 PTE[14]、TextGCN、HAN、HGAT 四个模型进行对比，实验结果分别在表 8-2、表 8-3 中列出。

表 8-2　在 MR 数据集上的实验结果

模型	年份	F1 分数/%	准确率/%
PTE	2015	53.72	54.03
TextGCN	2019	55.97	56.18
HAN	2019	—	55.21
HGAT	2021	59.20	59.53
MGAT	**2021**	**60.51**	**61.32**

表 8-3　在 Twitter 数据集上的实验结果

模型	年份	准确率/%
PTE	2015	54.24
TextGCN	2019	60.15
HAN	2019	53.75
HGAT	2021	63.21
MGAT	**2021**	**64.34**

　　在数据集 MR 上的实验结果表明，我们的模型 MGAT 与 PTE、TextGCN、HAN、HGAT 相比，准确率分别提高了 7.29%、5.14%、6.11%、1.79%，F1 分数分别比 PTE、TextGCN、HGAT 提高了 6.79%、4.54%、1.31%。具体来说，我们的模型以及 HGAT 模型取得了比 PTE 以及 TextGCN 更好的分类效果，这再次表明了在文本分类任务中，使用注意力机制能够帮助模型提取更有效的特征。另外，我们提出的 MGAT 模型相比于 HGAT 模型在评价指标上取得了更好的结果，进一步证明了我们提出的多层融合注意力机制能够有效地在全局层面分析节点级、路径级融合特征的重要程度，提取出关键特征。另外，我们发现，表中设置了双层注意力机制的 HAN 模型的分类准确率低于 TextGCN，我们认为原因可能是注意力机制在按照特定任务的需求调整设置时，才能充分发挥它的作用，帮助模型达到更好的效果。为了进一步验证我们的模型的分类能力，我们另外在数据集 Twitter 上进行了关于分类准确率的对比实验，表 8-3 中的结果显示，我们提出的模型准确率分别比 PTE、TextGCN、HAN、HGAT 提高了 10.10%、4.19%、10.59%、1.13%。

　　基于以上的实验结果，可以发现我们的模型优于之前提出的先进模型。首先，我们将文本信息映射到图结构上，将其建模为异构图，能够充分利用文本数据中的异构信息，集成附加信息，丰富语义。其次，我们提出的多层融合注意力机制能够从模型的多个层面选取有效的表征特性，充分挖掘和利用数据节点间的有效交互信息，提高文本分类效果。

本章小结

在本章中,我们提出了一种端到端的、在异构图框架下融合多层注意力机制、用于提取不规则文本数据关键特征的分类模型。我们将文本数据建模为异构图,借助文本数据的结构化信息,充分挖掘和利用文本数据之间的交互。通过设置多层融合注意力机制,从多个层面考虑文本数据特征的重要程度,聚合目标节点及其邻居节点的信息,以提取对最终分类任务最有价值的表征特性,从而有效提升分类效果。在多个公开数据集上的结果表明,与其他基准模型相比,我们提出的模型能够有效提升分类精度,达到更好的分类效果。

参考文献

[1] KIM Y. Convolutional neural networks for sentence classification[J]. IEICE Transactions on Fundamentals of Electronics, Communications and Computer Sciences, 2014, arXiv: 1408. 5882.

[2] LIU P L, QIU X P, Huang X J. Recurrent neural network for text classification with multi-task learning[J]. 2016, arXiv: 1605. 05101.

[3] WANG R S, LI Z, CAO J, et al. Convolutional recurrent neural networks for text classification[C]//2019 International joint conference on neural networks (IJCNN), July 14-19, 2019, Budapest, Hungary. IEEE, c2019: 1-6.

[4] LIU B, NIU D, Wei H J, et al. Matching article pairs with graphical decomposition and convolutions[J]. 2018, arXiv: 1802. 07459.

[5] YAO L, MAO C S, LUO Y. Graph convolutional networks for text classification [J]. Proceeding of the AAAI conference on artificial intelligence, 2019, 33: 7 370-7 377.

[6] ZHANG Y F, YU X L, CUI Z Y, et al. Every document owns its structure: inductive text classification via Graph Neural Networks[J]. 2020, arXiv: 2004. 13826.

[7] YANG T C, HU L M, SHI C, et al. HGAT: heterogeneous graph attention networks for semi-supervised short text classification[J/OL]. ACM transactions on information systems, 2021, 39. https://doi.org/10.1145/3 450352.

[8] SHI C, YU P S. Heterogeneous information network analysis and applications [M]. Cham: Springer International Publishing, 2017.

[9] ZHOU J, CUI G Q, ZHANG Z Y, et al. Graph Neural Networks: A review of methods and applications[J]. AI open, 2020, 1: 57-81.

[10] SCARSELLI F, GORI M, TSOI A C, et al. Computational capabilities of graph neural networks[J]. IEEE transactions on neural networks, 2009, 20(1): 81-102.

[11] SUN L C, HE L F, HUANG Z P, et al. Joint embedding of meta-path and meta-graph for heterogeneous information networks[C]//2018 IEEE international conference on big knowledge (ICBK), November 17-18, Singapore. IEEE, c2018.

[12] WANG J Y, WEN R, WU C M. et al. FdGars: fraudster detection via graph convolutional networks in online APP review system[C]//Companion proceedings of the 2019 world wide web conference, Francisco, CA, USA. c2019: 310-316.

[13] ZHANG Y, FAN Y, YE Y, et al. Key player identification in underground forums over attributed heterogeneous information network embedding framework[C]//The 28th ACM International Conference. ACM, c2019: 549-558.

[14] LIU Z Q, CHEN C C, YANG X X, et al. Heterogeneous graph neural networks for malicious account detection[J]. Information and knowledge management, 2018: 2 077-2 085.

第II部分 集成学习模型及应用

9 基于自适应策略粒子群优化的XGBoost模型

本章提出基于自适应策略粒子群优化的 XGBoost 金融信贷预测模型,采用自适应的粒子群优化 XGBoost 的超参数,保证模型更好地匹配信贷数据特征,做出准确的预测。实验设置在四个信用数据集上,比较平均精度、错误率(第一类错误率和第二类错误率)、Brier 得分和 F1 分数。实验结果表明该模型在多个评估指标上的表现总体优于其他基准模型,APSO-XGBoost 模型的性能整体优于其他几种优化算法所优化的 XGBoost 模型。

9.1 极限梯度提升树算法(XGBoost)

XGBoost 是高效的梯度提升算法,其模型构建步骤和梯度提升算法基本相同,迭代生成弱学习器,不断添加分类器最终生成强分类器。XGBoost 中的弱学习器可以是分类回归树。该算法在目标函数中加上了正则化项,正则化项与树的叶子节点的数量 T 和叶子节点的值有关,模型通过正则化控制树的复杂度,以此避免模型过拟合。梯度提升算法中对损失函数求其一阶导数来计算伪残差,XGBoost 在使用一阶导数的同时使用二阶导数求残差。XGBoost 在其他方面也做了相应优化:考虑到传统的枚举每个特征的所有可能分割点的贪心算法效率太低,XGBoost 实现了一种近似分割的算法,根据百分位法列举几个可能成为分割点的候选者,从候选者中计算找出最佳的分割点。该改进大大提升了模型的运行效率;XGBoost 考虑了训练数据为稀疏值的情况,可以为缺失值或者指定的值指定分支的默认方向;XGBoost 算法可以并行处理每个特征列,特征列排序后以块的形式存储在内存中,在迭代中可以重复使用。除此以外,XGBoost 结合多线程、数据压缩、分片等方法,尽可能地提高算法的计算效率。

XGBoost 的原理是基于梯度提升框架下不断增加新的决策树,经多次迭代拟合残差,以此来提高学习器的性能。与传统梯度提升树方法相比,XGBoost 采用泰勒展开来更快地逼近损失函数,模型具有更好的偏差和方差折中,通常使用较少的决策树便能获得更高的精度。假设一组样本数据 $D=\{X,Y\}$,表示为

$$D=\{(x_i,y_i)\}\ (\,|D|=n, x_i \in \mathrm{R}^m, y_i \in \mathrm{R}) \tag{9.1}$$

式中,y_i 是真实值,x_i 是特征值。XGBoost 算法将 k 棵树的结果相加作为最终的预测值,表示为

$$\hat{y_i}=\sum_{k=1}^{n}f_k(x_i), f_k \in F \tag{9.2}$$

式中,$\hat{y_i}$ 是最终得到的预测值,f_k 表示第 k 颗决策树函数,F 表示决策树集合。XGBoost 是学习 k 棵树的模型,因此目标函数如下:

$$L=\sum_{i=1}^{n}l(y_i,\hat{y_i})+\sum_{k=1}^{k}\Omega(f_k) \tag{9.3}$$

式中,L 是可微损失函数,$l(y_i,\hat{y_i})$ 是真实值 y 和估计值 $\hat{y}$ 的差分。模型增加了 Ω 正则化,作为惩罚项以约束决策树生长,避免过度拟合。Ω 的表达式如下:

$$\Omega(f_k)=\gamma T+\frac{1}{2}\lambda \parallel \omega \parallel^2 \tag{9.4}$$

在正则化项 Ω 中,γ 是表示复杂性的参数,T 是叶节点数,λ 是叶权重的惩罚系数,通常是常数。λ 和 γ 值决定了模型的复杂度,通常是根据经验设定的,ω 表示树的叶节点权重值。模型在上一轮的预测值上增加新的决策树函数,以使得到的预测值与实际值之间的残差最小化。当模型有 t 棵树时,其表示为 $\hat{y}_i^{(t)}=\hat{y}_i^{(t-1)}+f_t(x_i)$,其中,$\hat{y}_i^{(t-1)}$ 表示上一轮的预测值,因此第 t 轮目标函数变为 $L^{(t)}=\sum_{i=1}^{n}l(y_i,\hat{y}_i^{(t-1)}+f_t(x_i))+\Omega(f_t)$。

因此目标是找到使目标函数最小化的 f_t。并且 XGBoost 重写目标函数,执行泰勒展开,取前三项,去掉高阶无穷小项,最终将目标函数变换为

$$L^{(t)}=\sum_{i=1}^{n}l(y_i,\hat{y}_i^{(t-1)}+f_t(x_i))+\Omega(f_t)\approx$$

$$\sum_{i=1}^{n}\left[l(y_i,\hat{y}^{(t-1)})+g_if_t(x_i)+\frac{1}{2}h_if_t^2(x_i)\right]+\Omega(f_t) \tag{9.5}$$

式中,g_i 和 h_i 分别为损失函数的一阶导数和二阶导数。上一轮的残差不会影响目标函数优化,因此得到目标函数可以近似地表示为

$$\widetilde{L}^{(t)}=\sum_{i=1}^{n}\left[g_if_i(x_i)+\frac{1}{2}h_if_i^2(x_i)\right]+\Omega(f_k) \tag{9.6}$$

将树的迭代模型转化为叶节点的迭代形式,解得最佳的叶节点数值 $w_j^*=-\dfrac{G_j}{H_j+\lambda}$。将最优值代入目标函数,最终得到最小损失为

$$Obj = -\frac{1}{2}\sum_{j=1}^{T}\frac{G_j^2}{H_j+\lambda}+\gamma T \tag{9.7}$$

XGBoost 在标准函数中添加了正则化,降低了模型复杂度。使用一阶导数和二阶导数可以更加精确地计算损失。XGBoost 还支持列采样,在避免模型过度拟合的同时减少计算量。

9.2 基于自适应策略粒子群优化的 XGBoost 金融信贷预测模型

XGBoost 是功能强大的分类器,其众多超参数需要优化。合理的超参数设置能够使模型结构与数据特征更加匹配,从而使分类预测结果更为准确。以 XGBoost 模型为基础,利用自适应的粒子群优化控制着模型结构的超参数,构建 APSO-XGBoost 模型。通过自适应划分种群,更新策略指导粒子信息更新,避免粒子陷入局部最优,以克服传统粒子群的缺点。第一,选择 XGBoost 模型中需被优化的超参数为优化目标,在设置好的超参数取值空间内随机初始化各粒子的位置信息。第二,对粒子进行自适应种群划分,该步骤通过计算粒子的局部密度及其到更高局部密度粒子的距离来实现。根据粒子位置所确定的取值,赋值给 XGBoost 模型的超参数,并将验证数据带入模型进行预测,以模型在验证数据集上的损失函数值为粒子适应度值。模型主要分为数据预处理、特征选择、模型训练和指标预测。模型构建过程如图 9-1 所示。

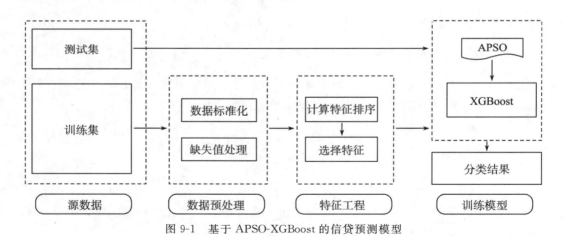

图 9-1 基于 APSO-XGBoost 的信贷预测模型

9.2.1　数据预处理

数据预处理阶段分为两步：数据标准化和缺失值处理。基于树的算法虽然不受 0－1 缩放的影响，但是特征归一化可以大大提高分类器的准确性，尤其是基于距离或边缘计算的分类器。训练集表示为 $D=\{X,Y\}$，其中，$X=\{x_1,x_2,\cdots,x_m\}$ 表示 m 维特征空间，$Y=\{0,1\}$ 表示目标值，$Y=0$ 表示差的信贷申请，$Y=1$ 代表良好的信贷申请。如果 x 是某个特征，则通过 0－1 缩放来计算，公式如下所示：

$$x'=\frac{x-\min(x)}{\max(x)-\min(x)} \tag{9.8}$$

式中，x' 表示标准化后的值。数据标准化可以间接避免数据中异常值的影响，降低数据中存在的异常值和噪声对模型的干扰。除此以外，信用数据通常含有较多的缺失值。常见的机器学习模型无法对缺失值直接进行处理，因此依据缺失值所在的具体特征进行补齐处理，例如填 0 或取特征平均值。XGBoost 自带稀疏分段算法，该算法可以学习处理缺失值的最佳分裂方向，与传统的处理缺失值的算法相比，XGBoost 的稀疏分段算法更适合于决策树模型的构建。

9.2.2　特征选择

设置模型初始超参数，计算特征相对重要性分数，通过特征选择算法丢弃冗余特征。特征选择的重要性在于消除冗余特征，突出有效特征，提高计算速度以及消除不利特征对预测结果的影响。

9.2.3　模型训练

为了使超参数尽可能地与训练数据集相匹配，我们对数据集使用了交叉验证。实验测试了几种交叉验证方法，依照实验结果的表现，最终决定使用 10 倍交叉验证对数据集进行划分。首先，把 XGBoost 模型中的常用超参数——树的最大深度（Maximum Tree Depth）、子样本比率（Subsample Ratio）、列子样本比率（Column Subsample Ratio）、最小孩子节点权重（Minimum Child Weight）、最大增量步长（Maximum Delta Depth）、Gamma-delta（参数名）作为优化目标，并且将每个粒子的位置随机初始化在超参数搜索空间中。其次，将粒子划分为自适应种群。通过计算粒子的局部密度和到其局部密度较高的粒子的距离来实现该步骤。根据粒子位置确定的值，我们分配 XGBoost 模型的超参数，并将验证数据带入模型进行预测。再次，验证数据集的损失函数是粒子的适应度函数。信用评分的简化描述是一个两类问题。如果信用数据的正样本和负样本的标签定义为 ＋1/－1，则逻辑损失函数定义为

$$L_{\text{logistic}}=\log(1+\exp(-yp)) \tag{9.9}$$

式中，p 为预测值，y 为真实值。在本节中，因为我们的模型标签为 0 和 1，所以逻辑损

失如下：

$$L_{\text{fitness}} = -\frac{1}{N}\sum_{i=1}^{N}(\log(p_i)y_i + \log(1-p_i)(1-y_i)) \tag{9.10}$$

根据适应度值，将粒子分为普通粒子和最佳粒子。通过更新策略对不同类型的粒子进行信息更新。检查是否满足终止条件。当达到终止条件，获得在当前参数空间内的最优值。如果未达到，则基于粒子的位置，模型再次对总体粒子进行重新分类，计算适应度值，并更新每个粒子的位置信息，直到达到终止条件为止。最后，以超参数最优值构建 XGBoost 模型，对信贷测试集进行验证。模型优化架构如图 9-2 所示。

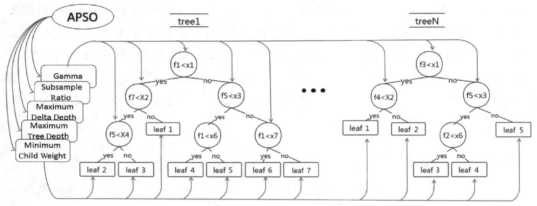

Gamma：希腊字母 γ，表示超参数；Subsample Ratio：子样本率；Maximum Delta Depth：最大 δ（delta）深度；Maximum Tree Depth：最大树深度；Minimum Child Weight：最大孩子节点权重；tree：子树；leaf：叶子节点。

图 9-2　基于 APSO 优化的 XGBoost 优化架构图

APSO-XGBoost 模型算法步骤如下。

第一步，划分数据集为训练集和预测集，在参数空间中初始化自适应粒子群。

第二步，计算相应的损失函数来返回各粒子的适应度值。用当前最优适应度值确定的超参数建立 XGBoost 模型。把数据集放入模型进行预测和训练，将得到的损失函数作为适应度值。

第三步，根据粒子的适应度值和种群划分，确定全局最优粒子位置 $pbest$ 和在所有子群中局部最优粒子位置 $gbest$。

第四步，根据粒子群优化算法更新策略公式，分别更新普通粒子和局部最优粒子的位置。

第五步，判断训练是否终止。如果达到最大迭代数，则返回参数的最优值；否则，返回第二步。

第六步，得到最优的超参数来建立 XGBoost 模型并预测测试集。

9.2.4 APSO-XGBoost 模型伪代码

APSO-XGBoost 模型伪代码如下所示。

算法(Algorithm)1:APSO-XGBoost

    Input:初始化粒子 $x_i=(x_i^1,x_i^2,\cdots,x_i^D)$ 信息

        位置 $X_i=[x_i^1,x_i^2,\cdots,x_i^D]$ 和速度 $V_i=[v_i^1,v_i^2,\cdots,v_i^D]$

    Output:超参数最优值

1   for $i=1;i\leqslant N;i=i+1$ do

2   计算局部密度 δ_i 和距离 ρ_i;

3   根据 $\gamma_i=\rho_i\delta_i$ 聚类截断公式,选择 δ_i 和 ρ_i 相对较高的粒子作为聚类中心;

4   分配剩余粒子,划分得到 C 个子群;

5   初始化具有 I 个结点的 XGBoost 模型,将当前最优值赋值给 XGBoost 超参数;

6   for $k=1;k\leqslant m;k=k+1$ do

7            $gain\leftarrow 0,G=\sum_{i\in I}g_i\leftarrow 0,H=\sum_{i\in I}h_i\leftarrow 0$

8   for j in $sorted\,(I,by\,x_{jk})$ do

9               $G_L\leftarrow G_L+g_L,H_L\leftarrow H_L+h_l$;

10             $G_R\leftarrow G-G_L,H_R\leftarrow H-H_L$;

11   score max$\left(score,\dfrac{G_L^2}{H_L+\lambda}+\dfrac{G_R^2}{H_R+\lambda}-\dfrac{G^2}{H+\lambda}\right)$

12   根据损失函数,更新粒子状态$(pBest_i,gBest)$

13   for $c=1;c\leqslant C;c=c+1$ do

14   if 粒子是局部最优解 then

15             $v_i^d=\omega v_i^d+c_1 rand_1^d(pbest_i^d-x_i^d)+c_2 rand_2^d\left(\dfrac{1}{C}\sum_{c=1}cgbest_c^d-x_i^d\right)$

                 $x_i^d=x_i^d+v_i^d$

16   else

17             $v_i^d=\omega v_i^d+c_1 rand_1^d(pbest_i^d-x_i^d)+c_2 rand_2^d(cgbest_c^d-x_i^d)$

                 $x_i^d=x_i^d+v_i^d$

APSO-XGBoost 算法的伪代码简述如下。

首先,初始化 APSO 算法,初始化在搜索空间中各个粒子的信息位置 X 和速度 V,作为算法的输入。随后,开始算法自适应划分:计算每个粒子的距离 ρ 和密度 δ,选择 ρ 和 δ 高的粒子作为聚类中心,然后划分其余粒子,将种群分为 C 个子种群。然后,在训练数据上初始化 XGBoost 模型,该模型由树节点集合 I 组成。把当前的最优值赋值给模型的超参数。在建模中,计算每个节点的增益,拆分增益最高的节点,进行建模。建模完成后,根据粒子的适应度(模型的损失函数)更新粒子的类型状态,在每个子组中按照不同策略更新两种类型的粒子。最后,粒子群优化过程完成后,将最佳超参数赋值给

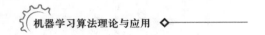

XGBoost,用训练好的模型对测试集进行最终验证。

9.3 实验结果及分析

9.3.1 数据集

金融信贷预测实验中,四种信用数据集用于验证我们的模型的有效性。验证数据集分别为 UCI 机器学习库中德国数据集、澳大利亚数据集以及两个来自信贷公司的真实数据集:美国借贷俱乐部 LendingClub 信贷数据集以及中国人人贷(Renrendai)网站信贷数据集。信贷数据集的详细描述信息见表 9-1。

表 9-1 信贷数据集描述

数据集	数量/个	特征/个	训练集/个	测试集/个	非违约/违约/个
德国数据集	1 000	24	800	200	700/300
澳大利亚数据集	690	14	552	138	307/383
LendingClub 数据集	2 642	11	2 114	528	1 322/1 320
Renrendai 数据集	1 421	17	1 137	284	1 072/349

9.3.2 基准模型

选择十种广泛应用于信贷预测且具有竞争性的算法,包括 RF、DT、LR、NN、SVM、AdaBoost、AdaBoost-NN、Bagging-DT、Bagging-NN、GBDT 与默认无优化 XGBoost 进行比较。这些用于比较的算法的参数配置如表 9-2 所示。

此外,为了验证 APSO 优化 XGBoost 模型的有效性,将 APSO-XGBoost 模型与采用多种超参数优化法优化的 XGBoost 模型进行比较,包括 XGBoost-GS、XGBoost-RS、XGBoost-TPE 和 PSO-XGBoost。为了保证实验的公平性,兼顾模型的准确性和计算复杂度,所有超参数算法的迭代次数设置为 200 次。各优化算法的搜索空间如表 9-3 所示。

表 9-2 基准模型超参数配置

算法	超参数
DT	min_samples_leaf=6 max_depth=8 min_samples_split=2 Gamma=0.0 max_leaf_nodes=4

（续表）

算法	超参数
LR	无参数设置
NN	Epoch＝1000 Learning_rate＝0.01 Hidden_units＝5
SVM	Kernel：RBF C＝32 Gamma＝0.1
Adaboost，Bagging-DT，RF	n_estimator＝100 The remaining parameters are the same as DT
Adaboost-NN，Bagging-NN	n_estimator＝100 The remaining parameters are the same as NN
GBDT	n_estimators＝100 Subsample＝0.9 learning_rat e＝0.1 min_samples_leaf＝1 max_depth＝7

表 9-3　超参数优化算法的搜索空间

超参数	APSO,PSO,TPE,RS	GS	默认
Learning Rate	0.1	0.1	0.1
Number of Boosts	60	60	60
Maximum Tree Depth	(1,12)	1,2,3	0.2×number of features
Subsample Ratio	(0.9,1)	0.9,0.95,1	0.9
Column Subsample Ratio	(0.9,1)	0.9,0.95,1	0.9
Minimum Child Weight	(0,4)	0,1,2,3,4	2
Maximum Delta Depth	(0,1)	0.4,0.6,0.8,1	1
Gamma	(0,0.01)	0,0.01	1

9.3.3　评价指标

为了反映模型更多的预测性能信息,更全面地评定模型的预测能力,除了 ACC,混淆矩阵中的第一类错误率(Type Ⅰ error)和第二类错误率(Type Ⅱ error)也被广泛用来评估模型的表现。

混淆矩阵中的 TP 和 TN 分别代表正确分类的良好申请和不良申请的数量。FP 和 FN 分别代表错误分类的良好申请和错误分类的不良申请的数量。准确率的公式如下：

$$Acc = \frac{TP + TN}{TP + FP + TN + FN} \tag{9.11}$$

在信贷预测中，为了探究模型更多的性能信息，我们还引入其他指标：FAR（错误接受率）或 FPR（假阳性率），表示有多少个阴性样本被识别为阳性样本，FAR 的公式为

$$FAR = \frac{FP}{TN + FP} \tag{9.12}$$

FRR（False Rejection Rate）：错误拒绝率，又称假阴性率，表示在所有真实值为阳性样本中有多少被识别为阴性样本，FRR 的公式为

$$FRR = \frac{FN}{TP + FN} \tag{9.13}$$

Brier 评分（Brier score）是衡量概率预测精度的评分函数。BS 的范围从 0（完全概率预测）到 1（差预测）。BS 的公式如下：

$$BS = \frac{1}{N} \sum_{i=1}^{N} (p_i - y_i)^2 \tag{9.14}$$

式中，N 是样本数，p_i 和 y_i 分别表示样本 i 的预测概率值和真实值。

F1 分数（F1 score）同时考虑了分类模型的精确率和召回率，是兼顾两种指标的谐波平均值，取值范围为 0~1，公式如下所示：

$$F1 = 2 \frac{precision \cdot recall}{precision + recall} \tag{9.15}$$

精确率公式如下所示：

$$precision = \frac{TP}{TP + FP} \tag{9.16}$$

召回率公式如下所示：

$$recall = \frac{TP}{TP + FN} \tag{9.17}$$

AUC（Area Under Curve）即接收者操作特征曲线（Receiver Operating Characteristic，ROC）下与坐标轴围成的面积，ROC 曲线横轴表示假阳性率，纵轴表示真阳性率（True Postive Rate，TPR）。AUC 取值范围为 0.5~1。AUC 越接近 1，检测方法的真实性越高。

9.3.4 实验结果及分析

准确率（Acc）是主流、直观的预测指标之一，其反映了模型的整体预测的准确程度。在交易量庞大的信用评分业务领域，信贷预测模型的小幅改善也可能帮助机构减少极大的损失。

在德国数据集（表 9-4）上，XGBoost 在 Acc 指标上得到最高值 76.85%。虽然单分

类器 NN 和 Bagging-NN 在第一类误差方面表现好,但 XGBoost 在其他四个指标上的表现都要优于它们。在第二类错误率上,SVM 排名第一。但是 SVM 没有维持住模型的预测能力的平衡,模型的第一类错误率是所有模型中最差的。XGBoost 获得了最高的 Brier 分数和 F1 分数。

表 9-4 　几种模型在德国数据集上的实验结果

模型	Acc/%	Type I error/%	Type II error/%	Brier score	F1 score
DT	72.65	59.37	13.63	0.225 7	0.576 3
LR	76.43	52.26	11.28	0.162 7	0.619 5
NN	72.54	50.13	17.75	0.236 3	0.657 1
SVM	76.07	63.73	**6.88**	0.163 1	0.576 2
AdaBoost	73.61	56.57	13.46	0.177 9	0.599 4
AdaBoost-NN	73.75	49.95	16.09	0.223 7	0.637 5
Bagging-DT	75.19	58.19	10.51	0.171 8	0.594 3
Bagging-NN	76.01	**49.67**	12.98	0.173 8	0.607 5
RF	75.92	58.59	9.29	0.164 6	0.612 2
GBDT	76.59	51.37	11.42	0.161 5	0.724 6
XGBoost	**76.85**	52.07	10.47	0.150 5	**0.749 6**

在澳大利亚数据集(表 9-5)上,除了第一类错误率,XGBoost 在其他指标上均是最好的。而 LR 取得最低第一类错误率,但是它的第二类错误率最差,这表明在平衡的数据集上,LR 倾向于将信贷申请判断为不良申请,该失衡的预测能力不利于模型发掘潜在的申请人,容易将信用良好的申请拒之门外,降低信贷业务的收益

表 9-5 　几种模型在澳大利亚数据集上的实验结果

模型	Acc/%	Type I error/%	Type II error/%	Brier score	F1 score
DT	84.51	17.41	13.95	0.135 9	0.854 3
LR	86.77	**8.67**	16.88	0.101 9	0.786 5
NN	85.27	12.06	16.87	0.111 1	0.861 2
SVM	85.54	15.35	13.74	0.101 2	0.396 1
AdaBoost	85.64	17.40	11.93	0.103 4	0.864 4
AdaBoost-NN	84.59	14.22	16.36	0.117 4	0.861 5
Bagging-DT	86.42	13.33	13.78	0.098 7	0.492 6
Bagging-NN	85.62	11.83	16.42	0.106 2	0.868 3
RF	87.41	13.26	12.05	0.097 1	0.757 1
GBDT	86.14	13.43	14.19	0.099 1	0.602 6
XGBoost	**87.58**	12.97	**11.79**	**0.090 8**	**0.875 6**

在平衡的 LendingClub 数据集（表 9-6）上，XGBoost 在 Acc 指标上达到最高的66.70％，表明 XGBoost 具有更强的处理复杂、真实的信贷数据的泛化预测能力。XGBoost 的 Brier 得分最低，F1 分数最好，这归功于 XGBoost 能够自定义目标损失函数。

表 9-6　几种模型在 LendingClub 数据集上的实验结果

模型	Acc/%	Type I error/%	Type II error/%	Brier score	F1 score
DT	60.11	46.03	33.74	0.254 9	0.379 6
LR	64.74	41.37	**29.14**	0.224 7	0.602 3
NN	63.65	32.22	40.49	0.227 9	0.601 1
SVM	60.67	41.29	37.36	0.233 1	0.608 3
AdaBoost	61.25	40.18	37.32	0.233 6	0.610 2
AdaBoost-NN	64.09	33.61	38.22	0.225 1	0.648 3
Bagging-DT	62.43	37.43	37.71	0.232 8	0.485 7
Bagging-NN	65.34	34.07	35.25	0.219 8	0.608 2
RF	63.20	35.72	37.88	0.227 7	0.560 1
GBDT	66.25	30.9	36.59	0.216 6	0.478 4
XGBoost	**66.70**	**30.02**	37.56	**0.212 5**	**0.655 9**

在真实的 Renrendai 数据集（表 9-7）上，XGBoost 在第一类错误率指标上排第二，仅次于 GBDT，其他各项指标均优于 GBDT。LR、SVM、Adaboost 的第二类错误率较低，但这三种模型的不平衡误分类很严重。XGBoost 的第一类错误率和第二类错误率较低且错误分布平衡，说明 XGBoost 一定程度上能够应对数据的不平衡问题。XGBoost 通过对比例较小的样本调整权重，提高少数样本在训练过程中对目标函数损失的影响。

表 9-7　几种模型在 Renrendai 数据集上的实验结果

模型	Acc/%	Type I error/%	Type II error/%	Brier score	F1 score
DT	76.01	63.27	11.21	0.194 1	0.798 6
LR	75.07	92.30	2.99	0.163 7	0.815 5
NN	75.40	69.01	10.14	0.159 9	0.802 3
SVM	75.17	97.18	1.27	0.181 3	0.802 5
AdaBoost	75.75	94.99	**1.22**	0.172 8	0.652 3
AdaBoost-NN	75.25	64.79	11.72	0.170 3	0.807 2
Bagging-DT	79.42	66.87	5.51	0.146 5	0.778 3
Bagging-NN	75.83	76.99	6.97	0.150 4	0.814 5
RF	80.59	60.49	6.03	0.135 5	0.791 1
GBDT	83.52	**42.20**	8.10	0.121 2	0.856 8
XGBoost	83.70	59.10	6.01	**0.117 0**	**0.826 5**

　　总体来说,实验结果表明,集成分类器在四个数据集上的平均性能优于单一分类器。集成分类器通过将不同性能的弱分类器结合在一起,获得更好的预测精度。在保证准确性的前提下,XGBoost 能够顾全各种指标。在信用评分中,每个指标对决策都有重要意义。例如,模型拥有较低的第一类错误率,表明该模型对不良贷款申请有较强的辨别能力。拥有较低的第二类错误率的模型则可能更多地发掘潜在的信用良好申请人来使信贷机构的利润最大化。XGBoost 在四个信贷数据集上 F1 分数均达到最高,说明该模型受数据不平衡的影响比其他模型小。在 Brier 评分上的良好表现表明,XGBoost 模型比其他模型对概率值的预测更为准确。

　　表 9-8 总结了不同优化算法优化的 XGBoost 的预测结果。总体来看,在四个信贷数据集上,基于 APSO 优化的 XGBoost 取得了最好的预测性能。

表 9-8　不同算法优化的 XGBoost 模型在四个信贷数据集上的实验结果

数据集	模型	Acc/%	Type I error/%	Type II error/%	Brier score	F1 score
德国数据集	XGBoost	76.85	52.07	10.77	0.150 5	74.96
	XGBoost-GS	76.83	**49.79**	11.76	0.117 6	76.51
	XGBoost-RS	77.18	53.73	9.57	0.095 7	75.61
	XGBoost-TPE	77.34	53.71	**9.35**	**0.093 5**	75.74
	PSO-XGBoost	77.36	53.01	10.15	0.117 0	76.21
	APSO-XGBoost	**77.48**	52.06	9.98	0.107 0	**77.96**
澳大利亚数据集	XGBoost	87.58	12.97	11.79	0.090 8	87.56
	XGBoost-GS	87.81	13.92	**10.80**	0.091 5	87.68
	XGBoost-RS	87.82	12.64	11.82	0.089 3	87.99
	XGBoost-TPE	87.92	12.67	11.61	0.089 0	87.01
	PSO-XGBoost	87.98	12.58	11.90	0.087 5	87.43
	APSO-XGBoost	**88.20**	**11.80**	11.78	**0.086 0**	**88.12**
Lending-Club 数据集	XGBoost	66.70	30.02	36.56	0.212 5	65.59
	XGBoost-GS	66.31	31.80	35.58	0.214 3	65.60
	XGBoost-RS	67.08	29.78	36.06	0.209 6	65.63
	XGBoost-TPE	66.97	29.82	36.23	0.209 5	65.78
	PSO-XGBoost	66.99	29.85	35.97	0.210 4	66.01
	APSO-XGBoost	**67.63**	**29.15**	**35.56**	**0.209 2**	**67.53**
Renrendai 数据集	XGBoost	83.70	59.10	**6.01**	0.117 0	82.65
	XGBoost-GS	83.83	41.19	8.03	0.110 5	82.27
	XGBoost-RS	84.46	40.57	7.39	0.107 0	83.02
	XGBoost-TPE	84.65	39.68	7.43	0.106 7	87.10
	PSO-XGBoost	84.66	39.66	7.40	0.106 6	87.08
	APSO-XGBoost	**84.72**	**39.65**	7.20	**0.106 0**	**88.12**

在德国数据集上,APSO-XGBoost 算法的预测精度最好,为 77.48%。该模型在第一类错误率指标上排名第二,仅次于 XGBoost-GS,但在其他指标上均超过 XGBoost-GS。该模型在第二类错误率和 Brier 得分上均表现出良好的性能。此外,该模型的 F1 分数最高,说明该模型能够很好地学习不平衡数据。

在澳大利亚数据集上,APSO-XGBoost 获得了最高的准确率和最低的第一类错误率。拥有最低的第一类错误率表明该模型能防止对有较高信用良好概率的信用申请的误判,并能够帮助企业减少坏账。此外,由于 APSO 获得的设置更合适,APSO-XGBoost 的 F1 分数表现最好。

在 LendingClub 数据集上,APSO-XGBoost 在各个指标上均排名第一,说明其超参数设置比其他模型的超参数设置更合理,促进了模型树结构与信用特征的结合。与 PSO-XGBoost 相比,APSO-XGBoost 在各个指标上都有明显的改善。APSO 避免粒子陷入局部最优,让粒子尽可能地在空间中找寻全局最优解。

在 Renrendai 数据集上,除第二类错误率外,APSO-XGBoost 在其他指标上都达到了最佳。虽然默认的 XGBoost 模型在第二类错误率指标上达到最佳,但它在第一类错误率上表现最差,原因可能在于糟糕的默认超参数设置影响了模型充分学习数据的能力。APSO-XGBoost 的 Brier 得分达到最佳,说明该模型的概率预测能力较其他模型更好。

本章小结

集成学习的一般结构为先产生一组个体学习器,再用某种策略将它们结合起来。集成中只包含同种类型的个体学习器,这些个体学习器亦称为"基学习器",相应的算法称为"基学习算法"。其核心思想是减少误差,达到准确预测的目标。集成决策树模型 XGBoost 在 GBDT 的基础上发展而来,加入正则化约束,改进损失函数。模型中决策树结构取决于 XGBoost 超参数设置,参数设置不合理直接导致模型性能不理想。为了寻找最优参数,提高模型的准确性,本章提出了 APSO-XGBoost 模型,将自适应粒子群优化算法的优化能力和 XGBoost 的预测能力相结合,从而获得更准确的预测模型。通过自适应的种群划分和多样性的学习策略提高算法,跳出局部最优的能力,准确地确定模型超参数,提高 XGBoost 模型对数据预测性能。我们的模型在四个信贷数据集上进行验证并得到了不错的预测结果。

10 基于神经网络和集成学习的期权定价模型

期权作为股票的衍生品正式出现在市场上以来,期权就一直是金融市场上的一个热点话题,对期权的标的资产进行定价是金融市场实际操作上的迫切需求,吸引了很多学者对其进行深入的研究。期权定价模型最早在 1973 年被 Black 和 Schole 提出,Black-Schole 模型也称 B-S 模型,基于严格的经济学中的条件假设对期权的标的资产价格的变化进行预测。此后,学者们对期权定价模型进行深入研究,提出了跳跃扩散模型、双指数跳跃扩散模型、GARCH 模型、随机波动率模型、随机波动跳跃模型和"利率仿射"模型等多个期权定价模型。

上述的期权定价模型都是早期由经济学家提出的参数模型,他们试图从期权数据中找出一些特定的规律用于对未来期权的标的资产的价格的预测,并且尝试着把这些寻找到的规律转换成经济学和数学方面的公式,以金融市场上可以直接获取的一些信息信号作为公式的输入,将我们期望得到的期权的标的资产的价格预测作为公式的输出。但也因为这些模型遵从严格的经济学方面的假设条件,所以模型对于时刻变化的金融市场并不能完美地契合,预测值距离市场上的真实值存在一定的误差。为了更好地契合市场上的变化,从而进行更好的预测,学者们将机器学习引入期权领域,用机器学习算法构建新的期权定价模型。机器学习算法研究提出的模型属于数据驱动的模型,这些模型以数据驱动的方式解决期权定价的预测问题,也就是说机器学习算法研究提出的模型是从大量的历史数据中寻找一种数据和数据之间的联系,通过这种联系进行对未来期权的标的资产价格的预测,而不是像经济学方面通过特定的总结公式对数据进行计算而得到预测结果。

首先应用到期权定价模型上的是神经网络算法。1993 年,Malliaris 和 Salchenberger 提出了单个隐藏层神经网络可以作为传统的 B-S 模型的替代方案预测期权的标的资产的价格,之后机器学习算法被逐步用到了期权定价模型上。随着研究的进一步深入,深度神经网络、卷积神经网络、BP 神经网络等多种网络模型被应用到期权定价模型上。近年来,对于期权定价模型的研究不再仅局限于网络模型,很多经典的机器学习算法也被用到了期权定价领域。

这些机器学习算法构建的期权定价模型在实验中取得了良好的效果。相比于传统的参数模型,这些模型能够更好地适应市场数据的变化,在历史数据的训练中寻找数据之间的联系,获得更加契合不断变化的市场数据的预测。

10.1 经典算法与模型

10.1.1 XGBoost

XGBoost 从 2014 年被推出,具有良好的收敛速度和巨大的适应性,应用广泛。

XGBoost 算法可以表示为三步:第一步是不断地添加树,也就是不断地进行特征分裂来生成一棵新的树,每次添加一棵树实际上就是学习了一个新的函数,目的就是拟合上次预测的残差;第二步是当训练完成时会得到 K 棵树,然后需要得到一个预测的样本分数;第三步是将得到的每棵树对应的分数加起来,得到该样本的预测值。假设我们将预测值用 $\hat{y}$ 来表示:

$$\hat{y}=\phi(x_i)=\sum_{k=1}^{K} f_k(x_i) \tag{10.1}$$

$$\text{where } F=\{f(x)=\omega_{q(x)}\}(q:R^m \to T, \omega \in R^T) \tag{10.2}$$

式中,$\omega_{q(x)}$ 为叶子节点 q 的分数,F 对应了 K 棵树的集合,$f(x)$ 代表了所有树当中的一棵。

很明显,我们的目标就是要使现在的树群预测值 $\hat{y_i}$ 尽可能地接近真实值 y_i,并且尽可能地使算法有最大的泛化能力。那么,我们就可以把目标函数简化地表示为

$$L(\phi)=\sum_i l(\hat{y_i}-y_i)+\sum_k \Omega(f_k) \tag{10.3}$$

可以看出,这个目标函数分为两个部分:左边 $\sum_i l(\hat{y_i}-y_i)$ 是损失函数,其作用是揭示训练误差,即预测的分数和真实的分数的差距;右边 $\sum_k \Omega(f_k)$ 是正则化项,用来定义目标函数的复杂度。$\hat{y_i}$ 是整个累加模型的输出,正则化项 $\sum_k \Omega(f_k)$ 是表示模型中树的复杂度的函数,正则化项的值越小,树的复杂度越低,模型的泛化能力也就越强,具体的公式表示为

$$\Omega(f)=\gamma T+\frac{1}{2}\lambda \|\omega\|^2 \tag{10.4}$$

式中,T 表示叶子节点的个数,γ 表示用来控制叶子节点的参数,使得叶子节点 T 尽量少,ω 表示叶子节点的分数,λ 用来控制叶子节点的分数不会太大,γ 和 λ 的作用就是使预测误差尽量小,防止过拟合。

具体来说,目标函数的第一部分中的 i 表示第 i 个样本,$l(\hat{y_i}-y_i)$ 表示第 i 个样本的预测误差,我们的目标当然是误差越小越好。XGBoost 需要将多棵树的得分累加得到最终的预测得分,每一次迭代都在现有的树的基础上增加一棵树去拟合前面树的预测结果和真实值之间的残差。我们每一轮需要选取一个 f 加入迭代过程来使目标函数尽量降低。那么现在 XGBoost 的整个过程的目标函数可以表示为

$$Obj^{(t)}=\sum_{i=1}^{n} l(y_i, \hat{y}_i^{(t-1)}+f_t(x_i))+\Omega(f_t)+\text{constant} \tag{10.5}$$

式中,$\Omega(f_t)$ 代表正则化项,constant 代表常数。

10.1.2 LightGBM

LightGBM 是针对传统 Boosting 算法用于现在一些缺陷改进而提出的一种算法。传统的 Boosting 算法对每一个特征都需要扫描所有的样本,以此来选择最好的切分点,这样传统的 Boosting 算法就会显得比较耗时,所以传统的 Boosting 算法在效率和可扩展性方面已经出现不能满足现在的需求了。为了解决处理大批量的样本数据的问题,LightGBM 采用了两种算法,一种是 GOSS(Gradient-based One-side Sampling,基于梯度的单边采样)算法,GOSS 算法并不使用所有的样本点来计算梯度,而是对样本采样计算梯度;另一种是 EFB(Exclusive Feature Bundling,互斥特征捆绑)算法,EFB 算法不是扫描所有的特征来获得最佳切分点,而是将某些特征捆绑在一起来降低特征的维度,然后寻找最佳切分点,这样就会大大减少寻找最佳切分点的消耗。使用这两种算法能够降低处理样本时的时间复杂度,但是又不会损失精度。

(1) GOSS 算法:在信息增益的计算上,一般都是梯度大的样本点在计算中起着主要的作用,换句话说就是梯度大的样本点会贡献更多的信息增益。GOSS 算法的主要思想就是在对样本进行下采样的时候保留这些梯度大的样本点,忽略一部分梯度小的样本点,对这些样本点按比例随机采样,这样既能节省处理的时间,又能最大限度地保留信息增益评估的精确度。GOSS 算法的具体步骤如下。

输入:训练数据、迭代的步数 d、大梯度数据的采样率 a、小梯度数据的采样率 b、损失函数和弱学习器类型。

输出:训练好的强学习器。

第一步,根据样本点的梯度的绝对值对它们进行降序排序。

第二步,对排序后的结果选取前 $a \times 100\%$ 的样本生成一个大梯度的样本点子集。

第三步,对剩下的样本集合 $(1-a) \times 100\%$ 的样本,随机选取 $b \times (1-a) \times 100\%$ 个样本点,生成一个小梯度的样本点子集。

第四步,将大梯度的样本点子集和小梯度的样本点子集合并到一起。

第五步,将小梯度的样本点子集乘上一个权重系数 $\dfrac{1-a}{b}$。

第六步,使用上述的采样样本,得到一个新的弱学习器。

第七步,不断重复前六步,直到收敛或者达到规定的迭代次数。

(2) EFB 算法:该算法的具体步骤如下。

输入:特征 F、最大冲突数 K、图 G。

输出:特征捆绑集合 Bundles。

第一步:构造一个边带有权重的图,其权值对应于特征之间的总冲突。

第二步:通过特征在图中的度来给特征降序排序。

第三步:检查有序列表中的每个特征,并将其分配给具有小冲突的现有 Bundling,或者创建新的 Bundling。

10.1.3　遗传算法

遗传算法又被称为进化算法,是受到达尔文的进化论的启发,借鉴了生物学领域的生物进化过程而提出的一种启发式的搜索算法。遗传算法的主要特点就是可以直接对结构对象进行操作,这也是遗传算法区别于其他求解最优解的算法的一个重要特征。遗传算法采用的是概率化的寻优方法,因此遗传算法实际上不需要确定的规则就能够自动获取和指导优化搜索空间,也就能够自适应地调整搜索方向。

从生物学的角度来讲,生物只能改变自己去适应环境,才能迎合自然选择的规律,那么在自然选择的过程中,适应度低的个体就会被淘汰。反之,适应度高的个体就会被保留下来,同时适应度高的父体和母体也会有更高的概率繁衍出适应度高的子代。在一代又一代的繁衍之后,适应度高的个体在整个种群中所占的比例就会越来越大,因为适应度低的个体慢慢地都被淘汰了,这样整个种群就完成了一次进化。

遗传算法是根据生物进化过程演变而来的算法,该算法借鉴了很多进化生物学中的规律并且充分地运用了这些规律。这些规律包括适者生存、杂交、突变、遗传等。在算法的迭代方面,令人满意的解集通过模拟生物进化规律往往会产生比父代更令人满意的解集,随着算法的不断迭代,找到最优解。

遗传算法的具体步骤如下。

第一步:随机产生一个种群,这个种群将会作为问题的初代解。一般来说,问题的初代解与最终的最优解相比差距会比较大,这是可以接受的,初代解只要能够保证是随机产生的、能够确定个体的基因具有多样性就可以。

第二步:寻找一种合适的编码方案对随机产生的种群中的每一个个体进行编码操作,不同的编码方案将会影响后续的遗传算子的实现,通常人们会选择浮点数编码或者二进制编码方案,这两种方案也是遗传算法常用的编码方案。

第三步:以目标函数的函数值作为个体的适应度,计算现在的种群中每一个个体的适应度。

第四步:根据每个个体的适应度来选择参与进行繁衍的父体和母体,选择父体和母体的原则是适应度越高的个体优先级就越高。

第五步:对被选出的父体和母体进行遗传操作,也就是复制父体和母体的基因,并且采用交叉和变异等算子产生子代。复制和交叉父体和母体的基因是为了较大程度地保留优秀的基因,变异是为了增加基因的多样性,从而提高找到最优解的概率。

第六步:重复执行前五步,直到算法自动收敛而找到最优解或者达到设定的最大迭代次数。

10.1.4　深度神经网络

按不同层的位置划分,深度神经网络(Deep Neural Networks,DNN)内部的神经网络层可以分为输入层、隐藏层和输出层(图 10-1),一般第一层是输入层,最后一层是输出层,而中间的层都是隐藏层。层与层之间是全连接的。

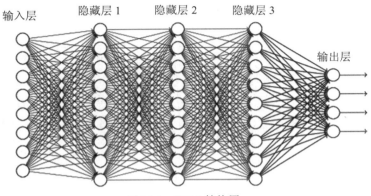

图 10-1　DNN 结构图

虽然 DNN 看起来很复杂,但是从小的局部模型来说,是一个线性关系 $z=\sum_{i=1}^{m} w_i x_i$ $+b$ 加上一个激活函数 $\sigma(z)$。

由于 DNN 层数多,参数较多,线性关系系数 w 和偏倚 b 的定义需要一定的规则。第二层的第四个神经元到第三层的第二个神经元的线性系数定义为 w_{24}^3,如图 10-2 所示。注意,输入层是没有 w 参数、偏倚 b 的。

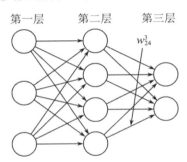

图 10-2　线性关系 w 的定义

第二层的第三个神经元对应的偏倚定义为 b_3^2,如图 10-3 所示,其中,上标 2 代表所在的层数,下标 3 代表偏倚所在的神经元的索引。

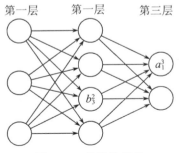

图 10-3　偏倚的定义

假设选择的激活函数是 $\sigma(z)$，对于第二层的输出 a_1^2、a_2^2、a_3^2，有

$$a_1^2 = \sigma(z_1^2) = \sigma(w_{11}^2 x_1 + w_{12}^2 x_2 + w_{13}^2 x_3 + b_1^2) \tag{10.6}$$

$$a_2^2 = \sigma(z_2^2) = \sigma(w_{21}^2 x_1 + w_{22}^2 x_2 + w_{23}^2 x_3 + b_2^2) \tag{10.7}$$

$$a_3^2 = \sigma(z_3^2) = \sigma(w_{31}^2 x_1 + w_{32}^2 x_2 + w_{33}^2 x_3 + b_3^2) \tag{10.8}$$

对于第三层的输出 a_1^3，我们有：

$$a_1^3 = \sigma(z_1^3) = \sigma(w_{11}^3 a_1^2 + w_{12}^3 a_2^2 + w_{13}^3 a_3^2 + b_1^3) \tag{10.9}$$

将上面的例子一般化，假设第 $(l-1)$ 层共有 m 个神经元，则对于第 l 层的第 j 个神经元的输出 a_j^l，有

$$a_j^l = \sigma(z_j^l) = \sigma\left(\sum_{k-1}^{m} w_{jk}^l a_k^{l-1} + b_j^l\right) \tag{10.10}$$

如果 $l=2$，则对应的 a_k^1 即为输入层的 x_k。

从上面可以看出，使用代数法一个个地表示输出比较复杂，而如果使用矩阵法比较简洁。假设第 $(l-1)$ 层共有 m 个神经元，而第 l 层共有 n 个神经元，则第 l 层的线性系数 w 组成了一个 $n \times m$ 的矩阵 W^l，第 l 层的偏倚 b 组成了一个 $n \times 1$ 的向量 b^l，第 $(l-1)$ 层的输出 a 组成了一个 $m \times 1$ 的向量 a^{l-1}，第 l 层的未激活前线性输出 z 组成了一个 $n \times 1$ 的向量 z^l，第 l 层的输出 a 组成了一个 $n \times 1$ 的向量 a^l。则用矩阵法表示第 l 层的输出为

$$a^l = \sigma(z^l) = \sigma(W^l a^{l-1} + b^l) \tag{10.11}$$

10.2 基于神经网络和集成学习的期权定价模型

神经网络在对数据的特征提取方面具有十分明显的优势，但是神经网络也有不足之处。例如，DNN 需要大量的数据集来进行训练，同时 DNN 的模型一般都是复杂模型，具有很多隐藏层和超参数，会导致模型调参比较困难。集成学习比神经网络更容易训练，在一些小数据集上就可以进行训练，同时参数不多，更容易调试，但是对于数据特征提取的效果不如神经网络。假如能将这两种算法的优势结合起来，那么形成的模型的预测效果就会有明显的提升。

我们提出了一个新的期权定价模型，模型框架如图 10-4 所示。该模型采用 DNN 的层级结构，利用多层的网络确保数据特征提取的效果，同时将 XGBoost、LightGBM 两种集成学习算法作为网络每一层中的神经元，减少了每一层需要的大量超参数，并且对小数据集也能进行训练。该模型将每一层的输出都和原始的输入数据拼接起来形成下一层的输入，以求获得比单独的神经网络模型或者集成学习模型更好的预测结果。

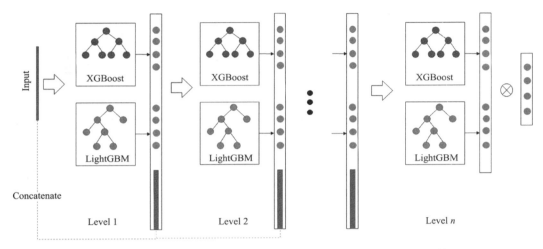

Input：输入；Concatenate：拼接；Level 1：第一层；Level 2：第二层；Level n：第 n 层。

图 10-4　基于神经网络和集成学习的期权定价模型

10.3　实验结果及分析

10.3.1　实验环境和数据准备

我们的实验在 Python 环境下实现，使用 Python 语言编写代码，选择 PyCharm 作为实验代码的编译器，实验的硬件环境是 Intel Core 7700 CPU，16 GB RAM，Nvidia GTX 2080 ti 显卡，操作系统为 Ubuntu 16.04。

我们选择归一化方法处理实验数据。归一化的作用就是使预处理的数据被限定在一定的范围之内，从而消除奇异样本数据导致的对实验的不良影响。

10.3.2　数据集

Options KR 是一个包含韩国期权市场数据的数据集。它包含了 2009 年 6 月 2 日至 2019 年 11 月 7 日韩国期权市场的每一个交易日的数据，含有韩国期权市场上的隐含波动率、韩国期权市场上期权的标的资产的价格、期权的市场占有率、距离期权行使权日期的天数等信息。

10.3.3　评价指标

采用的评价指标为均方根误差（Root Mean Squared Errow，RMSE），均方根误差是观测值与真值偏差的平方和与观测次数 m 比值的平方根，是用来衡量观测值同真值之间的偏差的一种评价标准。

10.3.4　实验结果

表 10-1　我们的模型与其他两种模型的均方根误差的比较

数据集	XGBoost	LightGBM	Ours
Options KR	0.105 7	0.101 1	0.100 1

本章小结

本章介绍了一种新的期权定价模型,用于预测期权市场的实际数据。该模型并不是仅仅使用一类机器学习算法来构建的,我们选择了神经网络和集成学习两类算法用于该模型。该模型将 DNN、XGBoost、LightGBM 等的优势充分结合,确保能够取得好的预测结果。

第Ⅲ部分　迁移学习及应用

11 迁移学习基础知识

机器学习技术已经在许多知识工程领域取得了显著的成功,如分类、回归和聚类。传统的机器学习算法通常局限于解决单一领域内的问题,即要求训练数据和测试数据位于相同特征空间或服从相同的分布。当训练数据和测试数据的特征分布不同时,往往需要在新数据集上重新训练模型。但是,在实际应用中,重新收集所需的训练数据并重建模型的成本很高,因此,将从源领域中学习到的有用知识迁移到目标领域以避免昂贵的数据注释工作变得很有必要。

11.1 基本概念

迁移学习是一种学习的思想和模式,是指利用数据、任务、模型之间的相似性,将在旧领域学习过的模型应用于新领域的一种学习过程。迁移学习侧重于将学习过的知识迁移应用于新的问题,其核心问题是找到新问题和原问题之间的相似性,才可以顺利地实现知识的迁移。在迁移学习中,有两个基本的概念:域和任务。

域:域是进行学习的主体,主要由两部分构成:数据和生成这些数据的概率分布,即特征空间和边缘概率分布。具体来说,域分为源域和目标域。源域是有知识、有大量数据标注的域,是我们要迁移的对象;目标域是当前要进行学习的新的域。

任务:任务是学习的目标。任务主要由两部分组成:标签和标签对应的函数,即标签空间和目标预测函数。

迁移学习形式化定义:给定一个有标记的源域和源域上的学习任务、一个没有标记的目标域和目标域的上学习任务,两个领域的数据分布不同或学习任务不同,迁移学习的目标就是借助源域和源任务来学习目标域的知识。

域适应:给定一个有标记的源域和一个无标记的目标域,假定它们的特征空间相同,它们的类别空间相同,条件概率分布也相同,但是这两个域的边缘分布不同。

负迁移:在源域上学到的知识对于目标域上的学习产生负面作用。

11.2 迁移学习的分类

根据源域、目标域和任务的不同,迁移学习可以分为三类:归纳式迁移学习、直推式迁移学习和无监督迁移学习,如图 11-1 所示。

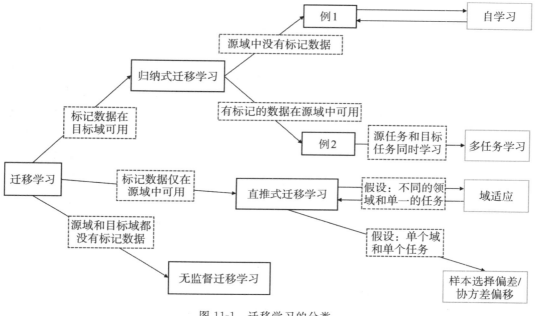

图 11-1 迁移学习的分类

在归纳式迁移学习中,无论源域和目标域是否相同,目标任务都不同于源任务。标记数据在目标域中可用。根据源域中标签数据的不同,可以进一步将归纳式迁移学习分为两类:当源域中含有大量标签数据时,归纳式迁移学习和多任务学习类似,但是归纳式迁移学习仅仅通过从源任务迁移知识来实现目标任务的高性能,而多任务学习试图同时学习目标任务和源任务;当源域中没有可用的标签数据时,归纳式迁移学习相当于自学习,因为在自学习中,源域和目标域之间的标签空间可能不同,这意味着源域的标记信息不能直接使用。

在直推式迁移学习中,源任务和目标任务是相同的,而源域和目标域是不同的。在这种情况下,目标域中没有标记数据可用,而源域中有许多标记数据可用。根据源域和目标域的不同,可以将直推式迁移学习进一步分为两种情况:源域和目标域的特征空间不同,相当于域适应;源域和目标域的特征空间是相同的,但是输入数据的边缘概率分布不同,这种情况与样本选择偏差或协方差偏移有关。

无监督迁移学习的重点是解决目标域中的无监督学习任务。在无监督迁移学习中,目标任务不同于源任务,但与源任务相关。在训练的源域和目标域中都没有标记的数据可用。

11.3　迁移学习方法

迁移学习依据要迁移知识的形式可以分为基于实例的迁移学习、基于特征的迁移学习、基于模型的迁移学习和基于关系的迁移学习。

基于实例的迁移学习适用于源域和目标域相似度较高的情况。它假定源域中的某些数据部分可以通过加权重新用于目标域中的学习,主要思想是通过改变样本的存在形式来减少源域和目标域的差异。基于特征的迁移学习可应用于域间相似度不太高的、甚至不相似的情况,其主要思想是通过特征变换让源域和目标域在某个特征空间下表现出相似的性质,从而提高目标任务的性能。基于参数的迁移学习假定源任务和目标任务共享一些参数或模型超参数的先验分布,从模型的角度出发,共享源域模型与目标域模型之间的某些参数,达到知识跨任务迁移的效果。基于关系的迁移学习假定源域和目标域中的数据之间的某种关系是相似的,通过在两个域之间建立一个映射来达到迁移学习的效果。

11.4　深度迁移学习

深度学习利用神经网络和学习算法从大量的训练数据中学习知识,自动提取数据的高级特征,实现准确的预测,取得了很大的成功。然而,在实际应用中,通常很难对不同领域的训练数据集进行收集和标注。在某些特殊领域,训练数据不足是一个不可避免的问题,而迁移学习是解决机器学习中这一基本问题的重要工具。

随着深度神经网络在各个领域的广泛应用,出现了大量的深度迁移学习。深度迁移学习分为四类:基于实例的深度迁移学习、基于映射的深度迁移学习、基于网络的深度迁移学习和基于对抗的深度迁移学习。

基于实例的深度迁移学习是指采用一种特定的权值调整策略,从源域中选择部分实例作为目标域训练集的补充,并为这些选择的实例分配适当的权值。它基于这样的假设:虽然两个域之间存在差异,但是源域中的部分实例可以被具有适当权重的目标域利用。基于实例的深度迁移学习如图 11-2 所示。

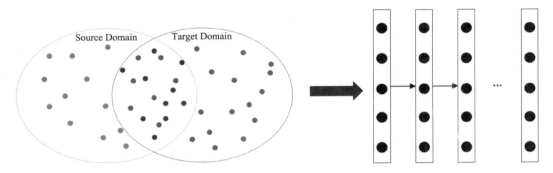

Source Domain：源域；Target Domain：目标域。

图 11-2　基于实例的深度迁移学习示意图

　　该方法在训练数据集中排除源域含义与目标域含义不一致的实例，包含源域含义与目标域相似的实例，并赋予相应的权重。

　　基于映射的深度迁移学习指将实例从源域和目标域映射到新的数据空间。在这个新的数据空间中，来自两个域的实例是相似的，适合于联合深度神经网络。它基于这样的假设：尽管两个源域之间存在差异，但它们在一个复杂的新数据空间中可能更相似。基于映射的深度迁移学习如图 11-3 所示。

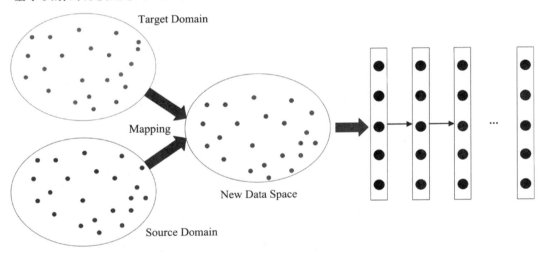

Source Domain：源域；Target Domain：目标域；Mapping：映射；New Data Space：新的数据空间。

图 11-3　基于映射的深度迁移学习示意图

　　源域和目标域的实例同时被映射到一个更类似的新数据空间，将新数据空间中的所有实例作为神经网络的训练集。

　　基于网络的深度迁移学习是指将源域中预先训练好的部分网络（包括其网络结构和连接参数）重新利用，将其转化为用于目标域的深度神经网络的一部分。它基于"神经网络类似于人脑的处理机制，是一个迭代的、连续的抽象过程"的假设。该网络的前端层可以看作一个特征提取器，所提取的特征是通用的。基于网络的深度迁移学习如图 11-4 所示。

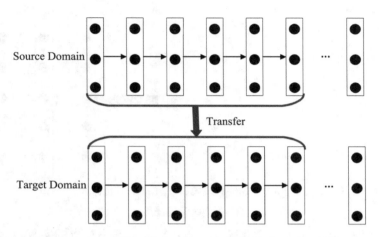

Source Domain：源域；Target Domain：目标域；Transfer：迁移。

图 11-4　基于网络的深度迁移学习示意图

该方法利用源域的大规模训练数据集对网络进行训练，然后将源域预先训练的部分网络迁移到目标域的新网络中作为新网络的一部分，最后采用微调策略对迁移的部分网络进行更新。

基于对抗的深度迁移学习是指在生成对抗性网络的启发下，引入对抗性技术，寻找既适用于源域又适用于目标域的可迁移的表达。它基于这样的假设：为了有效地迁移，良好的表征应该对主要学习任务具有区分性，并且不区分源域和目标域。基于对抗的深度迁移学习如图 11-5 所示。

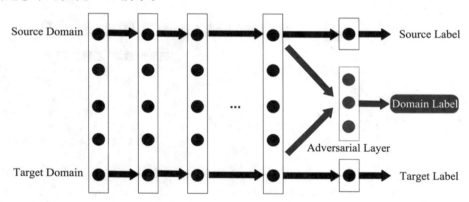

Source Domain：源域；Target Domain：目标域；Mapping：映射；Adversarial Layer：对抗层；Source Label：源标签；Target Label：目标标签；Domain Label：域标签。

图 11-5　基于对抗的深度迁移学习示意图

在源域大规模数据集的训练过程中，把对抗迁移网络的前端层作为特征提取器，从源域和目标域提取特征并将其发送到前端层。对抗层试图判别该特征来自源域还是目标域。如果对抗网络的性能较差，则说明源域特征与目标域特征之间的差异较小，可移植性较好，反之亦然。

11.5　深度域适应

域适应可以利用一个或多个相关源域的标记数据来解决目标域的任务。它是迁移学习的一种特殊情况。深度域适应利用深度网络解决源域和目标域之间数据不匹配的问题,在深度迁移学习方法中备受关注。一般来说,深度域适应可以分为三种类型:基于差异的方法、基于对抗的方法和基于重构的方法。基于差异的方法利用目标域的数据对源域训练的深度网络进行微调,从而减少域移位,使模型适合目标域。基于对抗性的方法使用域鉴别器通过对抗性目标来鼓励域混淆。基于重构的方法假设源域或目标域样本的数据重构有助于提高域适应性能。该方法同时关注于创建两个域之间的共享表示,并维护每个域的单独特征。

本章小结

本章对机器学习的重要分支——迁移学习的基础知识(包括基本概念、迁移学习的分类、迁移学习方法、深度迁移学习以及深度域适应)进行了概述。

12 基于迁移学习的水下图像增强

迁移学习作为机器学习技术的一个重要分支,在深度学习中已经取得了长足的进步。本章讲述迁移学习在水下图像增强算法中的应用。

近年来,基于深度学习的水下图像增强算法取得了显著成效。由于在复杂的水下场景中获得的图像缺乏真实性,这些算法主要在由空气中的图像合成的水下图像上训练模型,合成的水下图像与真实的水下图像具有明显的差异,导致训练模型在增强真实的水下图像时通用性有限。本章介绍了一种不需要在合成的水下图像上训练模型的水下图像增强算法[1],该算法消除了对水下真值图像的依赖。具体来说,受迁移学习的启发,我们提出了一种用于真实场景的水下图像增强的域适应框架,它将空气中的图像去雾转换为真实场景下的水下图像增强。在不同的真实水下场景的实验结果表明,我们提出的算法在视觉上产生了令人满意的结果。

12.1 研究现状

近年来,水下图像已成为探索海洋环境的有效工具,然而光吸收和散射常导致水下图像质量下降。水下图像增强是一种经典的水下图像处理算法,其目的是对抗光散射(类似于去雾)的影响并校正色偏。根据水下成像模型[2,3],水下退化图像可以定义为

$$I_\lambda(x) = J_\lambda(x)t_\lambda(x) + B_\lambda(1 - t_\lambda(x)), \lambda \in \{r, g, b\} \tag{12.1}$$

式中,λ 表示红色、绿色和蓝色通道的光的波长;$I_\lambda(x)$ 表示捕获的退化的水下图像;$J_\lambda(x)$ 表示点 x 处的场景辐射,是我们要恢复的目标;B_λ 代表全局背景光;$t_\lambda(x)$ 表示在水下场景中从点 x 反射到相机的 $J_\lambda(x)$ 的中等能量比,它导致了水下图像色偏和对比度下降。水下成像模型与有雾图像的大气散射模型类似。水下图像增强的目的与图像去雾一致,两者都旨在从退化的输入图像中恢复高质量的图像。然而,水下光是与波长相关的,在水中传播时会衰减,$t_\lambda(x)$ 随衰减系数而变化。因此,水下图像增强是一个具有挑战性的问题,需要探索一种有效的水下图像增强算法来提高水下图

像质量。

在过去的几年中,各种水下图像增强算法得到了发展并引起了相当大的关注。传统的算法包括图像恢复和图像增强算法。图像恢复算法估计水下图像退化模型的参数从而恢复水下图像,这类算法可以在一定程度上缓解水下图像的色偏和模糊效果,但是需要许多物理参数和水下光学特性。图像增强算法侧重于调整图像像素值以提高视觉质量,而不依赖于水下成像模型。这些基于增强的算法可以提高水下场景图像的对比度和图像质量,然而,它们没有考虑水下物理参数,很难仅仅依靠观察到的信息从退化的水下图像中恢复高质量的图像。

深度神经网络在许多计算机视觉任务中取得了重大进展,例如图像分割[4]、模式识别[5]和图像去雾[6]。利用水下图像和有雾图像之间的相似性,许多水下图像增强算法采用与图像去雾任务中使用的网络结构相似的网络结构。一般来说,这些算法需要大量的真实图像作为训练数据。然而,在复杂的水下场景中获得的图像缺乏开发基于深度学习的水下图像增强算法所需的真值图像。为了解决这个问题,研究人员尝试利用空气中的图像模拟成对的水下图像,然后通过深度学习模型执行水下图像增强任务。然而,上述算法有一个共同的问题:这些算法采用的水下图像合成算法都是使用空气中的图像来模拟水下图像,与真实场景的水下图像有着本质的区别。因此,在增强真实的水下图像时,在合成数据上训练的模型通常具有有限的通用性。此外,这些算法采用类似于去雾的网络架构来增强水下图像,是去雾算法的简单扩展。

迁移学习是一个强大的框架,它利用数据、任务或模型之间的相似性将大数据领域中学到的知识和方法迁移到数据较少的领域。迁移学习的动机是智能地应用以前学到的知识比之前的方法来更快或更准确地解决新问题。图像去雾和水下图像增强具有相似的图像增强目的和相似的成像模型,并且有丰富且适合图像去雾训练的数据集,例如RESIDE[7]。因此,我们基于水下图像增强和图像去雾之间的相似性将空气中的图像去雾迁移到水下图像增强上。

我们提出了一种新的用于水下图像增强的域适应框架(图 12-1),它可以弥合水下域和空气域之间的差异,从而更好地利用空气中的去雾模型来实现水下图像增强。该算法由两个模块组成:用于风格迁移的域适应模块和用于图像增强的域适应模块。我们采用双向的循环翻译网络进行风格迁移,将水下图像从水下域的风格转换为空气域的风格。翻译后的中间域图像具有与空气中的图像相同的颜色风格并且保留了水下图像的语义信息,但是也保留了一些雾。然后,图像增强模块利用与图像去雾相似的网络进一步增强中间域的水下图像并且去雾。为了消除翻译后的水下图像和空气中有雾图像之间的域间差异,我们引入了一种域适应机制,将翻译后的图像合并到图像增强网络的训练过程中。大量实验表明,域适应框架有效地提高了水下图像的质量,并且可以有效地将空气中的图像去雾迁移到水下图像增强上,产生了令人满意的结果。

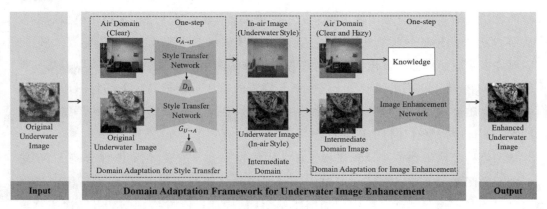

Input:输入;Original Underwater Image:原始的水下图像;Domain Adaptation Framework for Underwater Image Enhancement:用于水下图像增强的域适应框架;One-step:一步;Domain Adaptation for Style Transfer:用于风格迁移的域适应;Air Domain(Clear):空气域(干净的);Style Transfer Network:风格迁移网络;Intermediate Domain:中间域;In-air Image(Underwater Style):空气中的图像(水下风格);Domain Adaptation for Image Enhancement:用于图像增强的域适应;Air Domain(Clear and Hazy):空气域(干净的和有雾的);Intermediate Domain Image:中间域图像;Knowledge:知识;Image Enhancement Network:图像增强网络;Output:输出;Enhanced Underwater Image:增强后的水下图像;Underwater Image(In-air Style):水下图像(空气中的风格)。

图 12-1　用于水下图像增强的域适应框架

12.2　算法描述

在本节中,我们详细介绍了提出的两步域适应框架。首先,我们概述了提出的域适应框架,该框架通过从水下域到中间域,再到空气域的两步域适应来实现水下图像增强。其次,详细描述了提出水下图像增强的算法,该算法包括两个模块:用于风格迁移的域适应模块和用于图像增强的域适应模块。最后,我们介绍了在该框架的训练过程中所采用的损失函数。

12.2.1　域适应框架

迁移学习可以将已有模型的知识与新模型共享,从而更有效地完成任务。受迁移学习的启发,我们提出了一个两步域适应的水下图像增强框架,它将图像去雾迁移到水下图像增强。

用于水下图像增强的域适应框架是一个两步域适应框架。该框架由两个一步域适应模块组成:用于风格迁移的域适应模块和用于图像增强的域适应模块。在风格迁移过程中,我们使用清晰的空气域图像和原始水下图像来训练风格迁移网络,使用循环一致性对抗网络（Cycle-consistent Adversarial Network,简称 CycleGAN[8]）将水下图像转换为空气中图像。经过第一个模块后,具有色差的原始的水下图像被转换为没有色差的中间域图像,但是转换后的水下图像受到光散射的影响显得有些模糊(类似于雾的影响)。因此,在后续的图像增强过程中,采用结构类似于图像去雾网络的网络来进一步增强图像,从合成的空气中的有雾图像和相应的清晰图像中学习的知识用于训练图像增强网络。此外,采用域适应机制将翻译后的水下图像合并到图像增强网络的训练中。这样,训练好的图像增强模型就可以学习水下图像的特征以及空气中的有雾图像和清晰图像之间的映射,因此,图像增强模型可以有效地增强风格迁移后的水下图像。通过此模块后,我们从有雾的水下图像中获得了高质量的水下图像。

12.2.2　用于风格迁移的域适应模块

用于风格迁移的域适应模块的功能是将水下原始图像转化为具有空气中图像的风格的水下图像,同时保持水下图像的结构、内容等语义信息。通过该模块,我们从真实的输入的水下图像 Original(U)获得没有水的色调的水下图像 Translated(U to A)作为输出图像。

图像到图像的翻译网络令人印象深刻的表现鼓励我们采用类似于 CycleGAN 的生成网络。该网络引入周期一致损失函数[8]来训练循环翻译网络。在这个用于风格迁移的域适应模块中,使用原始的水下降质图像 Original(U)和清晰的空气中的图像 Clear(A)进行训练,生成对抗网络从未配对训练数据中学习水下域图像到空气域图像的映射。如图 12-2 所示,用于风格迁移的域适应模块构建了两个映射,一个是水下到空气的映射,另一个是空气到水下的映射。生成网络 $G_{U \to A}$ 将真实场景的原始水下图像 Original(U)从水下图像的风格转换为空气中图像的风格,生成输出图像 Translated(U to A)。另一个生成网络 $G_{A \to U}$ 执行相反的图像翻译过程,将翻译后的具有空气中图像风格的水下图像 Translated(U to A)转换回具有水下风格的水下图像 Translated(A to U)。此外,还引入了与这两个映射相关的两个对抗判别网络 D_A 和 D_U,D_A 鼓励 $G_{U \to A}$ 将 Original(U)翻译成 Clear(A)。同样地,D_U 鼓励 $G_{A \to U}$ 将 Clear(A)翻译成 Original(U)。

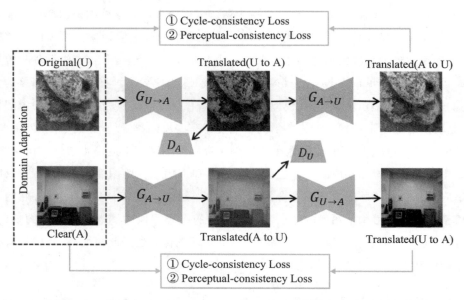

Domain Adaptation：域适应；Cycle-consistency loss：循环一致性损失；Translated：翻译；Original：原始的；Clear：干净的；Perceptual-Consistency loss：感知一致性损失。

图 12-2　用于风格迁移的域适应模块

12.2.3　用于图像增强的域适应模块

通过用于风格迁移的域适应模块后，原始的水下图像被转换为中间域具有空气中色彩风格的水下图像，我们可以把它们看作中间域的空气中的图像，只是图像的内容和结构与空气中的图像不同。中间域的图像消除了水下图像中的色偏，但是由于光的散射（类似于雾）造成的模糊的细节仍然会影响图像的能见度。通过用于图像增强的域适应模块后，我们从输入的没有水的色调的水下图像中获得最终清晰的水下图像。

如图 12-3 所示，我们训练了一个类似于去雾网络的图像增强网络来增强翻译后的图像。对于去雾网络，采用了标准的编码器—解码器网络结构[9]。在训练过程中使用成对的空气中的图像，包括合成的有雾图像 Original(A)对应的清晰图像 Clear(A)。为了提高网络对水下图像的增强效果，我们提出了一种域适应机制，消除了中间域的水下图像与合成的有雾图像之间的域间差异。在无监督分支中，我们使用翻译后的水下图像 Translated(U to A)训练图像增强网络，并与有监督分支共享网络权值。这样，训练的模型可以更好地推广到没有水的色调的水下图像增强中。

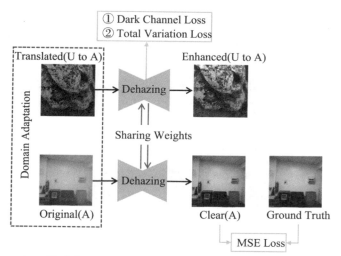

Domain Adaptation：域适应；Dehazing：去雾；Dark Channel Loss：暗通道损失；Total Variation Loss：全变分损失；Sharing Weights：共享权重；Ground Truth：真值；Translated：翻译；Original：原始的；Clear：干净的；Enhanced：增强。

图 12-3　用于图像增强的域适应模块

在本部分算法的整个训练过程中，我们采用了以下两种损失函数：风格迁移损失函数和图像增强损失函数。

12.2.4　风格迁移损失函数

我们将对抗损失函数（Adversarial Loss Function）应用于水下到空气和空气到水下的映射。用于风格迁移的域适应模块有两个生成网络 $G_{U \to A}$ 和 $G_{A \to U}$，还有两个对应的对抗判别网络 D_A 和 D_U。我们将生成网络 $G_{U \to A}$ 的对抗损失函数表示为

$$L_{\text{GAN}}(G_{U \to A}, D_A, X_U, X_A) = E_{x_a \sim p_{\text{data}}(x_a)}[\log D_A(x_a)] + E_{x_u \sim p_{\text{data}}(x_u)}[\log(1 - D_A(G_{U \to A}(x_u)))]$$

$$(12.2)$$

生成网络 $G_{U \to A}$ 试图学习将图像 x_u 从水下域 X_U 转化为空气中图像的颜色风格的中间域 X_A，从而生成一个水下图像 $x_{u \to a}$，使对抗判别器 D_A 不能将其与空气域的图像 x_a 区分开来。对于生成网络 $G_{A \to U}$，我们引入了一个类似的对抗损失函数：$L_{\text{GAN}}(G_{A \to U}, D_U, X_A, X_U)$。

为了归一化翻译网络的训练，引入一个周期一致性损失函数（Cycle-consistency Loss Function）：

$$L_{\text{cyc}}(G_{U \to A}, G_{A \to U}) = E_{x_u \sim p_{\text{data}}(x_u)}[\| G_{A \to U}(G_{U \to A}(x_u)) - x_u \|_1]$$
$$+ E_{x_a \sim p_{\text{data}}(x_a)}[\| G_{U \to A}(G_{A \to U}(x_a)) - x_a \|_1] \quad (12.3)$$

该等式计算 x_u 和 $G_{A \to U}(G_{U \to A}(x_u))$ 以及 x_a 和 $G_{U \to A}(G_{A \to U}(x_a))$ 的 $L1$ 范数约束。对于来自 X_U 域的图像 x_u，前向的翻译循环 $x_u \to x_{u \to a} \to x_{a \to u}$ 可以将 x_u 返回到原始水下图像。同样，反向的翻译循环 $x_a \to x_{a \to u} \to x_{u \to a}$ 可以将 x_a 返回到原始的空气中的图像。

上述周期一致性损失函数主要是在像素级的层面上对图像进行比较，不足以从退

化的水下图像中恢复所有的纹理信息。为了解决这一问题,我们采用循环感知一致性损失(Cyclic Perceptual-consistency Loss)函数,结合从 VGG-16 架构[10]中提取的高、低特征来保持原始图像结构,公式定义如下:

$$L_{\text{perceptual}}(G_{U \to A}, G_{A \to U}) = \parallel \phi(x_u) - \phi(G_{A \to U}(G_{U \to A}(x_u))) \parallel_2^2$$
$$+ \parallel \phi(x_a) - \phi(G_{U \to A}(G_{A \to U}(x_a))) \parallel_2^2 \quad (12.4)$$

式中,$\parallel \ \parallel_2$ 表示标准 $L2$ 范数,ϕ 表示特征提取器。

最后,为了使生成网络保持输入和输出图像之间的内容和结构信息,我们采用了一个认证损失(Identity-mapping Loss)函数,公式定义为

$$L_{\text{identity}}(G_{U \to A}, G_{A \to U}) = E_{x_a \sim p_{\text{data}}(x_a)} \left[\parallel G_{U \to A}(x_a) - x_a \parallel_1 \right] + E_{x_u \sim p_{\text{data}}(x_u)} \left[\parallel G_{A \to U}(x_u) - x_u \parallel_1 \right]$$
$$(12.5)$$

用于风格迁移的域适应模块的全部损失函数可以总结如下:

$$L_{\text{style}}(G_{U \to A}, G_{A \to U}) = L_{\text{GAN}}(G_{U \to A}, D_A, X_U, X_A) + L_{\text{GAN}}(G_{A \to U}, D_U, X_A, X_U)$$
$$+ L_{\text{cyc}}(G_{U \to A}, G_{A \to U}) + \lambda_1 L_{\text{perceptual}}(G_{U \to A}, G_{A \to U}) + \lambda_2 L_{\text{identity}}(G_{U \to A}, G_{A \to U}) \quad (12.6)$$

式中,λ_1 和 λ_2 为分量损失函数的权值。

12.2.5　图像增强损失函数

在用于风格迁移的域适应模块之后,生成了一个由没有色偏的水下图像组成的新数据集。我们利用该数据集和一个包含合成有雾图像和相应真值图像的空气中的数据集训练半监督图像增强网络。在有监督分支中,采用标准的均方差损失函数(Mean Squared Error Loss Function)促使增强图像 I_A 与真值图像 Y_A 接近,可以表示为

$$L_{\text{MSE}} = \parallel I_A - Y_A \parallel_2^2 \quad (12.7)$$

在无监督分支中,我们利用全变分损失(Total Variation Loss)和暗通道损失(Dark Channel Loss)来约束去雾网络,以产生与干净图像具有相同统计特性的清晰的水下图像,全变分损失定义如下:

$$L_{\text{TV}} = \parallel \nabla_h I_{U \to A} \parallel_1 + \parallel \nabla_v I_{U \to A} \parallel_1 \quad (12.8)$$

式中,∇_h 和 ∇_v 分别为水平梯度算子和垂直梯度算子,$I_{U \to A}$ 为翻译后的水下图像。

之前提出的暗通道优先 DCP(Dark Channel Prior)[11]定义如下:

$$J^{\text{dark}}(x) = \min_{c \in r, g, b} \left(\min_{y \in \Omega(x)} (J^C(y)) \right) \quad (12.9)$$

式中,x 和 y 为图像 J 中的像素坐标,J^{dark} 为暗通道,J^C 为颜色通道,$\Omega(x)$ 为以 x 为中心的局部块(Patch)。暗通道图像中所有像素的灰度值近似为零。因此,我们可以采用暗通道损失函数对增强后的图像进行正则化,使其呈现出清晰图像的特征,可以表示为

$$L_{\text{dark}} = \parallel J(I_{U \to A}) \parallel_1 \quad (12.10)$$

12.2.6　总体损失函数

我们提出的总体优化目标定义如下:

$$L = L_{style} + L_{MSE} + \lambda_3 L_{TV} + \lambda_4 L_{dark} \tag{12.11}$$

式中，λ_3 和 λ_4 为分量损失函数的权值。

12.3　实验结果及分析

本节先介绍了我们提出的框架的详细设置，包括训练和测试数据集、训练细节和比较算法。然后，评估了该框架在真实的水下图像上的性能，并与目前先进的水下图像增强算法进行了比较，从不同色偏、雾的效果方面给出了对真实场景下的水下图像的处理结果，并对实验结果进行了分析。最后，通过运行时间测试验证了我们的算法的运行时间。

数据集：大规模的真实水下图像增强数据集（Real-world Underwater Image Enhancement，RUIE）[12] 包含水下图像质量集（Underwater Image Quality Set，UIQS）、水下色差集（Underwater Color Cast Set，UCCS）和水下高级任务驱动集（Underwater High-level Task-driven Set，UHTS）三个子集。水下视觉感知增强数据集（Enhancement of Underwater Visual Perception，EUVP）[13] 包含了成对和非成对的水下图像。Li 等[14] 提出了真实场景的水下图像增强基准数据集（Underwater Image Enhancement Benchmark，UIEB），该数据集包含 890 幅有相应的参考图像的图像对，其余 60 幅水下图像没有参考图像，作为挑战性数据。对于水下训练数据，我们从用于提高图像可视性的 UIQS 数据集中随机选择 800 幅图像，从 EUVP 数据集中随机选择 800 幅低质量图像，从 UIEB 数据集中随机选择 890 幅原始的水下图像。对于空气中的训练数据，采用图像去雾基准数据集 RESIDE。[7] 该数据集由一个室内训练集（Indoor Training Set，ITS）和一个室外训练集（Outdoor Training Set，OTS）组成，包括合成的室内和室外有雾图像。我们分别从 ITS 和 OTS 中随机选择 800 对和 1 600 对有雾图像及其对应的清晰图像。此外，把 2018 年图像恢复和增强新趋势（New Trends in Image Restoration and Enhancement，NTIRE）单幅图像去雾挑战数据集（I-HAZE[15] 和 O-HAZE[16]）加入训练过程。

在真实场景下的水下图像上对我们的算法进行测试，我们使用了 465 张测试图像，包括 330 张来自真实场景的水下图像 EUVP 数据集的验证图像、60 张来自 UIEB 数据集的挑战图像、45 张来自 Li 等[17] 文章的水下图像和 30 张 Li 等[18] 提供的在网上收集的水下图像。这些图像是从各种水下场景中捕捉到的，根据所代表的水的不同类型，这些图像被分为四个子集：绿色调、蓝绿色调、蓝色调和类似雾的图像。最后，在将输入图像输入我们的网络之前，将图像的尺寸调整为 256×256 像素。

训练细节：该网络是使用 TensorFlow 框架实现的，在 NVIDIA GeForce RTX 2080Ti GPU 上进行了训练和测试。利用 Adam 优化器对批量大小（Batch Size）为 2、动量（Momentum）$\beta_1 = 0.5$ 的模型进行优化，对两个域适应模块分开训练。首先，我们以$(1e-4)$的学习率训练风格迁移网络$G_{U\to A}$和$G_{A\to U}$50个epoch,权重设为$\lambda_1=5e-5$,$\lambda_2=1$。然后,对图像增强网络进行40个epoch的训练,学习速率最初设置为$(1e-4)$,每10个epoch后衰减速率为0.75,权重设为$\lambda_3=1e-4$,$\lambda_4=1e-3$。在计算暗通道损失函数时,我们将Patch的大小设置为35×35。

比较算法:包括传统算法和基于深度学习的算法。传统算法包括融合增强算法[19](Fusion-based Enhanced,FE),基于Retinex的算法[20](简称RB),红通道算法[21](简称RED),水下UDCP算法[22](Underwater DCP,简称UDCP)和图像模糊与光吸收算法[23](Image Blurring and Light Absorption,IBLA)。基于深度学习的算法包括CycleGAN算法[8]、UGAN算法[24]和DUIENet算法[13]。

水下图像的评估度量:由于缺乏用于水下图像增强的水下场景的真值图像,本节采用无参考水下图像质量度量[25](Underwater Image Quality Measure,UIQM)定量地评估增强后的水下图像的质量。UIQM基于颜色、清晰度和对比度,由以下三部分组成:水下图像色彩度量(Underwater Image Colorfulness Measure,UICM),水下图像清晰度度量(Underwater Image Sharpness Measure,UISM)和水下图像对比度度量(Underwater Image Contrast Measure,UIConM)。UIQM可以表示为这三个组成部分的线性组合:

$$UIQM=c_1\times UICM+c_2\times UISM+c_3\times UIConM \tag{12.12}$$

式中,c_1、c_2、c_3是比例因子,将它们设置为与Panetta等[25]文章中的比例因子相同的值:$c_1=0.028\ 2$,$c_2=0.295\ 3$,$c_3=3.575\ 3$。

12.3.1　不同色偏的水下图像的评估

我们评估了真实场景中不同颜色偏差的水下图像,包括绿色调、蓝绿色调和蓝色调的水下图像,我们在无参考的UIQM上评估了我们的算法。表12-1列出了不同算法在带有绿色调、蓝绿色调和蓝色调图像的测试数据集上得到的平均值。可以看出,我们的算法的UIQM打分基本上比其他算法高,说明该算法比其他算法更有竞争力。

表12-1　不同水下图像增强算法在不同色偏的水下图像上的质量评价

图像颜色	评估度量	(a)	(b)	(c)	(d)	(e)	(f)	(g)	(h)	(i)	(j)
绿色调	UICM	−71.391 6	−22.098 0	−0.435 7	−15.729 6	−56.054 7	−57.012 0	1.114 4	−11.741 1	−14.479 9	0.315 3
	UISM	6.959 5	7.052 7	6.955 3	6.953 3	6.850 1	6.643 5	7.162 7	7.184 1	6.941 0	7.146 4
	UIConM	0.759 7	0.815 2	0.846 2	0.850 0	0.768 9	0.727 7	0.805 9	0.821 9	0.825 1	0.891 1
	UIQM	2.758 1	4.373 9	5.066 9	4.648 8	3.191 2	2.955 7	5.027 8	4.729 0	4.591 1	5.305 3
蓝绿色调	UICM	−68.839 8	−30.969 3	−0.587 5	−15.166 4	−49.319 3	−38.018 1	0.973 6	−20.772 3	−6.750 7	−0.523 8
	UISM	6.880 1	7.038 1	6.973 1	6.875 6	6.588 3	6.872 0	7.251 8	7.163 3	6.908 6	7.202 1
	UIConM	0.792 3	0.804 4	0.831 5	0.865 4	0.771 1	0.715 4	0.856 1	0.803 1	0.848 7	0.883 7
	UIQM	2.923 0	4.081 1	5.015 3	4.696 8	3.311 5	3.514 9	5.014 4	4.519 8	4.883 9	5.2717

（续表）

图像颜色	评估度量	(a)	(b)	(c)	(d)	(e)	(f)	(g)	(h)	(i)	(j)
蓝色调	UICM	−82.541 9	−44.583 3	−1.526 3	−27.662 9	−46.677 2	−59.847 7	−0.449 4	−18.792 3	7.173 3	−1.495 4
	UISM	6.840 1	6.980 2	6.903 3	6.814 4	6.600 3	6.716 9	7.199 6	7.110 7	6.792 8	7.152 6
	UIConM	0.734 3	0.812 8	0.853 3	0.844 0	0.849 1	0.691 4	0.821 7	0.831 2	0.817 9	0.903 8
	UIQM	2.317 4	3.709 9	5.046 2	4.249 6	3.668 6	2.767 9	5.051 1	4.541 7	5.132 5	5.301 3

注：(a) Raw，(b) FE，(c) RB，(d) RED，(e) UDCP，(f) IBLA，(g) CycleGAN，(h) UGAN，(i) DUIENet，(j) Ours。

12.3.2　雾的效果的水下图像的评估

与不同颜色偏差的水下图像相比，有雾的水下图像受颜色偏移的影响较小，主要受波长依赖的光吸收和散射引起的雾的效应的影响。不同水下图像增强算法在有雾的水下图像上的质量评价如表 12-2 所示，我们的算法获得了最高的排名，这表明了该算法的有效性。

表 12-2　不同水下图像增强算法在有雾的水下图像上的质量评价

算法	UICM	UISM	UIConM	UIQM
Raw	−33.740 6	7.131 9	0.707 7	3.685 0
FE	−15.432 7	7.205 7	0.894 0	4.889 0
RB	−1.613 7	7.105 4	0.885 5	5.218 7
RED	−17.522 8	7.117 9	0.886 0	4.775 4
UDCP	−16.072 5	7.130 3	0.822 3	4.592 4
IBLA	−10.591 4	6.391 8	0.881 5	4.740 4
CycleGAN	0.664 1	7.201 5	0.803 4	5.017 9
UGAN	−11.321 1	7.244 8	0.881 5	4.971 9
DUIENet	−2.863 0	7.087 7	0.887 0	5.183 6
本部分算法	0.874 4	7.212 9	0.913 0	5.418 8

12.3.3　运行时间性能

我们将我们的算法与其他竞争算法的运行进行了比较。随机选取 50 张尺寸为 256×256 像素的测试图像来测试不同的模型，所有算法都在同一台计算机上进行了测试。传统算法（FE、RB、RED 和 UDCP）使用 MATLAB 代码，IBLA 方法使用 Python 代码，基于学习的算法和我们的算法使用 TensorFlow 代码，电脑硬件为 Intel(R) Core (TM) i7-9750H @2.60GHz CPU 16GB 内存。表 12-3 展示了算法的平均运行时间的比较，使用 MATLAB 的传统算法比基于学习的算法更快，我们的算法由用于风格迁移的 CycleGAN 和用于去雾的 U-Net 组成，比传统的 IBLA 算法快，其速度与基于学习的

CycleGAN 算法相当。

表 12-3　不同水下图像增强算法的运行时间比较

算法	平台	时间/秒
FE	MATLAB	0.342 3
RB	MATLAB	0.414 8
RED	MATLAB	0.234 2
UDCP	MATLAB	0.496 0
IBLA	Python	6.025 9
CycleGAN	TensorFlow	4.252 3
UGAN	TensorFlow	0.596 7
DUIENet	TensorFlow	2.884 0
本部分算法	TensorFlow	4.578 8

综上所述,我们的算法在水下图像中具有校正色偏、去除雾的效果和增强对比度的优点,在上述水下图像增强实验中具有较好的性能。消融实验也验证了该算法的有效性。

本章小结

本章对迁移学习在水下图像增强任务的一个应用实例——两步域适应水下图像增强框架进行介绍,从而加深对于迁移学习算法中域适应算法的认识。该框架利用两个任务在目标和成像模型方面的相似性将图像去雾合理地迁移到水下图像增强。该框架包括两个域适应模块:第一个模块执行风格迁移将水下域图像转换为没有水的色调的中间域图像,第二个模块执行图像增强以进一步增强中间域图像。通过这种两步域适应,实现了从空气域到水下域的跨域适应,扩展了迁移学习的应用范围。在不同场景的真实水下图像上进行的大量实验证明了我们所提出算法的有效性。

参考文献

[1] JIANG Q, ZHANG Y F, BAO F X, et al. Two-step domain adaptation for underwater image enhancement[J]. Pattern recognition, 2021, 122, DOI: 10.1016/J. PATCOG. 2021.108324.

[2] MCGLAMERY B L. A computer model for underwater camera systems[J]. Physica A: statisticl mechanics and its applications, 1980, 208: 221-231.

[3] JAFFE J S. Computer modeling and the design of optimal underwater imaging

systems[J]. IEEE journal of oceanic engineering, 1990, 15(2): 101-111.

[4] ZHANG Y, SUN X, DONG J Y, et al. GPNet: gated pyramid network for semantic segmentation[J]. Pattern recognition, 2021, 115, DOI: 10. 1016/J. PATCOG. 2021.107940.

[5] GEDAMU K, JI Y L, YANG Y, et al. Arbitrary-view human action recognition via novel-view action generation[J]. Pattern recognition, 2021, 118, DOI: 10. 1016/J. PATCOG. 2021. 108043.

[6] YIN S B, WANG Y B, YANG Y H, et al. Visual attention dehazing network with multi-level features refinement and fusion[J]. Pattern recognition, 2021, DOI: 10. 1016/J. PATCOG. 2021. 108021.

[7] LI B, REN W Q, FU D P, et al. Benchmarking single-image dehazing and beyond[J]. IEEE transactions on image processing, 2018, 28(1): 492-505.

[8] ZHU J Y, PARK T, ISOLA P, et al. Unpaired image-to-image translation using cycle-consistent adversarial networks[C]//2017 IEEE international conference on computer vision (ICCV), October 22-29, 2017, Venice, Italy. IEEE, c2017: 2 223-2 232.

[9] RONNEBERGER O, FISCHER P, BROX T. U-net: convolutional networks for biomedical image segmentation[C]//International conference on medical image computing and computer-assisted intervention. Springer, Cham, 2015: 234-241.

[10] SIMONYAN K, ZISSERMAN A. Very deep convolutional networks for large-scale image recognition[J]. IEICE transactions on fundamentals of electronics, computer sciences, 2014, arXiv: 1409. 1556.

[11] ULLAN E, NAWAZ R, IQBAL J. Single image haze removal using dark channel prior [C]//2013 5th International Conference on Modelling, Identification and Control, August 31-September 2, 2013, Cairo, Egypt. IEEE, c2013: 1 956-1 963.

[12] LIU R S, FAN X, ZHU M, et al. Real-world underwater enhancement: challenges, benchmarks, and solutions under natural light [J]. IEEE transactions on circuits and systems for video technology, 2020, 30(12): 4 861-4 875.

[13] ISLAM M J, XIA Y Y, SATTAR J. Fast underwater image enhancement for improved visual perception[J]. IEEE robotics and automation letters, 2020, 5(2): 3 227-3 234.

[14] LI C Y, GUO C L, REN W Q, et al. An underwater image enhancement benchmark dataset and beyond[J]. IEEE transactions on image processing, 2019, 29: 4 376-4 389.

[15] ANCUTI C O, ANCUTI C, TIMOFTE R, et al. I-HAZE: a dehazing benchmark with real hazy and haze-free indoor images[J]. 2018, arXiv: 1804. 05091.

[16] ANCUTI C O, ANCUTI C, TIMOFTE R, et al. O-HAZE: a dehazing benchmark with real hazy and haze-free outdoor images[C]//2018 IEEE/CVF conference on computer vision and pattern recognition, June 18-23, 2018, Salt Lake City, UT, USA. IEEE, c2018: 867-8 678.

[17] LI H Y, LI J J, WANG W. A fusion adversarial underwater image enhancement network with a public test dataset[J]. 2019, arXiv: 1906. 06819.

[18] LI C Y, GUO J C, GUO C L. Emerging from water: underwater image color correction based on weakly supervised color transfer[J]. IEEE signal processing letters, 2018, 25(3): 323-327.

[19] ANCUTI C, ANCUTI C O, HABER T, et al. Enhancing underwater images and videos by fusion[C]//2012 IEEE conference on computer vision and pattern recognition, June 16-21, 2012, Providence, RI, USA. IEEE, c2012: 81-88.

[20] FU X Y, ZHUANG P X, HUANG Y, et al. A retinex-based enhancing approach for single underwater image[C]//2014 IEEE international conference on image processing (ICIP), October 27-30, 2014, Paris, France. IEEE, c2014: 4 572-4 576.

[21] GALDRAN A, PARDO D, PICÓN A, et al. Automatic red-channel underwater image restoration [J]. Journal of visual communication and image representation, 2015, 26(1): 132-145.

[22] DREWS P L J, NASCIMENTO E R, BOTELHO S S C, et al. Underwater depth estimation and image restoration based on single images [J]. IEEE computer graphics and applications, 2016, 36(2): 24-35.

[23] PENG Y T, COSMAN P C. Underwater image restoration based on image blurriness and light absorption[J]. IEEE transactions on image processing, 2017, 26(4): 1 579-1 594.

[24] FABBRI C, ISLAM M J, SATTAR J. Enhancing underwater imagery using generative adversarial networks [C]//2018 IEEE international conference on robotics and automation. May 21-25, 2018, Brisbane, QLD, Australia. IEEE, c2018: 7 159-7 165.

[25] PANETTA K, GAO C, AGAIAN S. Human-visual-system-inspired underwater image quality measures[J]. IEEE journal of oceanic engineering, 2015, 41(3): 541-551.

第IV部分　强化学习及应用

13 强化学习基础知识

本章对强化学习基本概念进行了介绍,并进一步介绍了马尔科夫决策过程,最后对基于值函数和基于策略梯度的两类深度强化学习算法进行了介绍。

13.1 马尔科夫决策过程

强化学习可以看作由智能体、环境、状态、动作和奖赏组成,如图 13-1 所示。智能体通过与环境不断交互,做出交易决策,并根据得到的奖赏值不断调整学习策略,从而完成某个特定的目标或获得最大的累计奖赏值。强化学习可以通过马尔科夫决策过程建模。

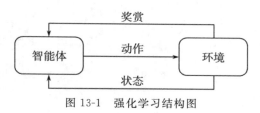

图 13-1 强化学习结构图

13.1.1 马尔科夫属性

马尔科夫属性指的是系统未来的状态仅依赖于当前状态,而不依赖于之前的状态。其定义为

$$P(S_{t+1}|S_t) = P(S_{t+1}|S_1,\cdots,S_t) \tag{13.1}$$

根据定义我们可以得出状态 S_t 包含了历史状态的相关信息,一旦当前状态信息已知,历史状态信息就可以忽略。

13.1.2 马尔科夫过程

马尔科夫过程是一个二元组 (S,P),其中,S 是有限状态集,P 为状态转移概率。当由一个状态 s 转移到下一状态 s' 时,其状态转移概率定义为

$$P_{ss'} = P(S_{t+1} = s' \mid S_t = s) \tag{13.2}$$

当有多种状态可以选择时，其状态转移概率矩阵 P 定义为

$$\begin{bmatrix} P_{11} \cdots P_{1n} \\ \cdots \quad \cdots \\ P_{n1} \cdots P_{nn} \end{bmatrix}$$

例 13-1 图 13-2 展示了一个简单的马尔科夫过程，图中包含了四种状态 $\{s_1, s_2, s_3, s_4\}$，并且含有每种状态之间的转换概率。状态转移过程可能为

$$s_1 \text{—} s_2 \text{—} s_4 \text{—} s_3$$

$$s_1 \text{—} s_2 \text{—} s_4 \text{—} s_1 \text{—} s_3$$

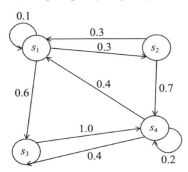

图 13-2 马尔科夫过程示例

以上状态序列被称为马尔科夫链。当给定状态概率时，从某一状态出发会存在多条马尔科夫链。马尔科夫过程中不存在奖励和动作，将动作和奖励考虑在内的马尔科夫过程被称为马尔科夫决策过程，其示例如图 13-3 所示。

13.1.3 马尔科夫决策过程

马尔科夫决策过程可以定义为五元组 (S, A, P, R, γ)。

（1）S 是有限状态集。

（2）A 是有限动作集。

（3）P 是状态转移概率，$P_{ss'}^a = P(S_{t+1} = s' \mid S_t = s, A_t = a)$。

（4）R 是回报函数，$R_s^a = E[R_{t+1} \mid S_t = s, A_t = a]$。

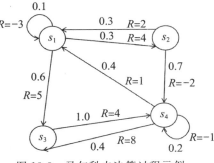

图 13-3 马尔科夫决策过程示例

（5）γ 是折扣因子，$\gamma \in [0, 1]$。

与马尔科夫过程不同的是马尔科夫决策过程包含了动作和奖赏值。

强化学习是状态映射到动作的学习，解决的是序贯决策问题，目的是学习到最优的策略以使智能体在与环境的交互中获得最大的累计奖赏值。策略指的是状态到动作的映射，用符号 π 表示，表示在给定的状态 s 下关于动作 a 的概率分布，即

$$\pi(a\,|\,s)=p[A_t=a\,|\,S_t=s] \tag{13.3}$$

换句话说，当处于状态 s 时，可能会采取两个动作，有 0.7 的概率会选择动作 1，有 0.3 的概率会选择动作 2，$\pi(a|s)$ 表示的就是这种概率。对于每一个状态都会有 $\pi(a|s)$，所有状态的 $\pi(a|s)$ 形成了最终的策略 π。策略 π 可以说是每个状态下随机选择一个动作，或者每个状态下一直选择某一个动作。策略 π 指的是整个过程，不是针对某一个单独的状态。当给定某个初始状态时，为了达到最终的目标，会有多个策略，但最终的目标是找到最优的策略，以获得最多的累计回报。累计回报的定义为

$$G_t=R_{t+1}+\gamma R_{t+2}+\cdots=\sum_{k=0}^{\infty}R_{t+k+1} \tag{13.4}$$

当给定策略 π 时，可以计算出累计回报值，假设从状态 s_1 出发，状态序列可能有多个，其最终得到的累计回报也不同。由于 G 不是一个确定的值，其期望值是个确定的值，定义为

$$v_\pi(s)=E_\pi[G_t\,|\,S_t=s]=E_\pi\Big[\sum_{k=0}^{\infty}R_{t+k+1}\,|\,S_t=s\Big] \tag{13.5}$$

公式(13.5)代表状态值函数的定义，表示当采用策略 π 时，在状态 s 下 G_t 的平均值。状态动作值函数定义为

$$q_\pi(s,a)=E_\pi[G_t\,|\,S_t=s_t,A_t=a]=E_\pi\Big[\sum_{k=0}^{\infty}\gamma^kR_{t+k+1}\,|\,S_t=s,A_t=a\Big] \tag{13.6}$$

$q_\pi(s,a)$ 表示在状态 s 时，采取动作 a 后，采取策略 π 所获得的累计回报值的期望值。

通过贝尔曼方程计算 $v_\pi(s)$ 和 $q_\pi(s,a)$，$v_\pi(s)$ 的计算过程为

$$\begin{aligned}v(s)&=E[G_tS_t=s]\\&=E[R_{t+1}+\gamma R_{t+2}+\cdots\,|\,S_t=s]\\&=E[R_{t+1}+\gamma(R_{t+2}+\gamma R_{t+3}+\cdots)\,|\,S_t=s]\\&=E[R_{t+1}+\gamma G_{t+1}\,|\,S_t=s]\\&=E[R_{t+1}+\gamma v(S_{t+1})\,|\,S_t=s]\end{aligned} \tag{13.7}$$

同理，可得状态动作值函数的贝尔曼方程为

$$q_\pi(s,a)=E_\pi[R_{t+1}+\gamma q(S_{t+1},A_{t+1})\,|\,S_t=s,A_t=a] \tag{13.8}$$

$v_\pi(s)$ 和 $q_\pi(s,a)$ 之间的关系如图 13-4 所示。

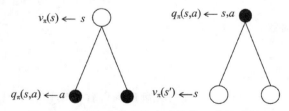

图 13-4 状态值函数和状态动作值函数关系图

图 13-4 中，白色圆圈表示状态，黑色圆圈表示动作。图 13-4 中的左图表示在状态 s 下可能采取的两个动作。

$$v_\pi(s) = \sum_{a \in A} \pi(a|s) q_\pi(s,a) \tag{13.9}$$

图 13-4 的右图中,表示在状态 s 时选择动作 a,其状态会发生变化,变为 s',并且状态的改变会伴有立即奖赏值。

$$q_\pi(s,a) = R_s^a + \gamma \sum_{S'} P_{ss'}^a v_\pi(s') \tag{13.10}$$

两者结合可得到

$$v_\pi(s) = \sum_{a \in A} \pi(a|s)(R_s^a + \gamma \sum_{s' \in S} p_{ss'}^a v_\pi(s')) \tag{13.11}$$

$$q_\pi(s,a) = R_s^a + \gamma \sum_{S'} P_{ss'}^a \sum_{a \in A} \pi(a'|s') q_\pi(s',a') \tag{13.12}$$

最优策略对应最优状态值函数和最优状态行为值函数。最优状态值函数指的是所有策略中值最大的状态值函数,同样最优状态行为值函数指的是所有策略中最大的状态行为值函数,即

$$v^*(s) = \max_\pi v_\pi(s) \tag{13.13}$$

$$q^*(s,a) = \max_\pi q_\pi(s,a) \tag{13.14}$$

13.2　深度强化学习算法介绍

本节主要对一些深度强化学习算法进行介绍。

13.2.1　基于值函数的深度强化学习算法

13.1 详细介绍了马尔科夫决策过程。马尔科夫决策过程可以对强化学习进行建模,强化学习中智能体学习到的最优策略对应最优的行为状态值函数。本节中我们用 $Q(s,a)$ 表示行为状态值函数。由 13.1 可知,传统的强化学习一般通过迭代贝尔曼方程求解 Q 值函数,但对于实际情况而言,这种求解方式是不可行的。随着研究的发展,深度神经网络被用于近似表示 Q 值函数,深度强化学习在逐步发展。

Minh 等人将卷积神经网络与传统强化学习算法中的 Q 学习算法结合提出深度 Q 网络(Deep Q Network,DQN),这是深度强化学习领域的开创性工作。DQN 的网络结构如图 13-5 所示。

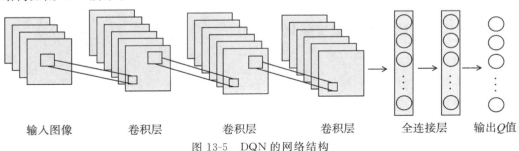

输入图像　　　卷积层　　　　卷积层　　　　卷积层　　　　全连接层　　输出Q值

图 13-5　DQN 的网络结构

DQN 输入四幅连续帧的图像，经过三个卷积层和两个全连接层，输出最终的每个动作对应的 Q 值。

DQN 在训练的过程中采用经验回放机制。具体做法是在每个时间点 t，智能体在环境状态 s_t 做出动作选择 a_t，会得到奖赏值 r_t，同时，环境状态也发生了变化，由 s_t 变为 s_{t+1}，将每个时间点的经验样本 $e_t = (s_t, a_t, r_t, s_{t+1})$ 存储到回放记忆单元 $D = \{e_1, e_2, \cdots, e_t\}$ 中。在训练过程中，每次从 D 中随机抽取批量经验样本，并使用随机梯度算法更新网络参数。经验回放机制通过重复使用历史数据增加了数据的利用率，并且减少了数据之间的相关性，有助于提升算法的稳定性。

DQN 网络中存在两个结构一样的网络：主网络和目标网络。在训练的过程中通过两个网络 Q 值更新网络参数，其中，$Q(s, a \mid \theta)$ 表示主网络 Q 值，θ 为主网络参数，$Q(s, a \mid \theta')$ 表示目标网络 Q 值，θ' 为目标网络参数。主网络的参数 θ 是实时更新的，目标网络参数 θ' 是每隔固定的时间步后更新，参数更新的方式为复制主网络的参数。

DQN 网络的训练过程如图 13-6 所示。

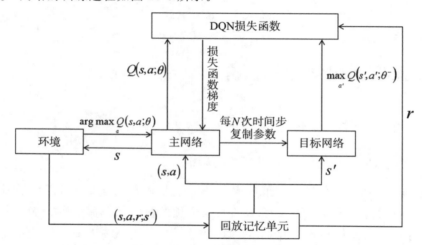

图 13-6　DQN 的网络训练流程

DQN 的网络损失函数为主网络和目标网络的均方差，其定义为

$$L(\theta) = E\big[(Y - Q(s, a \mid \theta))^2\big] \tag{13.15}$$

随着深度强化学习的不断发展，一些研究基于 DQN 的网络结构做出了改进，提出了新的网络结构，如基于竞争架构的 DQN（Dueling DQN）。

13.2.2　基于策略梯度的深度强化学习算法

13.2.2.1　直接策略梯度算法

直接策略梯度算法是一种常用的策略优化算法。强化学习的目标是通过学习最优的策略以获得最大的累积奖赏值。直接策略梯度算法解决深度强化学习问题时，可以使用含有参数的深度神经网络表示策略，通过不断优化策略的期望总奖赏值更新网络参数，即

$$\max_{\theta} E[R|\pi_{\theta}] \tag{13.16}$$

式中，$R=\sum_{t=0}^{T-1} r_t$ 表示一段时期内所得到的累积奖赏值。直接策略梯度算法可以被更直观地理解为如果智能体选择的动作使最终的累计奖赏值变大，则该动作出现的概率会变大，反之，该动作出现的概率会变小。策略梯度可以表示为

$$g=R\,\nabla_{\theta}\sum_{t=0}^{T-1}\log\pi(a_t|s_t;\theta) \tag{13.17}$$

$$\theta\leftarrow\theta+\alpha g \tag{13.18}$$

α 为学习率，控制策略参数的更新速度。

13.2.2.2　行动者-评论家算法

行动者-评论家（Actor-critic，AC）算法是得到广泛应用的基于策略梯度理论的深度强化算法，其结构如图 13-7 所示。

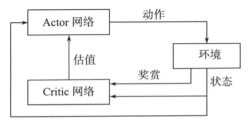

图 13-7　Actor-critic 算法的网络结构

从图 13-7 中可以看出，Actor-critic 算法的网络包括 Actor 网络和 Critic 网络两部分。Actor 网络采用策略梯度算法更新网络参数，Critic 网络则对 Actor 网络在状态 s 下选择的动作进行评估。整个算法的学习过程可以描述为 Actor 产生动作，Critic 来评价 Actor 产生的动作的好坏。

13.2.2.3　深度确定性策略梯度算法

Lillicrap 等人基于确定性策略梯度和 Actor-critic 算法提出了深度确定性策略梯度算法（DDPG），并将 DQN 算法的思想扩展到了 DDPG 中。DDPG 借鉴了 DQN 算法中的经验回放机制和目标网络，减少了数据间的相关性，增加了算法的鲁棒性。DDPG 分别使用参数不同的神经网络来表示确定性策略和值函数，策略网络用于更新策略，相当于 Actor-critic 算法的网络中的 Actor 网络，值网络用于逼近状态动作对应的值函数，相当于 Actor-critic 算法的网络中的 Critic 网络。DDPG 中包含了四个网络，分别是策略网络、目标策略网络、值网络和目标值网络。在 DQN 网络中，目标网络参数的更新是每隔固定的时间步后复制主网络的参数。在 DDPG 网络中，目标策略网络和目标值网络参数更新的方式有所不同，其参数更新的公式分别为

$$\theta'=\tau\theta+(1-\tau)\theta' \tag{13.19}$$

$$\omega'=\tau\omega+(1-\tau)\omega' \tag{13.20}$$

式中，θ 为策略网络参数，θ' 为目标策略网络参数，ω 为值网络参数，ω' 为目标值网络参数。

实验表明,DDPG 在一系列连续动作空间的任务中表现稳定,而且求得最优解所需要的时间也远远短于 DQN。

DDPG 具备一定的优势,但也存在局限性。对于一些随机环境的场景,该算法并不适用,而且该算法需要较长的训练时间才能收敛。

本章小结

本章主要对马尔科夫决策过程进行了介绍,还对一些基于值函数和基于策略梯度的深度强化学习算法进行了介绍。

14 基于深度强化学习的股票量化交易

目前,越来越多的研究基于机器学习的算法实现股票量化交易,通过网络模型对大量股票数据进行分析,可以实时捕获交易机会,实现自动交易,提升投资收益。

和股市相关的多源数据可以从不同的角度反映股市的信息,如何从多源数据中获取有效的信息并实现自动交易成为股票量化交易面临的一项挑战。针对从多源数据中获取有效股市信息并实现自动交易的问题,本章将结合深度学习和强化学习,并基于深度强化学习模型融合多源数据实现股票量化交易。

14.1 研究现状

随着机器学习的发展,越来越多的研究基于机器学习算法实现股票交易。基于机器学习算法实现股票交易可以通过深度神经网络分析相关股市信息,可以避免投资者的情绪对整个交易过程的影响。基于机器学习的算法实现股票交易所面临的挑战是连续感知股市环境并做出正确的交易决策。强化学习是环境到动作的映射学习,解决的是序列决策问题。强化学习已经成功地应用于游戏、机器人应用等领域。当基于强化学习实现股票交易时,智能体可以通过与股市环境的不断交互学习到动态的交易策略,Chakole 等[1]基于 Q-learning 算法学习到了动态的交易策略,虽然基于强化学习实现股票交易时智能体可以自主学习并做出连续的交易决策,但是缺乏对环境的感知能力。深度学习中由多层的线性单元组成的模型可以从原始数据中获得抽象的特征表示而具有较强的感知能力,Sezer 等[2]充分利用了卷积神经网络的优势,将金融数据转换成了二维图像,通过卷积神经网络(Convolutional Neural Network,CNN)分析二维图像并做出交易决策。基于深度学习实现股票交易时,交易策略往往是静态的,不能根据股市的变化动态地调整。深度强化学习同时具备了深度学习的感知能力和强化学习的决策能力,在实现股票量化交易时更有优势。

目前,基于深度强化学习实现股票量化交易的研究处于发展阶段,一些研究结合了神经网络去构建深度强化学习模型。Deng 等[3]结合了模糊学习、深度神经网络(Deep Neural Network,DNN)和循环神经网络(Recurrent Neural Network,RNN)实现股票量化交易,并提出了一种任务感知时间传播方法解决网络训练中梯度消失问题。Théate 等[4] 将股票量化交易问题视为强化学习问题,基于 DNN 构建智能体,并以 DQN 算法实现股票量化交易。虽然这些研究可以通过对股市环境的感知自主做出交易决策,但是忽视了金融数据间时序性关系的重要性。

为了更好地总结出股市状态,一些基于深度强化学习实现股票量化交易的研究更注重金融数据间的时序性关系。Lei 等[5] 提出了时间驱动特征感知联合模型(TFJ-DRL),采用门控循环单元(Gated Recurrent Unit,GRU)分析了股票数据和技术指标,并引入了一种注意力机制来总结股票市场环境的特征。Lee 等[6] 首先使用小波变换去除股票数据中的噪声,然后基于长短期记忆网络(Long Short-term Memory,LSTM)构建的智能体分析去除噪声后的数据并做出交易决策。Ma 等[7] 结合了全连接层和 LSTM 的优势,分析了股票的现状和长期历史趋势,获取了股票市场环境的特征,并在此基础上做出交易决策。这些研究通过捕获金融数据的时序特征来总结环境状态,分析的数据源相对单一。由股票数据转换而成的二维图像 K 线图可以反映不同模式下的股票市场信息。通过定量分析,我们发现对多源数据的时间分析可以更好地总结股票市场环境。

本节中,多源数据是指历史数据、技术指标和 K 线图,它们本质上是不同类型的数据。多源金融数据包含丰富的信息,针对如何从多源金融数据总结环境状态的问题,我们提出了 MSF-DRL 多源数据融合框架,它融合了股票数据、技术指标和 K 线图来获取股票市场的时序性特征。不同结构化数据源的融合有助于学习每个数据源的重复特征和不同特征,获得更准确的股市环境特征表示,更有利于学习最优的交易策略。在 MSF-DRL 框架中,深度学习用于感知股票市场环境,强化学习在此基础上做出交易决策。不同的深度神经网络被用于提取不同数据源的时序性特征,并将所获得的不同数据源特征相加实现融合。此外,为了提高 MSF-DRL 框架的性能,我们在强化学习模块中采用 Double DQN 和 Dueling DQN 结合的方式。实验结果表明,在 MSF-DRL 框架下学习到的交易策略可以获得更好的收益。

14.2　算法的提出

股市投资的主要目的是获得投资收益。在实现股票交易时,正确感知股票市场环境,及时做出正确的决策是关键。为了更深层次地反映股票市场环境状态,学习最优的交易策略,我们提出了 MSF-DRL 框架,该框架整合了股票数据、技术指标和 K 线图的信息。图 14-1 显示了该框架的整体结构。

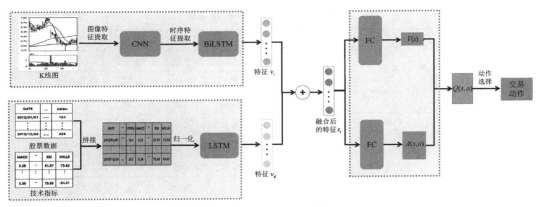

图 14-1 MSF-DRL 框架

MSF-DRL 可以分为两个模块:深度学习感知模块和基于强化学习的交易决策模块。深度学习感知模块从股票数据、技术指标和 K 线图中提取相应的特征,以更好地捕捉股票市场状态。K 线图由股票数据转换而来,通过卷积神经网络(CNN)和双向长短期记忆(Bidirectional Long Short-term Memory,BiLSTM)提取其特征。CNN 由卷积层和子采样层组成,可以学习层次结构中的多层特征。然而,CNN 不能捕获时间特征,BiLSTM 可以对双向时间结构进行建模,并结合当前状态和下一个状态来解决数据的长期依赖性,因此,我们先后通过 CNN 和 BiLSTM 提取 K 线图的特征。LSTM 是 RNN 的一种变体,它包含遗忘门、输出门和输入门。LSTM 网络因具有复杂性而避免了梯度消失和梯度爆炸的问题,并能够捕获数据的时间特征。在基于强化学习的交易决策模块中,使用深度学习模块提取的特征作为环境状态,智能体在此基础上做出交易决策。连续状态序列可以模拟股市的变化,智能体可以不断地与股票市场环境交互,在不断试错的过程中学习最优的交易策略。此外,DQN 算法是深度学习和 Q 学习的结合,由于存在过高估计 Q 值的问题,强化学习模块结合了 Double DQN 和 Dueling DQN,以避免过高估计 Q 值,提高模型的收敛速度。

14.2.1 历史交易数据和技术指标特征提取

本节使用的技术指标有 MACD、KDJ、EMA、RSI 等,详情见表 14-1。历史交易数据和技术指标可以看作同种类型数据,LSTM 网络用于提取时序性特征。在将数据输入 LSTM 网络提取时序性特征之前,首先清洗了数据。本节使用的股票历史交易数据来源于雅虎财经网站,数据中存在的缺失值或者非数值数据 Nans 用 0 进行替换,清洗股票历史交易数据和技术指标后,对其每一维度进行了归一化处理。归一化公式如下:

$$X_{\text{norm}} = \frac{X - X_{\min}}{X_{\max} - X_{\min}} \tag{14.1}$$

式中,X 是原始数据,X_{norm} 是归一化后的数据。$X_{\min}$ 和 $X_{\max}$ 分别代表每一维度的最小值和最大值。

表 14-1 技术指标特征描述

名称	说明
MACD	异同移动平均线,代表市场趋势的变化
KDJ	随机指标,用于研究最高价、最低价和收盘价之间的关系
EMA	指数移动平均值,用于判断价格的未来走势
BIAS	乖离率,用于测量股价偏离均线的大小
RSI	相对强弱指标,可以反映出股市的景气程度
WILLR	威廉指标,反映股市是超买还是超卖的状态

股票历史交易数据和技术指标的特征提取过程如图 14-2 所示,在 LSTM 单元中, f、i 和 o 分别代表遗忘门、输入门和输出门,C_t 表示 t 时刻存储单元的状态,$\tilde{C}_t$ 表示 t 时刻存储单元的候选状态的值。σ 表示 Sigmoid 函数,tanh 表示 tanh 函数,$\boldsymbol{W}$ 和 $\boldsymbol{b}$ 分别表示权重矩阵和偏差矩阵。x_t 是输入向量,h_t 是输出向量,x_t 和其他具体的计算公式如下:

$$x_t = (\text{open}, \text{close}, \cdots, \text{MACD}, \text{RSI}, \text{BIAS}) \tag{14.2}$$

$$h_t = o_t{}^* \tanh(C_t) \tag{14.3}$$

$$\tilde{C}_t = \tanh(\boldsymbol{W}_C \cdot [h_{t-1}, x_t] + \boldsymbol{b}_C) \tag{14.4}$$

$$C_t = f_t{}^* C_{t-1} + i_t{}^* \tilde{C}_t \tag{14.5}$$

$$o_t = \sigma(\boldsymbol{W}_o [h_{t-1}, x_t] + \boldsymbol{b}_o) \tag{14.6}$$

$$h_t = o_t{}^* \tanh(C_t) \tag{14.7}$$

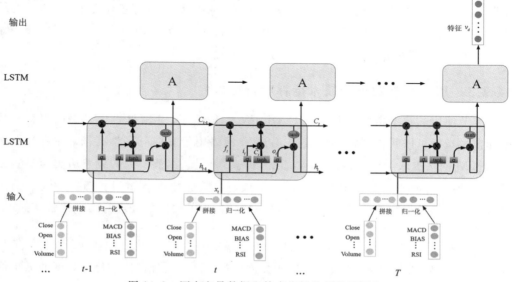

图 14-2 历史交易数据和技术指标特征提取网络

在 LSTM 网络结构中,遗忘门 f、输入门 i 和输出门 o 结构的设置避免了梯度消失和梯度爆炸的问题,并且存储单元 C_t 在 t 时刻的状态可以通过遗忘门 f_t 和输入门 i_t 调整。在整个特征提取过程中,清洗后的股票历史交易数据和技术指标被拼接并归一化,输入两层的 LSTM 网络结构中,获取最后的抽象特征表示。

14.2.2 K 线图特征提取

为了提取更多信息丰富的特征,我们基于 K 线理论,将历史股票数据转换为 K 线图。在转换过程中,通过 K 线处理股票历史数据(开盘价、收盘价、最高价、最低价和交易量),基于这些数据计算得到烛台的上阴影线、下阴影线、主体、收盘价和交易量的移动平均线,使用技术分析库(TA-Lib)计算收盘价的移动平均线和交易量的移动平均线。K 线图可以反映股票价格的总体趋势。股票交易时间从一分钟到一个月不等,本节中设置交易以天为单位。K 线图可以分为两部分:上半部分包含股票价格变化和价格 5 天、10 天、60 天和 120 天的移动平均线,下半部分是每天交易量变化和交易量的移动平均线。一般来说,在 K 线图中,当烛台颜色是绿色时,股票收盘价就会低于当天的开盘价,表示股票价格下跌;当烛台颜色为红色时,股票的开盘价就会低于当天的收盘价,代表股票价格上涨。

K 线图特征提取过程如图 14-3 所示。K 线图首先经过三层卷积神经网络提取其特征,CNN 可以在层次结构中学习多层特征,但它不能处理时间序列数据之间的时序依赖关系。把 CNN 提取的特征向量作为序列数据输入 BiLSTM,获得 K 线图的时序性特征。BiLSTM 由前向 LSTM 和后向 LSTM 组成。由于图像数据通过 CNN 后获得的特征越来越抽象,我们使用 BiLSTM 网络通过连接特征前后的相关性来进一步获得时序性特征。

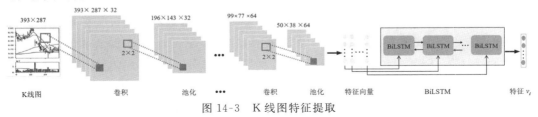

图 14-3 K 线图特征提取

14.2.3 强化学习感知模块

Dueling DQN 是基于 DQN 改进的算法,该算法通过改变 Q 值的计算方式避免了 Q 值过高估计问题。在 Dueling DQN 算法中,Q 值通过状态值函数和动作优势函数相加得到,本节通过全连接层网络表示这两个函数。在股票交易中,$V(s)$ 表示股票市场当前状态的潜在价值,而 $A(s,a)$ 表示在当前状态下采取行动 a 后带给投资收益的额外价值。Q 值的计算公式如下:

$$Q(s,a;\theta,\alpha,\beta)=A(s,a;\theta,\alpha)+V(s;\theta,\beta) \tag{14.8}$$

式中,α 和 β 代表两个全连接层中的参数,θ 代表整个深度强化学习模型中的其他参数。

Double DQN 也是基于 DQN 改进的算法,该算法通过改变目标网络的 Q 值的计算方式避免了 Q 值过高估计问题。Double DQN 可以和 Dueling DQN 相结合,加快模

型收敛速度。Double DQN 中目标网络的 Q 值计算公式为

$$Y_t = r_{t+1} + \gamma Q(s_{t+1}, \mathop{\mathrm{argmax}}\limits_{a} Q(s_{t+1}; \theta_t); \theta'_t) \tag{14.9}$$

式中, θ 和 θ' 分别代表主网络和目标网络中的参数。

本节使用主网络的 Q 值和目标网络的 Q 值均方差作为损失函数,其公式为

$$L(\theta) = E[Y_t - Q(s, a; \theta))^2] \tag{14.10}$$

在股票交易过程中,交易可以发生在任意时刻。本节中交易以天为单位,并且交易价格为当天的收盘价。本节从股票历史交易数据、技术指标和 K 线图中获取股市状态,并在此基础上做出交易决策。算法步骤如下。

输入:股票历史交易数据、技术指标、K 线图。

输出:交易策略。

Step1. 初始化经验池 D 容量为 C,初始化主网络参数 θ,初始化目标网络参数 $\theta' = \theta$。

Step2. For 在指定训练次数范围内。

Step2.1. For $t = 1$ 到 T。

Step2.2. CNN 先提取 K 线图的特征,获得特征向量 v,然后将特征向量 v 作为序列数据输入 BiLSTM,获得时间特征 v_i;

清洗、归一化股票数据和技术指标,通过两层 LSTM 网络从拼接的数据中提取特征 v_d;

Step2.3. 融合不同结构数据特征作为股市状态 s_t: $s_t = v_i + v_d$;

Step2.4. 根据 s_t 计算出状态值函数 $v(s_t)$ 和动作优势函数 $A(s_t, a)$;

Step2.5. 将 $V(s_t)$ 和 $A(s_t, a)$ 相加,得到每个动作所对应的 Q 值:

$$Q(s_t, a) = A(s_t, a) + V(s_t);$$

Step2.6. 智能体根据股市状态 s_t 遵循 ε-greedy 策略选择动作 a_t,得到奖赏值 r_t 和股市下一状态 s_{t+1},将经验数据 $\langle s_t, a_t, r_t, s_{t+1} \rangle$ 存入经验池 D;

Step2.7. If $t\%n = 0$,从经验池 D 中随机获取数据 $\langle s_t, a_t, r_t, s_{t+1} \rangle$。If s_{t+1} 是最终状态, $Y_t = r_t$ 否则, $Y_t = r_{t+1} + \gamma Q(s_{t+1}, \mathop{\mathrm{argmax}}\limits_{a} Q(s_{t+1}; \theta_t); \theta'_t)$;

Step2.8. 通过损失函数对网络参数进行训练更新, $L(\theta) = E[(Y_t - Q(s, a; \theta))^2]$;

Step2.9. 每隔固定的训练次数后目标网络的参数 $\theta' = \theta$.

Step2.10. End for.

Step3. End for.

以上算法展示了 DRL 框架 MSF 实现的算法交易伪代码。该算法的输入是股票数据、技术指标和 K 线图,输出是最终学习到的交易策略。首先,初始化网络参数。其次,通过 CNN 提取 K 线图特征,将得到的特征序列作为 BiLSTM 的输入,获得特征 v_i。将历史数据和技术指标连接并标准化,作为 LSTM 网络的输入,得到特征 v_d, v_i 和 v_d 相加得到 s_t,将 s_t 作为环境状态。再次,根据 s_t 计算 $A(s_t, a)$ 和 $V(s_t)$,相加两者得到 Q 值,并根据 ε-greedy 策略做出交易决策。在训练过程中,采用 Double DQN 计算目标网络的 Q 值,通过目标网络和主网络的 Q 值的均方差对网络参数进行优化,学习最优交易策略。

14.3 实验结果及分析

本节中,我们在由三只价格趋势变化不同的股票组成的数据集上验证我们的交易策略,并将其与买入并持有交易策略（Buy and Hold,B&H）、基于 Q-learning 算法实现的交易策略、基于深度学习的算法 CNN-TA,基于深度强化学习的算法 TDQN、TFJ-DRL、PMML 进行了比较。Chakole 等[1]提出了两个强化学习模型,模型 1（Model 1）通过 K-means 聚类方法分析股市,模型 2（Model 2）通过 K 线图分析股市,由于文中证实了模型 1 要优于模型 2,所以本部分中只与模型 1 进行了比较。在模型 1 中,聚类的簇有 3、6 和 9 三种,本部分都对其进行了比较,并分别用 Model 1(3)、Model 1(6)和 Model 1(9)表示学习到的交易策略。最后进行了消融实验,以进一步证明我们所提出算法的贡献。

14.3.1 数据集

本节数据集为三只价格趋势变化不同的股票。数据集时间范围是 2010 年 1 月至 2021 年 1 月,其中,2010 年 1 月至 2018 年 12 月为训练数据时间周期,2019 年 1 月至 2021 年 1 月为测试数据时间周期。

14.3.2 评估指标

本节使用的评估指标有最终收益率（TP）、平均年化收益率（AR）、夏普比率（SR）、最大回撤率（MDD）、最大回撤周期（MDDD）,夏普比率越高表明在一定风险条件下获得的收益更高,最大回撤周期描述的是持有价值从回撤开始到再创新高所经历的时间。评估指标计算公式如下:

$$AR = \frac{P_{\text{total}}}{A_{\text{initial}}} * \frac{365}{D_{\text{trading}}} * 100 \tag{14.11}$$

$$SR = \frac{E(R_P) - R_f}{\sigma_P} \tag{14.12}$$

$$MDD = \max \frac{A_t - A_j}{A_t} \tag{14.13}$$

14.3.3 实现细节

本实验采用 PyTorch 框架。实验中使用的计算机规格如下:CPU,Intel Core i 9-9820 X;GPU,NVIDIA GeForce RTX 2080 Ti;内存,64 GB(DDR 4)。在深度学习感知模块中,对于股票数据和技术指标,直接使用两层 LSTM 网络提取特征,其中,LSTM 隐藏层的大小为 128。图像大小为 393×287,每张图像包含 30 天的股票价格和交易量信息,并通过三层 CNN 和 BiLSTM 依次提取特征;较小的滤波器可以捕捉图像细节,3×3 是图像处理应用中最小、最常用的滤波器大小,本文采用滤波器大小为 3×3;相关参数设置如

表 14-2 所示。训练数据集中有 2 013 张图像,每个测试数据集中有 756 张图像。

表 14-2　参数设置

序号	类型	卷积核大小	卷积核个数	步长	激活函数
1	卷积层	3×3	32	1	Relu
2	池化层	2×2	—	2	—
3	卷积层	3×3	32	1	Relu
4	池化层	2×2	—	2	—
5	卷积层	3×3	64	1	Relu
6	池化层	2×2	—	2	—
7	BiLSTM	—	128		
8	LSTM	—	128		
9	FC	—	128	—	Leaky Relu

在学习最优交易策略的过程中,我们将训练次数(Episode)分别设置为 50、100、150和 200 次,并根据不同的窗口大小进行了比较实验。对于价格趋势不同的股票,当窗口大小为 30、Episode 为 150 时,可以得到最高的平均 SR,因此窗口大小设置为 30,集数设置为 150。同样,当 BiLSTM 和 LSTM 隐藏层的大小为 128,学习速率为 0.000 1 时,我们也可以得到相对较好的交易结果。在 RL 中,使用 Adam 优化器来提高 MSF-DRL框架的训练稳定性和收敛速度。在 ε-greedy 策略中,初始 ε 为 0.01,随着交易行动次数的增加,ε 的值逐渐增加到最大值 1。为防止过拟合,在网络中采用归一化操作,并采用Dropout 机制。在交易过程中,交易成本是一个不可忽视的问题。频繁的买卖交易会产生过高的交易成本。考虑到这一点,我们把交易成本设置为 0.1%。

14.3.4　三只趋势不同的股票实验结果比较

对于三只价格趋势不同的股票(上涨、波动、下跌),我们将我们的交易策略与其他交易策略进行了比较,结果比较见表 14-3、14-4 和 14-5。

表 14-3　几种交易策略应用于 MSFT 股票交易的结果对比

方法	TP	AR/%	SR	MDD/%	MDDD
B&H	154 105	27.75	1.14	52.78	24
Model 1(3)	46 997.92	20.69	0.64	53.81	202
Model 1(6)	16 268.97	8.67	0.39	28.34	386
Model 1(9)	29 052.92	14.02	0.70	30.60	141
CNN-TA	5 618.55	7.11	0.33	47.51	119
FDDR	102 501.22	23.11	0.88	34.79	33
TDQN	98 983.78	22.33	0.90	27.09	64
TFJ-DRL	153 950.07	27.73	1.14	28.03	24

（续表）

方法	TP	AR/%	SR	MDD/%	MDDD
PMML	139 002.58	26.48	1.07	30.04	35
MSF-DRL	181 489.00	29.65	1.27	44.92	14

表 14-4　几种交易策略应用于 IBM 股票交易的结果对比

方法	TP	AR/%	SR	MDD/%	MDDD
B&H	−7 269.84	1.81	0.06	433.41	26
Model 1(3)	−8 744.09	1.89	0.04	33.76	20
Model 1(6)	−10 393.7	1.32	0.03	40.72	27
Model 1(9)	−3 275.79	4.55	0.11	33.79	20
CNN-TA	−24 957.33	−4.93	−0.15	46.87	449
FDDR	−1 332.27	3.16	0.11	34.39	285
TDQN	−7 268.23	1.80	0.06	38.95	27
TFJ-DRL	−5 564.99	1.93	0.05	36.27	93
PMML	−2 647.71	2.36	0.09	32.65	133
MSF-DRL	8 878.35	5.34	0.24	86.68	53

表 14-5　几种交易策略应用于 GE 股票交易的结果对比

方法	TP	AR/%	SR	MDD/%	MDDD
B&H	−21 889.13	3.39	0.07	1897.21	499
Model 1(3)	64 675.04	−65.81	−0.95	67.58	726
Model 1(6)	−47 101.25	−25.49	−0.44	49.84	237
Model 1(9)	−36 120.83	−15.22	−0.29	43.97	62
CNN-TA	−14 559.55	6.04	0.13	58.13	485
FDDR	−6 907.55	8.59	0.19	66.67	65
TDQN	−19 052.55	4.48	0.09	60.34	499
TFJ-DRL	−28 995.11	7.46	0.13	71.36	285
PMML	−21 851.16	3.40	0.07	61.72	249
MSF-DRL	311 396.17	41.34	1.35	41.56	96

　　就传统的交易策略而言，B&H 是一种被动的交易策略，对价格上涨的股票具有优势。然而，B&H 交易策略并没有对股市做出判断，它对价格波动相对较大的股票不能获得良好的收益。从实验结果中可以看出，对于价格呈上涨趋势的 MSFT 股票，B&H 交易策略可以获得较好的利润。然而，对于股价正常波动的 IBM 股票和呈下跌趋势的 GE 股票，B&H 交易策略的表现不如其他交易策略。基于 Model 1 学习到的交易策略

可以通过自我学习来选择交易行为,对于股价波动的股票交易行为的选择比 B&H 交易策略更灵活。然而,基于 Model 1 的交易策略缺乏感知股市环境的能力,这会影响对交易行为的正确选择,并影响最终的利润。对于价格正在上涨的 MSFT 股票,CNN-TA 与其他交易策略相比,所学习到的交易策略总体上可以产生收益,但没有明显的优势。与基于强化学习或者深度学习的交易策略相比,DRL 模型学习到的交易策略对三种不同趋势变化的股票表现更好。

与基于深度学习或技术指标的传统交易策略相比,我们将深度学习和强化学习相结合,通过 MSF-DRL 框架融合股票数据、技术指标和 K 线图的特征,获得更深层次的股市环境表示,学习最优交易策略。实验结果表明,我们的交易策略表现优于其他交易策略;特别是当 GE 股票价格呈下跌趋势时,我们的交易策略仍然可以获得收益,而其他策略则是亏损的状态。我们的交易策略在 TP、AR 和 SR 方面的价值都高于其他交易策略。对于三只价格趋势不同的股票,我们的交易策略的 SR 值分别达到 1.27、0.24 和 1.35,显著高于其他交易策略。除此之外,从实验结果中可以看出,基于 DRL 模型学习的交易策略优于基于单一深度学习或强化学习模型学习到的交易策略。

14.3.5 消融实验

为了测试多源数据融合 MSF-DRL 框架的有效性,我们进行了一个消融实验。在 MSF-DRL 框架中,我们将股票数据特征、技术指标特征和图像数据特征融合为股票市场状态,并将其作为强化学习部分的输入。为了验证不同结构数据特征融合的效果,我们进行了三组比较实验:第一组使用原始 MSF-DRL 框架,第二组实验删除 MSF-DRL 框架中 K 线图的分析以实现股票交易,第三组删除 MSF-DRL 框架中的股票数据和技术指标分析来实现股票交易。需要注意的是,在消融实验中,我们选择了 GE 股票,训练时间范围为 2010 年 1 月 1 日至 2018 年 1 月 1 日,测试时间范围为 2019 年 1 月 1 日至 2021 年 1 月 1 日。比较结果如图 14-4 和表 14-6 所示。

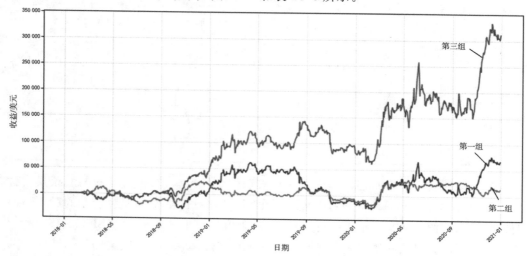

图 14-4　消融实验收益对比

表 14-6　消融实验结果对比

组别	TP	AR/%	SR	MDD/%	MDDD
第一组	13 395	7.51	0.29	35.65	293
第二组	66 813	21.63	0.61	53.88	209
第三组	311 396.17	41.34	1.35	41.56	96

实验结果表明,我们基于图像数据或股票数据和技术指标的交易策略可以在股票价格的下跌趋势下获得收益,但基于多源数据融合的交易策略明显优于其他两种交易策略。MSF-DRL 框架通过分析股票数据、技术指标和 K 线图学习到的交易策略可以获得收益,三者特征的融合更有助于学习到最优的交易策略,获得更多的收益。

本章小结

本章主要介绍了基于深度强化学习实现股票量化交易的具体应用,通过融合多源数据分析股市,基于深度强化学习实现股票量化交易。基于深度强化学习实现股票量化交易目前处于发展阶段,未来的研究中将考虑相关文本信息,融合更多的数据实现股票量化交易。

参考文献

[1] CHAKOLE J B, KOLHE M S, MAHAPURUSH G D, et al. A Q-learning agent for automated trading in equity stock markets[J]. Expert system application, 2021, 163, DOI: 10.1016/j.eswa.2020.113761.

[2] SEZER O B, OZBAYOGLU A M. Algorithmic financial trading with deep convolutional neural networks: time series to image conversion approach[J]. Applied soft computing, 2018, 70: 525-538.

[3] DENG Y, BAO F, KONG Y Y, et al. Deep direct reinforcement learning for financial signal representation and trading[J]. IEEE transactions on neural networks and learning systems, 2016, 28(3): 653-664.

[4] THÉATE T, ERNST D. An application of deep reinforcement learning to algorithmic trading[J]. Expert systems with applications, 2021, 173, DOI: 10.1016/J. ESWA. 2021.114632.

［5］ LEI K，ZHANG B，LI Y，et al. Time-driven feature-aware jointly deep reinforcement learning for financial signal representation and algorithmic trading ［J］. Expert systems with applications，2019，140(C)：112872.

［6］ LEE J，KOH H，CHOE H J. Learning to trade in financial time series using high-frequency through wavelet transformation and deep reinforcement learning ［J］. Applied intelligence，2021(2)：1-22.

［7］ MA C，ZHANG J S，LIU J M，et al. A parallel multi-module deep reinforcement learning algorithm for stock trading［J］. Neurocomputing，2021，449：290-302.

第 V 部分　多模态融合及应用

15 股票涨跌预测

股票涨跌预测是一个重要的研究领域,可以帮助市场交易者做出更好的交易决策,赚取更多的利润。我们提出了一种新的基于 Transformer 的 TEANet 模型,该模型基于小样本特征工程的精确描述,并使用五个日历日的小样本来捕获金融数据的时间依赖性。此外,该模型使用 Transformer 和多重注意力机制来实现特征提取和对财务数据的有效分析,从而实现准确预测。在四个数据集上的大量实验证明了该模型的有效性。进一步的仿真表明,基于该模型的实际交易策略能够显著提高利润,具有实际应用价值。

15.1 基本概念与原理

15.1.1 Transformer

Transformer 是 Google 团队提出的经典自然语言处理(Natural Language Processing,NLP)产品,在机器翻译任务上优于 RNN 和 CNN。它主要依赖于注意力机制,以所需的最少顺序操作数来衡量,它的优势在于能够有效并行化。

图 15-1 描绘了整个 Transformer 的结构。Transformer 由两个堆叠的编码器和解码器组成。编码器的输入首先进入自注意力层,这有助于编码器在编码一个单词时查看输入序列中的其他单词。然后将输出传递到具有最简单网络结构的全连接前馈神经网络,每个神经元按层次排列。每个编码器的前馈神经网络具有相同的参数数量,但功能独立。两个子模型周围存在残差连接,此后进行层归一化。为了考虑输入词的顺序,Transformer 在词嵌入中添加了一个新的位置向量,以便它可以捕获每个词的位置或序列中不同词之间的距离。解码器的最终输出是浮点数的向量列表,在线性层和 Softmax 层的帮助下将其转换为单词。线性层是一个简单的全连接层,需要解码器堆栈生成的输出并将其投影为对数向量。连接到线性层的是一个 Softmax 层,它将分数转换为概率,然后输出对应的概率最高的单词。

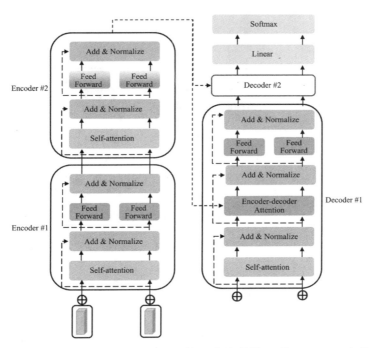

Encoder ♯1：第一个编码器；Encoder ♯2：第二个编码器；Self-attention：自注意力；Add & Normalize：递归相加和归一化；Feed Forward：前馈神经网络；Encoder-decoder Attention：编码器-解码器注意力；Decoder ♯1：第一个解码器；Decoder ♯2：第二个解码器；Linear：线性转换；Softmax：Softmax 函数。

图 15-1　Transformer 的结构

15.1.2　注意力机制

经典的注意力机制包括传统注意力机制、多头注意力机制和时间注意力机制，广泛应用于文本分类、机器翻译、图像识别、视频处理等领域。

传统注意力机制本质上是一个寻址过程。给定一个与任务相关的查询向量 q，根据对应键值（Key）的注意力（Attention）分布计算 Attention 值，然后附加计算值。我们可以这样来看待传统注意力机制：将资源（Source）中的构成元素想象成由一系列的〈Key, Value〉（Value 表示"值"）数据对构成，此时给定目标（Target）中的某个元素查询值（Query），通过计算 Query 和各个 Key 的相似性或相关性，得到每个 Key 对应 Value 的权重系数，然后对 Value 进行加权求和，得到最终的 Attention 值。所以，传统注意力机制本质上是对 Source 中元素的 Value 进行加权求和，而 Query 和 Key 用来计算对应 Value 的权重系数。当输入信息为 $X=[x_1;x_2;\cdots;x_N]$，架构如图 15-2 所示，公式 15.1 和公式 15.2 为具体实现过程。函数 f 是必不可少的评分机制，核心算法包括求和、点积、尺度点积等。

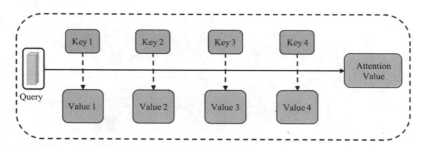

Query：查询值；Value 1：第一个值；Value 2：第二个值；Value 3：第三个值；Value 4：第四个值；
Key 1：第一个键值；Key 2：第二个键值；Key 3：第三个键值；Key 4：第四个键值；Attention Value：
注意力值。

图 15-2　传统注意力机制的架构

$$\alpha_i = softmax(f(key_i, q)) \tag{15.1}$$

$$attention((K, V), q) = \sigma_{i=1}^{N} \alpha_i X_i \tag{15.2}$$

$$attention((K, V), Q) = attention((K, V), q_1) \oplus \cdots \oplus attention((K, V), q_M)$$

$$\tag{15.3}$$

式中，Q 表示查询项矩阵，K 表示查询项矩阵所对应的键项，V 表示查询项矩阵需加权
平均的值项，α_i 表示一个权重的概率分布，q 为隐藏层，f 为变换函数，σ 的本质是一个
单层的感知机。

自注意力机制是一种特殊的注意力机制，是注意力机制的改进。它减少了对外部
信息的依赖，更擅长捕捉数据或特征的内部相关性，本质是计算跟自己相关的序列。除
了 $Q = K$ 之外，与传统的注意力机制相同。

多头注意力机制在自注意力机制的基础上，通过多次查询从输入中选取信息并行
计算。每个注意力头关注输入信息的不同部分，平行地计算从输入信息中选取的多个
信息，然后再进行拼接，如公式 15.3 所示，其中，$\oplus$ 表示拼接。

时间注意力机制的目标是估计连续变化数据的显著性和相关性。显著性分数不仅
应基于当前时间步长中的输入观测值，还应考虑两个方向相邻观测的信息。具体架构
因具体应用而异，主要用于学习每一步的注意力权重。每一步的过程与传统注意力机
制基本相同。

15.1.3　股票涨跌预测研究

近几十年来，股票涨跌预测因其在寻求股票利润最大化方面的巨大价值而吸引了
投资者和研究人员的注意。[1]早期的方法主要依赖于历史股价和时间序列分析方法。
然而，由于股票市场具有高度波动性，股票动态预测是一个具有挑战性的问题。有效市
场假说（EMH）认为股票价格是由所有可观察信息和相关新闻驱动的。[2, 3]这一经典理
论为预测金融市场趋势和股票涨跌打开了大门，许多专家致力于提高此类预测的准确
性，寻找更好的交易决策。

基于 Fama 的有效市场假说,科学界研究了大量不同的方法来预测股票市场。[4]早期文献中最常用的股市预测方法是将股价或指标作为输入。[5]人们认为,所有新信息(如新闻和社交媒体话语的影响)都充分反映在股票价格中,因此,仅通过分析价格动态模式就足以预测股票市场。相关指标已被广泛研究并用作买卖股票的信号,反映股票市场的当前状态。[6]然而,研究表明,仅使用价格或指标做出交易决策的有效性是有限的。

最常用的信息与宏观经济时间序列有关,如 GDP、利率、货币汇率和消费者价格指数。[7]其他信息来源包括一般金融新闻报道等,然而,它们的非结构化特性和不连续行为使它们难以被利用。因此,自然语言处理(NLP)技术已被应用来解决这样的问题。一些研究集中于新闻和社交媒体分析,并逐渐形成了基于自然语言的股市预测研究领域。在这类值得注意的研究中,一些研究利用公共新闻预测未来的股票涨跌。[8]社交媒体是比公共新闻更具有时间敏感性的信息来源。社交媒体上的数据能够直接反映投资者的态度,这是股票涨跌预测的主要影响因素之一。因此,许多研究使用推特预测股票涨跌,同时在更深层次上探索这些文本的特征信息。[9]

在上述股票预测研究中,有少数研究将 NLP 与历史股价相结合来实现股票市场预测。还有的将社交媒体上收集的推文与实际股价数据相结合来判断股票的趋势。对比实验表明,这种组合方法优于单独分析股价或推特。一旦时间依赖性问题得到解决,同时从文本和价格中提取特征,然后将其集成,可以从根本上提高股票预测的有效性。然而,很少有框架使用这种方法来实现股市预测。

综上所述,股票涨跌预测的任务仍然存在一些挑战:股票市场是一个时间序列问题,金融数据具有时间依赖性,大量历史信息的有效性会降低;即使时间依赖性问题得到解决,还有一个问题,那就是如何根据推特等社交媒体和历史股价等财务数据更准确地分析和预测股票的涨跌。从本质上讲,综合考虑交易者的情况和股票的实际价格,可以更全面地预测股票涨跌。

15.2　基于 Transformer 注意力网络的股票涨跌预测方法

15.2.1　问题描述

我们希望预测股票 s 在交易日(td)的涨跌,使用推特语料库 T 和滞后期的历史价格 $[d-\delta d;d-1]$,其中,δd 是一个固定的滞后大小。输出是对二进制运动方向的判断,其中,1 表示上升,0 表示下降:

$$y=1(p_{td}^c>p_{td-1}^c) \tag{15.4}$$

式中,y 表示预测结果,p_{td}^c 表示调整后的收盘价,根据影响股票涨跌的行为进行调整。

我们可以根据历史财务数据预测未来的市场演变。相对于目标 td 可能存在一定的滞后,允许我们模拟和预测接近 td 的其他目标日。我们不仅可以预测 td 本身的涨跌,还可以预测滞后期内其他交易日的涨跌。例如,如果我们选择 23/09/2020 为目标交易日,那么 18/09/2020 和 22/09/2020 是历史数据(历史数据的时间窗口通常为 5 天),我们主要捕获该样本范围内预测值之间的关系。但是,考虑到实际的金融市场情况,我们在计算过程中忽略了非交易日,以有效地组织和利用输入数据。因此,确定文本和股票价格之间的相关性对于文本语料库的处理至关重要。最后,我们可以预测一系列运动 $Z=[z_1;z_2;\cdots;z_T]$,其中,目标交易日为 z_T,其余为辅助交易日。

15.2.2 提出的模型:TEANet

为了从文本中获取更有价值的信息,我们使用 Transformer 编码器对文本进行编码并获得表示作为传统注意力机制的输入。通过注意力模型,我们捕捉到影响股市的关键信息,同时,对股票价格进行预处理,然后将结果组合起来形成下一个子模型,即 LSTM 模型和时间注意力模型的输入。最后,我们得到一个概率作为预测结果。图 15-3 显示了我们所提出模型的架构。

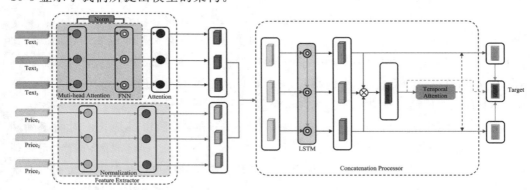

Text$_1$:第一个交易日的文本输入值;Text$_2$:第二个交易日的文本输入值;Text$_3$:第三个交易日的文本输入值;Price$_1$:第一个交易日的价格输入值;Price$_2$:第二个交易日的价格输入值;Price$_3$:第三个交易日的价格输入值;Norm:归一化;Multi-head Attention:多头注意力;FNN:前馈神经网络;Attention:注意力机制;Normalization:归一化;Feature Extractor:特征提取器;LSTM:长短时记忆网络;Concatenation Processor:拼接处理器;Temporal Attention:时序注意力;Target:目标交易日。

图 15-3 TEANet 的体系结构

15.2.2.1 特征提取器

在这里,我们将详细介绍特征提取器的组成。Transformer 编码器的每一层由两个子模型组成:一个是由 h 个自注意力头组成的多头注意力机制,另一个是前馈神经网络。文本数据集中的股票位置在预处理时已经被标记,所以我们不再使用 Transformer 模型中的位置编码向量。股价处理程序比较简单,我们主要采用归一化策略。

多头注意力机制:多头注意力机制的内核组件是缩放点积注意力。对于交易日第 k 条消息的嵌入,我们创建了查询、键和值向量,它们分别组合形成对应矩阵,即 Query 集合组成矩阵 $\boldsymbol{Q}$,Key 集合组成矩阵 $\boldsymbol{K}$,Value 集合组成矩阵 $\boldsymbol{V}$。为了在训练过程中获得更稳定的梯度,我们计算了每一个查询和键向量的点积,并除以 $\sqrt{d_k}$。然后,我们采用 Softmax 函数对输出值进行归一化得到一个分数,这个分数直接决定了当前词在其上下文中的重要性并累积结果。输出矩阵如公式(15.5)所示:

$$Attention(\boldsymbol{Q},\boldsymbol{K},\boldsymbol{V})=Softmax\left(\frac{\boldsymbol{Q}\boldsymbol{K}^T}{\sqrt{d_k}}\right)\boldsymbol{V} \tag{15.5}$$

一般来说,单一的注意力函数很难捕捉到足够的信息来改善股票涨跌预测的结果。如图 15-4 所示,多头注意力机制实现了词嵌入的线性变换。对于单个交易日,$\boldsymbol{Q}=\boldsymbol{K}$,符合自注意力机制的性质。根据这些 $\boldsymbol{Q}$、$\boldsymbol{K}$ 和 $\boldsymbol{V}$,我们通过并行执行注意力函数来生成输出值矩阵。因为 h 个头并行运行,所以它们的结果串联并投影以产生下一步的最终值,然后将其作为单个矩阵向量输入前馈神经网络。多头注意力机制的优势在于它扩展了注意力模型关注不同位置的能力,并在注意力层提供了多个“表示子空间”。多头注意力函数如下:

$$Multi\text{-}head(\boldsymbol{Q},\boldsymbol{K},\boldsymbol{V})=Concat(head_1,head_2,\cdots,head_h)\boldsymbol{W}^O \tag{15.6}$$

式中,$\boldsymbol{W}^O \in R^{hd_v \times d_{\mathrm{model}}}$,$\boldsymbol{W}^O$ 表示权重矩阵,R 表示向量空间,h 代表头的个数,d_v 和 d_{model} 都表示维度。在这项工作中,我们使用了 $h=5$ 个平行的注意力层或头。对于其中的每一个,我们使用 $d_k=d_v=\dfrac{d_{\mathrm{model}}}{h}=10$。其中,$v$ 表示 value,d_k、d_v、d_{model} 分别表示键向量的维度、值向量的维度和模型的维度,h 表示头的个数。因为每个头的维数减少了,所以总计算成本与具有全维的单个头的计算成本相似。

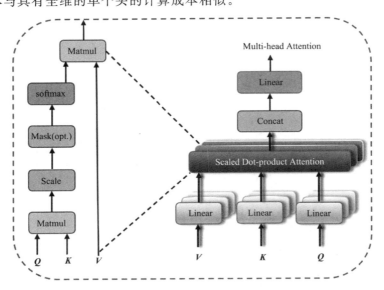

$\boldsymbol{Q}$:查询值;$\boldsymbol{K}$:键值;$\boldsymbol{V}$:数值;Matmul:矩阵相乘;Scale:缩放操作;Mask(opt.):遮蔽操作;Softmax:Softmax 函数;Linear:线性转换;Scale Dot-product Attention:缩放点积注意力;Concat:拼接;Multi-head Attention:多头注意力。

图 15-4 多头注意力机制的结构

加法和归一化:在每个编码器中的每个子模型周围,都有一个残差连接,然后是层归一化步骤(在图 15-3 中用 Norm 表示,目的是稳定分布并对每个词的歧义表达空间进行约束,以减少数据在各个维度的方差)。

前馈神经网络:编码器中的每个子模型都包含一个完全连接的前馈神经网络(FNN)层,它在每个位置上均等地作用。它由两个线性变换组成,中间有一个 ReLU 激活。

$$FFN = \max(0, x\boldsymbol{W}^1 + b^1)\boldsymbol{W}^2 + b^2 \tag{15.7}$$

式中,$\boldsymbol{W}$ 是权重矩阵,b 是偏置。虽然所有不同位置的线性变换都相同,但不同层之间使用不同的参数。输入和输出的维度都是 $d_{\text{model}} = 50$。将第 td 个交易日(这里 td 表示举例的一个交易日,可换成任意的符号)的所有消息嵌入组合起来构建矩阵 $\boldsymbol{M} \in R^{d_{\text{model}} \times K}$。至此,深度特征提取过程完成,我们现在需要一个注意力机制来识别消息中的重要信息。具体来说,我们利用 Softmax 函数将矩阵 $\boldsymbol{M}$ 非线性地投影到 u 以生成归一化的注意力权重。这些注意力权重对应于用于获得语料嵌入的信息矩阵。

$$u = Softmax(w_v^T \tanh(\boldsymbol{W}_m^M)) \tag{15.8}$$

$$c = \boldsymbol{M}v^T \tag{15.9}$$

式中,w 是权重,v 没有含义,只是一个符号,$\boldsymbol{W}_m \in R^{d_{\text{model}} \times d_{\text{model}}}$ 和 $\boldsymbol{W}_m \in R^{d_{\text{model}} \times 1}$ 是参数。

仅依靠文本不足以预测股票涨跌,我们还考虑了历史股价。然而,股票涨跌是由价格的连续变化决定的,而不是由收盘价和开盘价的简单绝对值决定的。因此,我们不是直接将交易日(td)的原始价格向量输入网络,而是采用标准化策略来获得调整后的收盘价。价格调整公式如下所示:

$$p_{td} = [p_{td}^c, p_{td}^h, p_{td}^l] \tag{15.10}$$

$$p_a = \frac{p_{td}}{p_{td-1}^c} - 1 \tag{15.11}$$

式中,p_{td}^c、p_{td}^h 和 p_{td}^l 分别表示收盘价、最高价和最低价向量。

15.2.2.2 级联处理器

本节采用级联的方法,如式(15.12)所示。调整后的股价与推文特征融合,形成 LSTM 和时间注意子模型的输入。

$$x = [c, p_a] \tag{15.12}$$

式中,p_a 表示修正后的价格,a 没有任何意义。

LSTM:根据时间序列数据的性质,我们使用带有 LSTM 单元的 RNN 递归提取特征。LSTM 架构对 RNN 结构进行了改进,解决了梯度消失和从原始数据学习长期依赖的问题。RNN 结构和相关的变换被用于各个领域,通过顺序处理的方式来分析时间序列数据。LSTM 单元包括门和单元状态,其中,单元状态由遗忘门、输入门和输出门三个门控制。图 15-5 描绘了一个 LSTM 的体系结构,其中,x_t 代表输入数据,h_t 和 c_t 分别表示时间点 t 的输出值和细胞状态,而 f_t、i_t 和 o_t 分别对应上述遗忘门、输入门和输出门。先要把细胞状态中丢弃的信息通过 f_t 的 sigmoid 函数进行处理。然后向细胞状态中添加新的信息和更新旧信息。最后,确定需要输出的细胞状态的特征。公式(15.13～15.18)描述了这些 LSTM 操作的细节。

$$f_t = \sigma(\boldsymbol{W}_f \cdot [h_{t-1}, x_t] + b_f) \tag{15.13}$$

$$i_t = \sigma(\boldsymbol{W}_i \cdot [h_{t-1}, x_t] + b_i) \tag{15.14}$$

$$\widetilde{C}_t = \tanh(\boldsymbol{W}_c \cdot [h_{t-1}, x_t] + b_C) \tag{15.15}$$

$$C_t = f_t {}^* C_{t-1} + i_t {}^* \widetilde{C}_t \tag{15.16}$$

$$O_t = \sigma(\boldsymbol{W}_O \cdot [h_{t-1}, x_t] + b_O) \tag{15.17}$$

$$h_t = O_t {}^* \tanh(C_t) \tag{15.18}$$

式中,$\boldsymbol{W}$ 表示权重,b 表示偏置,c 表示细胞状态,O 表示输出,σ 表示 sigmoid 函数。

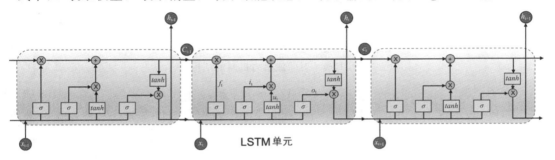

图 15-5　LSTM 的体系结构

在 RNN 中使用 LSTM 单元在许多金融应用中取得了良好的效果。基于上述计算过程得到推文和价格数据的融合特征。我们又分析了融合信息,在时间注意力的帮助下执行预测任务。

时间注意力:在预测目标交易日的股票涨跌的同时,我们还可以预测滞后期其他交易日的股票涨跌,这对确定最终目标交易日起到辅助作用。我们引入了时间注意力机制来实现对目标交易日和辅助交易日的预测,从而产生一系列预测 $z = [z_1, z_2, \cdots, z_T]$。

时间注意力对于各种股票市场分析任务来说是必不可少的,因此,许多研究人员基于不同的任务开发了改进的时间注意力机制。在本章的训练和预测实验中,得到的隐藏特征的贡献是不同的。因此,我们改进了原有的时间注意力模型,将其分为两个子进程。如图 15-6 所示,时间注意力模型通过分别对应于分数 1 和分数 2 的信息分数和依赖分数来计算数据的贡献权重。我们整合多个确定性复合特征,形成时间注意模型的输入,其计算过程如式(15.19)所示。

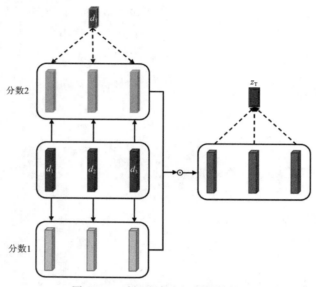

图 15-6 时间注意力机制的结构

$$d_t = \tanh(\boldsymbol{W}_d[x, h_t] + b_d) \tag{15.19}$$

式中，$\boldsymbol{W}_d$ 表示权重矩阵，b_d 是偏差。d_t 非线性投影到相应的信息分数和依赖性分数。时间注意模型的结果如公式（15.20～15.22）所示。计算信息得分对每个历史交易日的信息质量进行评估，而相关性得分表示目标交易日与每个辅助交易日之间的关系。

$$v_i' = w_i^T \tanh(\boldsymbol{W}_{d,i}D) \tag{15.20}$$

$$v_m' = d_T^T \tanh(\boldsymbol{W}_{d,m}D) \tag{15.21}$$

$$v = Softmax(v_i' \odot v_m') \tag{15.22}$$

式中，$\boldsymbol{W}_{d,i}$ 和 $\boldsymbol{W}_{d,m}$ 为权重参数，D 表示所有辅助交易日。考虑到我们希望预测目标交易日，将 d_t 作为最终信息表示重用。然后，我们使用 Softmax 函数获得最终归一化的注意力权重 $v \in R^{1 \times (T-1)}$。最后，预测所有交易日的股票涨跌如下：

$$z_t = softmax(\boldsymbol{W}_y d_t + b_y), t < T \tag{15.23}$$

$$z_T = softmax(\boldsymbol{W}_t[Zv^T, d^T] + b^T) \tag{15.24}$$

式中，$\boldsymbol{W}_y$ 和 $\boldsymbol{W}_T$ 是权重矩阵，b_y 和 b^T 是偏差，T 表示所有辅助交易日的预测结果集。

15.2.3 实验

我们先描述了所使用的数据集以及预处理步骤。接下来，详细介绍了实验装置。然后，我们进行了全面的实验和分析，以评估我们提出的 TEANet 模型的性能，进行系统的交易模拟以验证我们该模型在实际市场场景中的有效性。最后，我们进行了误差分析。

15.2.3.1 数据集和预处理

表 15-1 显示了我们工作中使用的数据时段，数据集 1、数据集 2、数据集 3 和数据

集 4 可在 GitHub 上获得。股票交易者经常在推特等社交平台上发表对当前股市发展趋势的个人看法。数据集 1 和数据集 2 收集于推特上，反映了当时投资者对股市的看法。数据集 1 包括了从 2014 年 1 月 1 日到 2016 年 1 月 1 日资本规模排名靠前的 88 只股票，有股票交易者在推特上发布的股票的有效关键文本数据。该数据集是用于股价预测的金融数据，已被广泛应用于许多研究成果中。为了验证 TEANet 预测股票涨跌的实用性，我们还考虑了数据集 3，该数据集由新闻标题和 10 个股票的股票价格组成，日期从 2018 年 1 月 1 日至 2019 年 1 月 1 日。数据集 4 也由新闻标题和历史股价组成，日期从 2008 年 1 月 1 日至 2017 年 1 月 1 日。

表 15-1　数据集统计

数据集	训练时间	验证时间	测试时间
数据集 1	2014.1.1 至 2015.8.1	2015.8.1 至 2015.10.1	2015.10.1 至 2016.1.1
数据集 2	2017.1.1 至 2017.11.1	2017.11.1 至 2017.12.1	2017.12.1 至 2018.1.1
数据集 3	2018.1.1 至 2018.8.1	2018.8.1 至 2018.10.1	2018.10.1 至 2019.1.1
数据集 4	2008.1.1 至 2015.1.1	2015.1.1 至 2016.1.1	2016.1.1 至 2017.1.1

15.2.3.2　训练设置

在实验中，我们一批使用 32 个混合样品。单词嵌入大小为 50，使用手套嵌入算法，将最大历史日历天数设置为 5，将单个消息中的最大消息数和单词数分别设置为 30 和 40。传统的 Adam 优化器用于训练模型，初始学习率为 0.001。将衰减率设置为 0.96，将衰减步长设置为 100。整个算法是用 TensorFlow(版本 1.14.0)实现的。

15.2.3.3　预测性能的度量

我们使用两个度量来衡量预测性能，即准确度和马修斯相关系数(MCC)，其范围分别为 [0,100] 和 [−1,1]。在这里准确度用于衡量二分类的准确性。MCC 本质上是观察到的和预测的二分类之间的相关系数。如公式(15.25)所示，tp、fp、tn 和 fn 分别代表分类为真阳性、假阳性、真阴性和假阴性的样本数。MCC 计算如下：

$$MCC = \frac{tp \times tn - fp \times fn}{\sqrt{(tp+fp)(tp+fn)(tn+fp)(tn+fn)}} \tag{15.25}$$

15.2.3.4　验证 TEANet 的有效性

实验分为两组：一组实验的目的是通过比较 TEANet 与基准模型的性能来验证 TEANet 模型的可行性，而另一组实验的目的是分析所有构建 TEANet 的变体(即消融实验)来详细了解 TEANet 的组件。

(1) 与基准模型的比较：我们选择了几种经典的和有代表性的基准模型与 TEANet 进行比较。这些模型有许多相似之处，它们都使用基本的神经网络结构来解决股市预测问题。

ARIMA 是一种仅使用价格信号的高级技术分析方法，称为自回归综合移动平均法。

TSLDA 是一种用于社交媒体的以舆情预测股价涨跌的经典模型，可以同时捕捉一个主题和关于该主题的舆情。

HAN 是一种混合注意力网络,通过模仿人类的学习过程,根据近期相关新闻项目的序列预测股票趋势。该模型包括新闻注意力和时间注意力机制,用于关注新闻中的关键信息。[1]

CH-RNN 是一种新的基于跨模态注意力的混合递归神经网络,由两个子模块组成,一个子模块利用改进的 RNN 结构获得不同类别的趋势表示,另一个子模块利用 RNN 对社会文本建模。

StockNet 是一种神经网络模型,使用 VAE 对输入股票数据进行编码,以捕获其随机性,使用时间注意力分析不同时间步的重要性。使用的数据集与我们的模型使用的数据集相同。

Adv-LSTM 提出了一种新的具有对抗性训练的神经网络预测模型。该模型对序列数据具有很强的表达能力,包括特征映射层、LSTM 层、时间注意力机制和预测层,可以提取深层文本特征并捕获文本之间的依赖关系。该模型使用的数据集与我们的模型使用的数据集相同。[10]

CapTE 是目前最先进的 DL 网络模型,使用 Transformer 编码器提取社交媒体文本的深层语义特征,然后通过胶囊网络捕获这些文本的结构关系。

如表 15-2 所示,TEANet 在大多数情况下能达到最佳效果。与基准模型相比,TEANet在四个数据集的 MCC 都是最高的。CapTE 在所有基准模型中得分最高。预测股票涨跌是一项具有挑战性的任务,即使是微小的改进也可能带来巨大的利润,56% 的准确率通常被认为是令人满意的二元股票涨跌预测的结果。ARIMA 和 TLSDA 模型并不能产生令人满意的实验结果,其他五个基准模型的实验结果是令人满意的。

表 15-2　TEANet 和几种基准模型的表现

模型	数据集 1		数据集 2		数据集 3		数据集 4	
	准确率/%	MCC	准确率/%	MCC	准确率/%	MCC	准确率/%	MCC
ARIMA	51.39	−0.020 5	51.19	−0.025 5	51.37	−0.020 5	51.41	−0.017 7
TLSDA	54.07	0.065 3	53.88	0.061 4	54.10	0.066 1	54.22	0.069 1
HAN	57.14	0.072 3	57.02	0.069 3	56.99	0.0711	57.19	0.072 4
CH-RNN	59.15	0.094 5	59.15	0.094 5	59.00	0.089 3	59.21	0.091 3
StockNet	58.23	0.080 7	57.93	0.078 7	58.24	0.080 4	58.30	0.083 1
Adv-LSTM	57.20	0.148 3	57.22	0.139 5	57.31	0.150 1	57.33	0.161 1
CapTE	64.22	0.348 1	64.18	0.340 5	**64.29**	0.350 2	**64.22**	0.351 1
TEANet	**65.16**	**0.363 7**	**64.37**	**0.348 1**	**64.18**	**0.350 4**	**64.20**	**0.351 4**

接下来,我们比较了基准模型和 TEANet 在四个数据集上的框架。在数据集 1 上,StockNet 和 Adv-LSTM 在文本特征提取阶段分别采用双向选通递归单元(BGRU)和

LSTM 结构，TEANet 采用 Transformer 编码器。结果表明，与基于 RNN 的方法相比，基于 Transformer 的方法具有显著的性能优势。CapTE 使用 Transformer 编码器来提取深层文本特征，总体而言，CapTE 的实验结果明显优于其他基准模型。然而，TEANet 的结果优于 CapTE 的结果，主要是因为 CapTE 的输入数据仅包括社交媒体文本，而不包括实际的股票市场价格变化。通过比较基准模型的总体预测结果可以看出，HAN 和 Adv-LSTM 的性能仍有很大的改进空间。根本原因是子模型缺乏实际适用性。基于 RNN 的 CH−RNN 取得了令人满意的结果。该模型采用了多种不同类型的注意力机制对目标文本进行双向分析，从而展示了注意力机制在获取关键信息方面的优势。

表 15-2 还显示了 TEANet 和几种基准模型在数据集 2、数据集 3 和数据集 4 上的性能。TEANet 在大多数情况下都优于几种基准模型。

TEANet 的总体架构可以通过解决时间依赖性问题以及融合文本和股票价格数据来实现令人满意的预测结果。

（2）消融实验：为了对 TEANet 的主要组件进行详细分析，除了配备齐全的 TEANet，我们还构建了以下四个变体。

TEANet（W/O text）：仅以历史价格为输入数据的原始参数。

TEANet（W/O price）：具有原始参数的 TEANet，仅以文本为输入数据。

TEANet（lag_size_7）：具有与七个工作日的滞后期相对应的可选参数设置。

TEANet（lag_size_10）：具有与十个工作日的滞后期相对应的可选参数设置。

表 15-3 显示了不同 TEANet 变体的性能。我们可以看到 TEANet（W/O text）产生的结果最差，表明股票涨跌受历史价格以外的多种因素影响。这表明提取文本特征作为输入的必要性。相比之下，TEANet（W/O price）产生了与 TEANet 类似的极具竞争力的结果。因此，可以得出结论，社交媒体文本包含大量的市场信息。一些研究表明，这种信息在预测股票价格甚至其他金融风险时非常有用。[8]

表 15-3　TEANet 变量的表现

模型	数据集 1		数据集 2		数据集 3		数据集 4	
	准确率/%	MCC	准确率/%	MCC	准确率/%	MCC	准确率/%	MCC
TEANet（W/O text）	59.99	0.169 7	58.92	0.159 7	59.93	0.168 8	58.61	0.161 5
TEANet（W/O price）	64.77	0.351 3	63.70	0.322 3	**64.77**	**0.351 1**	63.54	0.243 8
TEANet（lag_size_7）	64.98	0.356 9	63.08	0.326 5	64.18	0.226 9	64.33	0.257 9
TEANet（lag_size_10）	62.57	0.210 2	61.52	0.2012	61.54	0.183 3	60.57	0.175 3
TEANet	**65.16**	**0.363 7**	**64.37**	**0.348 1**	64.18	0.350 4	**64.68**	**0.341 4**

滞后期的长度通常设置为三至十个工作日。滞后期为七和十个工作日的实验并没有比滞后期为五个工作日的实验产生更好的结果。我们认为有两个主要原因：许多随机因素影响股市，目标交易日价格受相邻交易日价格影响的可能性较大；投资者的评论

往往反映当前的市场状况,不适合预测长期交易行为。

15.2.3.5 注意力机制的作用

Tweet 注意值是通过将嵌入向量作为输入的一部分来构造的,因此我们可以获得数据集中每个 tweet 注意值来验证 TEANet 模型是否能够有效地选择重要信息和过滤非关键信息。图 15-7 显示了测试集中随机 tweet 的注意力分数,颜色越深表示对应单词的重要性越大。我们可以看出,注意力得分低的单词显然不能表示未来趋势,注意力得分较高的单词表示与当前股票相关的信息,可以用于预测市场走势。这表明多头注意力机制确实区分了关键信息和无关信息。

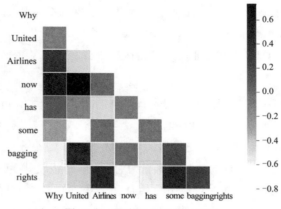

图 15-7 注意力分数的可视化

注:Why United Airlines now has some bagging rights 的意思是为什么联合航空公司现在拥有一些垄断权利;横轴、纵轴表示原始输入句子中的单词,颜色深浅表示权重的大小,右侧图例表示对应色深的权重。

为了进一步说明时间注意力机制中使用的信息和依赖分数对实际股票市场的影响,我们参考了股票价格变化和推特信息之间的关系。在图 15-8 中,我们用虚线绘制了三只股票在 2015 年和 2017 年的实际上升和下降运动,可以看出大多数预测结果与实际股票走势一致。通过时间注意力机制可以预测股票的状况,并有效地计算出关键信息。

(a)

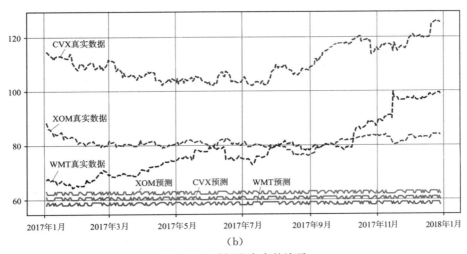

（b）

图 15-8　时间注意力的演示

注：纵坐标对真实数据来说表示收盘价，单位是美元。

15.2.3.6　市场交易模拟

我们采用 Ding 等[11] 提出的市场模拟策略，通过标准利润法评估 TEANet 的股票预测绩效。如果模型显示某只股票第二天将上涨，交易员将以 10 000 美元的开盘价买入该股票。相对于开盘价，我们设定了 2% 的价格波动阈值，如果股票的当前价格高于开盘价的 2%，交易者将立即卖出股票，否则，交易者将需要在一天结束时以收盘价出售股票。如果模型预测股票价格将下跌，交易者将在能以低于卖空价格 1% 的价格买入股票时买入；否则，交易者将以收盘价买入股票。

在表 15-4 中，我们展示了 12 只随机选择的股票在 44 个交易日（或 60 个工作日）内通过 TEANet 和 CapTE 获得的利润。这些结果证明，与 CapTE 相比，TEANet 可以获得更高的利润，具有优越的实际应用价值。表 15-4 显示了我们选择的 12 只股票的收益率和计算的市场平均收益率。历史真实股市的月收益率为 8.35%，TEANet 获得的选定市场平均收益率为 11.15%。

表 15-4　TEANet 和 CapTE 的收益表现

股票	TEANet		CapTE	
	收益/美元	收益率/%	收益/美元	收益率/%
AAPL	2 113	21.13	2 046	20.46
ABBV	1 680	16.80	1 524	15.24
BAC	1 927	19.27	1 766	17.66
CELG	3 130	31.30	2 581	25.81
CVX	1 988	19.88	2 017	20.17
DIS	1 547	15.47	1 396	13.96

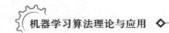

（续表）

股票	TEANet		CapTE	
	收益/美元	收益率/%	收益/美元	收益率/%
GOOG	1 752	17.52	1 567	15.67
INTC	3 527	35.27	2 399	23.99
ORCL	1 858	18.58	1 849	18.49
PFE	2 147	21.47	2 125	21.25
WMT	3 057	30.57	2 841	28.41
XOM	2 043	20.43	2 103	21.03
平均收益率/%		22.31		20.18

15.2.3.7　误差分析

我们比较了 TEANet 和 CapTE 的预测,并分析了 TEANet 预测错误但 CapTE 预测正确的情况。我们总结了两种情况:第一,一条推特是由一名交易员写的,他当时情绪消极,导致对相应股票的恶意评论。第二,一条推特可能会谈论很久以前的市场状况。在这些情况下,TEANet 模型很难在不引入相关信息的情况下获得正确的预测。

本章小结

在本章中,我们提出了一种称为 TEANet 的模型,该模型可以使用五个工作日的历史股价,结合文本表示,通过 Transformer 编码器和注意力机制预测股票价格走势。为了解决财务数据的时间依赖性以及从文本和股票价格中融合信息的有效性不足的问题,该模型采用了一种由特征提取器和关联处理器组成的体系结构。该模型在文本和股票价格的小样本上进行训练,提取的特征能够准确描述股票市场的状态。

我们用实验来验证该模型的有效性。我们将该模型的预测性能与几种基准模型的预测性能进行比较;构建并测试了该模型的四种变体,以分析不同组合的影响;直观地研究了注意力机制的影响,以确认多头注意力和时间注意力机制对整体性能的贡献;进行交易模拟,测试模型的盈利能力;进行了误差分析,从多个角度对该模型进行了分析。结果表明,该模型成功地实现了股票涨跌预测任务,并具有令人满意的实验性能。

TEANet 模型适合实际应用,能够帮助交易者规避金融风险,做出更有利的决策。然而,我们在进一步提高 TEANet 的实际应用价值方面仍然面临挑战。股票市场非常复杂,使用知识图谱和其他策略来研究不同股票之间的关系是我们将要研究的问题。

参考文献

[1] HU Z N, LIU W Q, BIAN J, et al. Listening to chaotic whispers: a deep

learning framework for news-oriented stock trend prediction[C]. WSDM 2018: proceedings of the 11th ACM international conference on web search and data mining, c2018: 261-269.

[2] FAMA E. The behaviour of stock market price[J]. Journal of business, 1965, 38(1): 34-105.

[3] FAMA E, FISHER L, JENSEN M C, et al. The adjustment of stock prices to new information[J]. International economic review, 1969, 10: 1-21.

[4] CAVALCANTE R C, BRASILEIRO R C, SOUZA V L F, et al. Computational intelligence and financial markets: a survey and future directions[J]. Expert systems with applications, 2016, 55(C): 194-211.

[5] ATSALAKIS G S, VALAVANIS KP. Surveying stock market forecasting techniques-Part II: soft computing methods [J]. Expert systems with applications, 2009, 36(3): 5 932-5 941.

[6] FARIAS NAZÁ RIO R T, E SILVA J L, SOBREIRO V A, et al. A literature review of technical analysis on stock markets[J]. Quarterly review of economics and finance, 2017, 66 (C): 115-126.

[7] BOYACIOGLU M A, AVCI D. An adaptive network-based fuzzy inference system (ANFIS) for the prediction of stock market return: the case of the Istanbul stock exchange[J]. Expert systems with applications, 2010, 37 (12): 7 908-7 912.

[8] BUSTOS O, POMARES-QUIMBAYA A. Stock market movement forecast: a systematic review[J]. Expert systems with applications, 2020, 156, DOI:10. 1016/j. eswa. 2020. 113464.

[9] ARACI D. FinBERT: financial sentiment analysis with pre-trained language models[J]. IEICE transactions on fundamentals of electronics, communications and computer sciences, 2019, arXiv:1908. 10063.

[10] FENG F L, HE X N, WANG X, et al. Temporal relational ranking for stock prediction[J]. ACM transactions on information systems, 2019, 37 (2): 1-30.

[11] DING Q G, WU S F, SUN H, et al. Hierarchical multi-scale Gaussian transformer for stock movement prediction[C]. Proceedings of the twenty-ninth international joint conference on artificial intelligence special tracl on AI in FinTech, (IJCAI), January 7-15, 2021, Yokohama, Japan. IJCAI, c2021: 4 640-4 646.

16 语音分离

语音分离是研究鸡尾酒会问题的一项重要任务。语音分离算法可以根据麦克风的个数分为单通道语音分离算法和多通道语音分离算法。本章将对语音分离的基本概念以及多种不同类型的经典的语音分离算法进行介绍。

16.1 语音分离算法的基本概念与分类

16.1.1 鸡尾酒会问题

鸡尾酒会问题(Cocktail Party Problem)是由 Cherry[1] 在 1953 年提出的。鸡尾酒会问题关注人类在复杂听觉环境下的听觉选择能力。计算听觉模型受噪音影响严重,很难实现自动分离和增强目标源。

如何设计一个能够灵活适应鸡尾酒会环境的听觉模型是计算听觉领域的一个重要问题。在鸡尾酒会问题中,语音分离、说话人识别、语音识别都具有极大的研究价值和应用价值。经过几十年的发展,目前还没有机器算法能解决鸡尾酒会问题,研究人员对鸡尾酒会问题的机制也未探明,但经过长时间的研究,已经在鸡尾酒问题上取得了一定的成果。研究人类的听觉机制对鸡尾酒会问题的解决有很大的推进作用。

16.1.2 语音分离算法分类

语音分离是解决鸡尾酒会问题的第一步。研究人员使用了多种算法解决语音分离问题。根据麦克风的个数,语音分离算法可以分为单通道语音分离算法和多通道语音分离算法。常见的多通道语音分离算法有基于麦克风阵列的波束成形算法[2]和多通道盲信号分离算法[3]。基于麦克风阵列的波束成形算法通过麦克风阵列的恰当配置进行空间滤波,根据空间位置来削弱干扰信号而增强来自期望声源的各通道信号的加和,通常可以分为可控波束成形技术和自适应波束成形技术。由于波束成形算法利用空间信息来分离语音,当目标语音和噪声源位置相近的时候,该算法就会失效。除此以外,当声学环境的混响时间很大或者麦克风数少于信号源数的时候,该算法的表现不佳。而多通道盲信号分离算法主要分为线性混合模型和卷积混合模型。通过假设信号源在统计上相互独立,可以克服对信号源和混合过程缺乏先验知识的问题。因此可以使用独立成分分析(Independent Component Analysis,ICA)来对分离过程进行建模。当麦克风数少于声源数时,传统盲信号分离就会变得困难。

根据输入数据的不同,可以将语音分离算法分为纯音频数据的语音分离算法和音视频结合的语音分离算法。

纯音频数据的语音分离算法根据是否使用深度学习算法可分为传统语音分离算法和基于深度学习的语音分离算法。根据算法原理,传统的语音分离算法可以分为基于信号处理的算法、基于分解的算法和基于规则的算法。随着计算成本的降低与计算速度的提升,语音分离问题越来越得益于数据驱动型算法,尤其是深度学习算法。

在实际生活中,人类在进行听觉选择的同时,通常会接受其他形式的信息。其中,视觉信息在处理鸡尾酒会问题中也起了非常明显的促进作用。近年来,研究人员将视觉信息作为额外的输入信息引入语音分离和鸡尾酒会问题的建模中。常见的研究音视频结合的语音分离研究一般用与声学特征高度匹配的视觉特征集合作为语音分离的辅助信息,比如提取嘴唇及其周围的区域与唇部运动相关的视觉信息来区分噪音环境下的静音片段和言语片段,为音频的频谱提供估计信息。

目前语音分离的研究通常是基于数据驱动的,而且通常会对说话人的数量进行限制,而结合人脑听觉注意机制增强了模型的鲁棒性,对实际场景有更强的适用性。这种将人脑机制与计算模型相融合的模式,在未来为解决鸡尾酒会问题和语音分离问题可能会提供更好的方案。

16.2　基于听觉信息的传统语音分离算法

根据算法原理的不同形式,传统的语音分离算法可以分为基于信号处理的算法、基于分解的算法和基于规则的算法。基于信号处理的算法从信号处理的角度估计噪音的功率谱或者理想维纳滤波器,通常用在语音增强中。该类算法假定语音服从一定的分布,而噪音是平稳或慢变的。但是真实环境中的语音很难满足这些假设条件,此时这类算法就会失效。

基于分解的算法常用的是基于非负矩阵分解(Non-Negative Matrix Factorization,NMF)。基于非负矩阵分解能够将语音的幅度谱进行部分分解,分解出来的基矩阵的列向量能够表示不同的特征,在语音分离的应用上有非常大的优势。它具有扎实的理论基础、强大的实际意义、算法实现简单等特点,因此被研究人员不断引用和不断改进。但是基于分解的算法属于浅层模型,假定频谱可以表示成基矩阵的线性组合,而声音本身却是高度非线性的,因此这种假设过于简单,不能对声音的长时依赖等建模。为了挖掘语音中丰富的时空结构和非线性关系,研究人员将 NMF 拓展成深层结构,从而提升了其性能。从计算角度来看,基于分解的算法计算复杂度高,难以满足实时应用的要求。

基于规则的算法,也指计算听觉场景分析(Computational Auditory Scene Analysis,

CASA),旨在建立处理鸡尾酒会问题的智能系统来分离混合的声音。这类系统一般根据听觉场景分析研究中发现的一些规则或机制来对鸡尾酒会问题进行建模。CASA 系统一般分为两个阶段:特征提取阶段和特征绑定阶段。特征提取阶段会经过一个听觉外周模型提取出声音的特征属性,然后根据这些特征属性分组得到不同的听觉流(Auditory Stream)。根据建模遵循的规则不同,CASA 模型主要可以分为三种:基于贝叶斯推断的模型、基于神经计算的模型和基于时间相干性的模型。这三种模型主要在处理分组之间的竞争和对预测机制的建模上有所不同。基于贝叶斯推断的模型中,预测与分组之间的竞争密切相关,通过调整各分组之间的先验概率来实现竞争机制,同时用先验概率来得到预测结果;而分组的数量可固定也可不作限制。基于神经计算的模型并不像基于贝叶斯推断的模型一样对预测机制进行建模。基于时间相干性的模型则是根据时间相干性来对分离过程进行建模,可以把注意和记忆加入模型中,也可以额外加入预测机制。基于贝叶斯推断的模型本身就具有预测机制,而基于神经计算的模型和基于时间相干性的模型不具有这种特性。这三类模型适用于解决听觉处理的不同问题,基于贝叶斯推断的模型提供了使用先验知识的预测框架,基于神经计算的模型的竞争机制更为直观,基于时间相干性的模型对特征绑定和听觉物体形成问题提供了较好的解决方案。但是 CASA 模型也有一些缺陷,由于这些模型基本上是基于听觉场景分析得到的一些规则来建模的,而听觉场景分析一般采用较为简单的刺激,得到的规则在复杂听觉环境下并不一定适用;大多数 CASA 模型的目标是重现听觉场景分析的实验结果,很少有能应用到实际中的大规模数据集上的模型;而且,大部分 CASA 模型严重依赖于分组线索,基音提取的准确性在复杂听觉环境下难以保证,因此语音分离效果并不理想。

16.3　基于深度学习的语音分离算法

近年来,随着算力的提升,深度学习成为机器学习研究的热点,取得了突破性的进展,有越来越多的基于深度学习的算法应用于语音分离中。本节将介绍几种基于深度学习的语音分离算法。

16.3.1　深度聚类算法(Deep Clustering)

深度聚类算法是 Hershey 等[4]提出。深度聚类算法不是直接预测信号或掩膜函数,而是训练一个深度网络来产生对训练数据中给出的分区标签有判别力的谱图嵌入(Spectrogram Embeddings)。该算法以一个类别不相关的方式,使用一个目标函数去训练嵌入(Embeddings),使其对一个近似理想的亲和矩阵产生一个低秩近似。这避免了频谱分解的高成本,而且产生了类似于简单的聚类方法的紧凑聚类。目标语音片段因此可以隐式编码在嵌入向量中,并可以通过聚类解码。

深度聚类算法的主要思想是将一个(T,F)维度的混合语音幅值谱特征映射到一个更高维度(T,F,D)的深度嵌入式特征空间中,即对每一个时频单元(T,F)映射成一个

D 维的特征向量。这样,将二维特征映射到三维空间使输入的混合特征更加具有区分性。然后,利用 K-means 聚类算法对该嵌入式向量进行聚类,得到估计出来的目标掩码值(Binary Mask)。再将得到的目标掩码值和原信号做运算,得到分离出的两个矩阵。映射过程是利用深度神经网络实现的。定义了一个目标函数,来使得估计的亲和度矩阵尽可能接近真实的亲和度矩阵,目标函数见式 (16.1),其中,C 表示最小化的目标,V 是基于深度神经网络的嵌入,Y 是参考标签指标,$\|\cdot\|$ 是 Frobenius 范数。

$$C_Y(V) = \parallel VV^T - YY^T \parallel_F^2 \tag{16.1}$$

深度聚类很好地解决了单通语音分离中的排列组合问题,但是还存在以下两个缺点。

(1) 深度聚类定义的目标损失函数是在嵌入式向量上,而不是真正的目标语音的幅值谱,这样就没有办法进行端到端训练,此外,该嵌入式向量跟目标语音存在一定的误差,这样会损害语音分离的性能。

(2) 深度聚类的性能受限于 K-means 聚类算法,并且深度聚类只能得到二值掩码,但是对于语音分离和增强来说往往浮点型的掩码会取得更好的效果。

16.3.2　置换不变训练(Permutation Invariant Training,PIT)

置换不变训练[5]是一种新颖的深度学习训练准则。与深度聚类技术不同,PIT 将分离误差直接最小化。其实这就是直接找到最小标签排列组合的方法。

在两人语音分离模型中,语音分离的一个难点在于解决网络输出的排列组合问题。比如输入混合语音 AB 时,网络第一个输出 A,第二个输出 B;当输入混合语言 BC 时,网络第一个输出 C,第二个输出 B;但是当混合语音是 AC 时,网络可能就不知道第一个该输出谁,这样就会存在矛盾。为了解决这个问题,Yu 等[5]在 2017 年提出的一种解决办法是输出所有可能的排列组合,然后选择均方差(MSE)最小的组合作为优化目标。具有 PIT 的两人语音分离模型如图 16-1 所示。

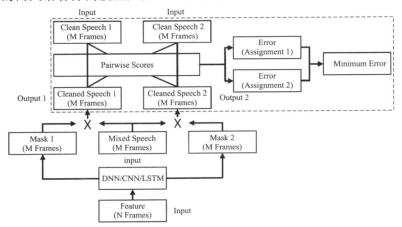

Input:输入;Output:输出;Feature:特征;Mask:掩码;Mixed Speech:混合语音;Frame:帧;Clean Speech:目标纯净语音;Cleaned Speech:预测纯净语音;Pairwise Scores:成对得分;Error:误差;Assignment:排列方式;Minimum Error:最小误差。

图 16-1　具有 PIT 的两人语音分离模型

PIT 先使用深度学习模型估计一组掩码(Mask),使用 Softmax 操作可以轻松满足此约束。然后,估计单一声音的频谱图,这样可以优化模型参数以最小化估计掩码与理想比率掩码(IRM)之间的均方差(MSE)。

$$J_m = \frac{1}{T \times F \times S} \sum_{S=1}^{S} \left\| \tilde{M} - M \right\|^2 \tag{16.2}$$

式中,J_m 为模型参数,T 和 F 分别表示时间帧数和频率段数,S 为声源信号序列,$\tilde{M}$ 是估计掩码,M 是理想掩码。

PIT 有两个问题。第一个问题是在静默段中,实际声音的 Mask=0 且混合频谱图的 Mask=0,所以将 Mask 之间的差异直接转为频谱图之间的差异。

$$J_m = \frac{1}{T \times F \times S} \sum_{S=1}^{S} \left\| |\tilde{X}| - |X| \right\|^2 \tag{16.3}$$

式中,$|X|$ 为说话人频谱图,$|\tilde{X}|$ 为估计掩码 $\tilde{M}$ 与混合频谱图的点乘。

第二个问题是 PIT 算法包括帧级别和句子级别,理论情况下基于帧级别的 PIT 是最理想的情况,但是帧级别的 PIT 在将所有帧整合成一句话的时候没办法确定哪些帧属于同一个说话人,因此还需要说话人追踪的技术。为了解决这个问题,基于句子级别的 PIT(uPIT[6])算法以句子为单位,计算所有可能的排列组合,选择最小的 MSE 作为优化目标。

16.3.3 时域音频分离网络(TasNet)和全卷积时域音频分离网络(Conv-TasNet)

深度聚类和置换不变训练都是基于频域的语音分离算法。先将时域上的语音信号经过短时傅里叶变换(Short-time Fourier Transformation, STFT)后,将一维的时域信号变换为二维的频域信号。此时得到的是一个复数值,语音增强或者分离往往只利用 STFT 的幅值谱作为输入特征。经过增强或者分离算法,估计出目标语音信号的掩码值。然后,利用混合语音的幅值谱与估计出来的掩码值做点乘得到估计出来的目标语音信号的幅值谱。最后,利用增强后的幅值谱和原始的相位谱进行逆傅立叶变换(ISTFT),得到增强后的语音信号。

将语音从时域转到频域中可能会丢失一些特征,而且 STFT 的准确性是随着时间窗的大小而变化的,比如,在小的时间窗内,可以得到更加准确的时间信息,但是忽略了频率信息。

TasNet 属于编码器-解码器框架,省去了时域转频域步骤,降低了语音分离的计算成本,并显著降低了输出所需的最小延迟。

TasNet 通过从混合音频权重中估算与每个来源相对应的权重来完成分离。由于权重是非负的,可以将源权重的估计表述为寻找每个信号源对混合权重贡献的掩码(Mask),这个掩码表示每个说话人在混合权重中的占比,然后通过掩码与混合音频对说话人的音频进行重建。其实就是用卷积来替换 STFT 方法。因果操作的性能不如非因果操作的性能,是因为非因果操作可以考虑到将来的特征信息。

　　时域音频分离网络(TasNet)框架如图 16-2 所示。编码器(Encoder)是为了计算混合音频的权重,分离模块(Separation)部分可以计算不同源的掩码,解码器(Decoder)可以对音频进行重建。门控卷积层(Gated Convolution Layer)需要对输入的序列进行位移,一般的位移情况是 k-1,这样可以避免滤波器(Filter)捕捉到未来的信息。Encoder 使用门控卷积神经网络(Gate CNN),一部分用 ReLu,一部分用 Sigmoid,然后再进行汇总。Separation 是用来生成每一个成源的掩码,使用 LSTM ＋ FCN ＋ Softmax,还使用了归一化(Normalization)来加速训练。

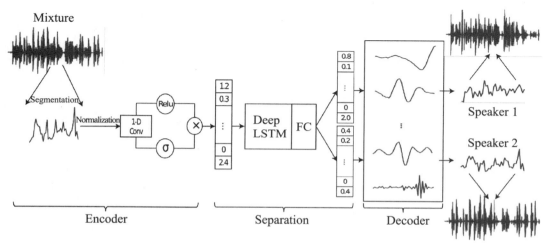

　　Mixture:混合音频;Segmentation:切分;Normalization:归一化;Encoder:编码器;Separation:分离模块;Decoder:解码器;Speaker:说话人。

图 16-2　时域音频分离网络(TasNet)框架

　　全卷积时域音频分离网络(Conv-TasNet)构架如图 16-3 所示。Covn-TasNet 是Luo 等[7]在 2019 年提出来的一种语音分离方法,达到了当时最好的语音分离性能。在TasNet 算法中含有 LSTM 层,而 Covn-TasNet 是全卷积网络的模型。在 TasNet 中,不同输入的起点对结果影响较大,LSTM 对于时间的依赖比较强。而 Conv-TasNet 中对连续帧进行消除,可减轻偶然发生错误的影响,以 TCN 结构替换掉了 LSTM,并将所有的 RNN 改为 CNN,同时为了减少参数量和计算量,对卷积操作使用深度可分离卷积(Depthwise Separable Convolution),这个操作将原先的一个卷积操作变为两个卷积操作,可以在很大程度上减小参数量。

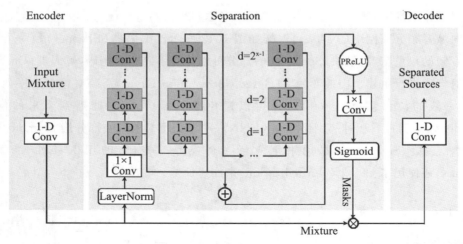

Encoder：编码器；Input Mixture：输入混合音频；Separation：分离模块；Decoder：解码器；Separated Sources：分离后的语音信号。

图 16-3　全卷积时域音频分离网络(Conv-TasNet)框架

Covn-TasNet 由编码器、分离模块和解码器三个主要部分组成。编码器用一维卷积替换掉 STFT 对时域的波形点进行编码,用网络去学习编码参数。分离模块以编码器编码出来的特征作为输入,以 TCN 结构作为分离模块。分离模块的输出为类似频域上的掩码值,与编码器的输出相乘得到最终的分离特征。解码器利用转置一维卷积将分离后的特征解码出来而得到分离后的目标语音信号。

该框架克服了 STFT 域中语音分离的缺点。这些改进是通过用卷积编码器-解码器架构替换 STFT 来实现的。Conv-TasNet 中的分离是使用时间卷积网络(TCN)架构和深度可分离卷积操作完成的,但是 Conv-TasNet 存在局限性。由于 Conv-TasNet 使用时间上下文固定,对单个说话人的长期跟踪可能会失败,尤其是在混合音频中有较长的停顿时。

16.4　音视频结合的语音分离算法

越来越多的基于视听的语音处理系统被开发用于一些与语音相关的任务。先前的研究已经成功地将视觉信息引入语音识别任务中。[8]还有很多研究基于音视频结合展开工作。部分工作[9]表明,在语音分离方面视听语音分离模型优于纯音频模型。随着视听数据集和计算资源的增长,使用深度神经网络将音频和视觉信息结合在一起来解决一些与语音相关的困难问题变得更加重要。本节将介绍两种音视频结合的语音分离算法。

16.4.1　谷歌音频-视觉语音分离算法

谷歌团队在 2018 年提出了一种联合视听算法[9],用于将音频"聚焦"在视频中所需的说话人上,然后可以重新组合输入视频,从而增强与特定人群相对应的音频,同时抑制其他声音。更具体地说,该团队设计和训练了一个基于神经网络的模型,该模型将记录的声音混合,将视频中每个帧中检测到的面部的紧密裁剪作为输入,并将混合后的内容分成每个检测到的说话人的单独音频流。该模型将视觉信息用作提高信号源分离质量的方法,并将分离的语音轨道与视频中的可见说话人相关联。同时,谷歌团队仔细收集和处理形成新的大规模视听数据集 AV Speech,AV Speech 由视频片段组成,可听见的声音属于单个人,没有音频背景干扰。

该模型的音频流部分由膨胀的卷积层组成,视觉流由扩张卷积组成,用于处理输入人脸嵌入,视觉流中的"空间"卷积和扩张是在时间轴上执行的。为了补偿音频和视频信号之间的采样率差异,他们对视觉流的输出进行上采样。这是通过在每个视觉特征的时间维度上使用简单的最近邻插值来完成的。

在该框架的 AV 融合部分,他们通过串联每个流的特征图来组合音频和视频流,然后将这些特征图馈入 BLSTM(Bidirectional LSTM)和三个 FC 层(图 16-4),最终输出包含每个输入说话人的复数掩码。用有噪声的输入频谱图和输出掩码以复数乘法来计算相应的频谱图。幂律压缩后的原始频谱图和增强频谱图之间的平方误差(L2)被用作损失函数来训练网络。使用 ISTFT 获得最终输出波形。

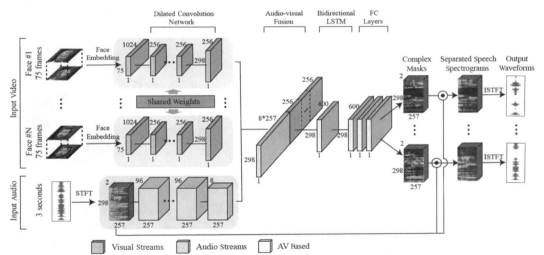

Input Video:输入视频;Input Audio:输入音频;Face Embedding:人脸嵌入;Dilated Convolution Network:扩展卷积网络;Audio-visual Fusion:视听融合;Bidirectional LSTM:双向长短时记忆;FC layers:全连接层;Complex Masks:复合掩码;Separated Speech Spectrograms:分离后的语音频谱图;Output Waveforms:输出音频信号;Shared Weights:共享权重;Visual Streams:视觉流;Audio Steams:声音流。

图 16-4　基于多流神经网络的语音分离框架

该模型支持隔离视频中的多个可见说话人,每个说话人由一个可视流表示。一个单独的专用模型针对每种可见说话人的数量进行训练,例如,一个模型中的一个视觉流用于一个可视说话人,两个视觉流模型用于两个可视说话人,等等。所有视觉流在卷积层上共享相同的权重。在这种情况下,在继续进行 BLSTM 之前,将从每个视觉流中学习到的特征与学习到的音频特征连接在一起。应当注意的是,实际上,在说话人数量未知或专用多说话人模型不可用的情况下,可以使用以单个视觉流作为输入的模型。

16.4.2　具有跨模态一致性的视听语音分离算法:Visual Voice

现有的音视频分离算法侧重于学习说话人的嘴唇运动与其产生的声音之间的对齐,FaceBook 团队提出具有跨模态一致性的视听语音分离模型。[10]该模型主要有两个部分:视听语音分离框架和多任务学习框架,分别如图 16-5 和图 16-6 所示。

这两个框架使用面部轨迹中的视觉线索来指导对每个说话人的语音分离。唇部运动分析网络将 N 个嘴巴感兴趣区域作为输入,提取出嘴唇运动特征图。对于面部属性分析网络,将从面部轨迹中随机采样的单个面部图像作为输入,对说话人的面部属性进行编码,并沿时间维度复制面部属性特征以与嘴唇运动特征图连接,获得最终视觉特征。在音频方面,使用 U-Net[11] 风格的网络。它由编码器和解码器网络组成。编码器的输入通过一系列卷积层,中间有频率池层,这减少了频率维度,同时保留了时间维度。得到一个音频特征图后,连接视觉和音频特征以生成视听特征图。解码器将连接的视听特征作为输入,它相对于编码器具有对称结构,其中,卷积层被上卷积层代替,频率池层被频率上采样层代替。最后使用 Tanh 层,在输出特征图上进行缩放操作,以预测与说话人的输入频谱图具有相同维度的有界复杂掩码。

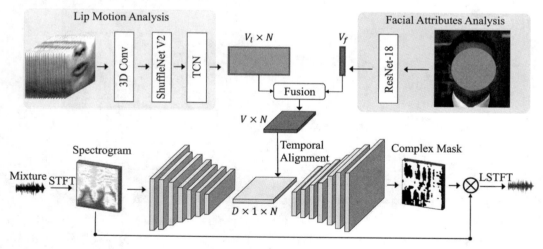

Lip Motion Analysis:唇部运动分析模块;Facial Attributes Analysis:面部属性分析模块;Mixture:混合音频;Spectrogram:频谱图;Fusion:融合;Temporal Alignment:时间对齐;Complex Mask:复合掩码。

图 16-5　视听语音分离框架

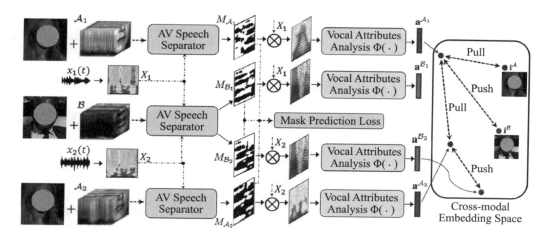

AV Speech Separator：视听语音分离器；Vocal Attributes Analysis：语音属性分析模块；Mask Prediction Loss：掩码预测损失；Cross-modal Embedding Space：跨模态嵌入空间。

图 16-6 多任务学习框架

多任务学习框架同时学习 AV 语音分离和跨模态人脸语音嵌入。该框架包括三个新的损失函数，分别是掩码预测损失（Mask Prediction Loss）、跨模态匹配损失（Cross-modal Matching Loss）和说话人一致性损失（Speaker Consistency Loss）。掩码预测损失提供了强制执行干净语音分离的主要监督；跨模态匹配损失鼓励语音分离网络产生更干净的声音，从而获得更准确的语音嵌入，将语音与面部联系起来；说话人一致性损失使用两种混合音频来联合分离声音，进一步规范了学习过程。

16.5　基于多模态融合开展的工作

深度学习算法为语音识别、图像识别和自然语言处理领域带来了巨大的变革。这些领域中的任务都只涉及单模态的输入，但是许多应用都需要涉及多种模态。多模态融合是多模态研究中非常关键的研究点，将抽取自不同模态的信息整合成一个稳定的多模态表征。多模态融合和多模态表征有着明显的联系，如果一个过程专注于使用某种架构来整合不同单模态的表征，那么就被归于融合类。

现有的音视频分离算法在获得音频特征和视频特征后，大多只是将两者进行简单拼接或者串联，这种操作使参数之间几乎没有联系。多模态融合中最为广泛的文本与图像融合主要有三种方法：基于简单操作的方法、基于注意力机制的方法、基于张量的方法。

很多注意力机制已经被应用于融合操作。注意力机制通常指的是一组注意力模型在每个时间步动态生成的一组标量、权重、向量的加权和。[12]这组注意力的多个输出头可以动态产生求和时要用到的权重，因此最终在拼接时可以保存额外的权重信息。在将注意力机制应用于图像时,对不同区域的图像特征向量进行不同的加权,得到一个最终整体的图像向量。

文本数据和语音数据具有一定的相似性,两者都可以看作一维数据,对上下文信息具有极强的依赖性。我们将开展基于注意力机制融合的音视频语音分离工作。

本章小结

本章中我们介绍了目前语音分离算法的几种主要类别,并简单介绍了几种深度学习的语音分离算法和音视频语音分离算法。总体来讲,现在纯语音的语音分离工作还是多于音视频的语音分离工作。但是在一定条件下,音视频结合的语音分离工作的效果要好于前者。所以,音视频的语音分离工作在未来还是一个比较重要的研究方向。

参考文献

[1] MESGARANI N, CHANG E F. Selective cortical representation of attended speaker in multi-talker speech perception[J]. Nature, 2012, 485(7397): 233-236.

[2] GANNOT S, VINCENT E, MARKOVICH-GOLAN S, et al. A consolidated perspective on multimicrophone speech enhancement and source separation[J]. IEEE/ACM transactions on audio, speech, and language processing, 2017, 25(4): 692-730.

[3] SAWADA H, ARAKI S, RUKAI R, et al. Blind extraction of dominant target sources using ICA and time-frequency masking[J]. IEEE transactions on audio, speech, and language processing, 2006, 14(6): 2 165-2 173.

[4] HERSHEY J R, CHEN Z, ROUX J L, et al. Deep clustering: discriminative embeddings for segmentation and separation[J]. IEICE transactions on fundamentals of electronics, computer sciences, 2015, abs/1508.04306.

[5] YU D, KOLBAEK M, TAN Z H, et al. Permutation invariant training of deep models for speaker-independent multi-talker speech separation[C]. IEICE transactions on fundamentals of electronics, computer sciences, abs/1607.00325.

[6] KOLBAEK M, YU D, TAN Z H, et al. Multitalker speech separation with utterance-level permutation invariant training of deep recurrent neural networks[J]. IEEE transactions on audio, speech, and language processing, 2017, 25(10): 1 901-1 913.

[17] LUO Y, MESGARANI N. Conv-TasNet: surpassing ideal time-frequency magnitude masking for speech separation[J]. IEEE/ACM transactions on audio, speech, and language processing, 2019, 27(8): 1 256-1 266.

[8] PETRIDIS S, STAFYLAKIS T, MA P C, et al. End-to-end audiovisual speech

recognition[J]. IEICE transactions on fundamentals of electronics, computer sciences, 2018, abs/1802.06424.

[9] EPHRAT A, MOSSERI I , LANG O, et al. Looking to listen at the cocktail party: a speaker-independent audio-visual model for speech separation[J]. ACM transactions on graphics, 2018, 37(4): 1-11.

[10] GAO R H, GRAUMAN K. VisualVoice: audio-visual speech separation with cross-modal consistency[J]. 2021, arXiv: 2101.03149.

[11] RONNEBERGER O, FISCHER P, BROX T. U-net: convolutional networks for biomedical image segmentation[J]. IEICE transactions on fundamentals of electronics, computer sciences, 2015, abs/1505.04597.

[12] BAHDANAU D, CHO K, BENGIO Y. Neural machine translation by jointly learning to align and translate[J]. IEICE transactions on fundamentals of electronics, computer sciences, 2014, arXiv: 1409.0473.

第VI部分 参数优化算法

17 粒子群优化算法

在实际生产问题中,由于资源、时间等的限制,需要尽可能地选取最好的方案使问题的某个或多个度量指标达到最优,这就是最优化问题。各个领域都面临许多问题的决策,寻求一种能够合理利用资源、提高系统效率的优化算法以有效解决这些问题尤为重要。

在机器学习中,超参数的确定属于最优化问题。超参数是模型在学习过程开始之前就需要设置值的参数,如聚类算法中的簇数、支持向量机中的松弛因子、神经网络中的学习率。不同种类的机器学习模型需要不同的超参数,同一种类机器学习模型有时也需要不同的超参数来适应不同的数据模式。如果人为确定超参数的值便会耗时、耗力,那么就必须要借助一些优化算法来选择一组最优的超参数元组,由此元组形成最优的机器学习模型,进而提高模型的学习性能和效果。

自然界中的生物群体在生存环境中相互协作、优胜劣汰、不断演化,展现出良好的适应能力。近年来,人们从不同角度观察研究生物群体的行为,通过对其演化特征和过程的模拟仿真,建立了稳定、通用的优化计算模型,发展出了演化计算理论。演化计算作为一种模拟生物群体行为的新型智能优化算法,在解决复杂优化问题上显示出良好的性能。粒子群优化算法(Particle Swarm Optimization,PSO)由 Eberhart 和 Kennedy 于 1995 年提出,是一种模拟鸟群觅食行为的演化计算方法。由于 PSO 算法易于实现、寻优能力强,其已发展成为智能优化领域中的研究重点,并成功地应用于机器学习领域。然而,由于具有快收敛性,该算法容易陷入局部最优,出现早熟收敛现象。兼顾求解精度和收敛速度的高效 PSO 算法是当前该领域的研究热点。

本章主要对 PSO 算法及其对机器学习模型的优化进行介绍。首先,概述了传统 PSO 算法的基本概念和理论基础;其次,将现有的 PSO 算法分为基于邻域拓扑的算法、基于辅助搜索技术的算法和基于控制参数调整的算法,分别对其做总结和分析。

17.1 基本概念与原理

PSO 算法主要源于对鸟群社会行为的研究与仿真。鸟群在觅食时,最简单、有效的方法就是搜索离食物最近的鸟所在区域,通过个体间的协助和信息共享实现群体进化。具体而言,在觅食过程中,总有某只鸟对食物所在地有较好的侦查力,能获得较为准确的食物位置信息。在此信息的指引下,其他同伴会逐渐向该位置聚集,最终寻找到食源。

PSO算法是将群体中的个体看作多维搜索空间中的一个粒子,每个粒子代表优化问题的一个可能解,其特征信息用位置、速度和适应度值三种指标描述。适应度值由适应度函数计算得到,其好坏表示粒子的优劣。粒子以一定的速度"飞行",根据自身及其他粒子的移动经验(即个体历史最优位置和种群历史最优位置),改变移动的方向和距离,不断迭代寻找较优区域,从而完成在全局搜索空间中的寻优过程。PSO算法的数学描述如下:

在 D 维搜索空间中,每个粒子 $i(i=1,2,\cdots,N)$ 与速度 $V_i=[v_i^1,v_i^2,\cdots,v_i^D]$ 和位置 $X_i=[x_i^1,x_i^2,\cdots,x_i^D]$ 有关。起初,粒子以随机的速度值在搜索空间上初始化。在搜索过程中,每个粒子 i 在第 D 维上的 V_i 和 X_i 按照下式更新:

$$v_i^d=v_i^d+c_1 rand_1^d(pBest_i^d-x_i^d)+c_2 rand_2^d(gBest^d-x_i^d) \tag{17.1}$$

$$x_i^d=x_i^d+v_i^d \tag{17.2}$$

式中, $d=1,2,\cdots,D$,正常数 c_1 和 c_2 是加速度系数[1], $rand_1^d$ 和 $rand_2^d$ 分别为在 $[0,1]$ 范围内服从均匀分布的两个随机数[2], $pBest_i$ 是粒子 i 的个体历史最优位置, $gBest$ 是种群历史最优位置,即迄今为止所有粒子发现的全局最优位置。根据式(17.1)可知粒子的速度由三个部分构成:首先是粒子对上一次演化速度的继承,反映了粒子运动的惯性;其次是粒子的"自我认知"部分,由 $pBest_i$ 引导更新,表示粒子先前的飞行经验对随后飞行方向的影响;最后是"社会认知"部分,由 $gBest$ 引导更新,代表整个种群先前的飞行经验对每个粒子随后飞行方向的影响。

传统的PSO算法虽然在优化问题中表现出良好优势,但是也存在容易陷入局部最优等缺点。为了提高PSO算法的优化性能,许多改进算法被提出,主要分为三类:基于控制参数调整的算法、基于邻域拓扑的算法和基于辅助搜索技术的算法。下面将对这些算法进行介绍。

17.2　基于控制参数调整的粒子群优化算法

基于控制参数调整的粒子群优化算法主要通过修改控制参数以保持局部搜索和全局搜索之间的平衡,根据调整方式的不同,可分为基于时变控制策略和基于状态估计策略两类。

17.2.1　时变控制策略

为平衡全局搜索和局部搜索的能力,Shi 和 Eberhart 引入了惯性权重 ω 的概念[3],

并将式(17.1)改进为

$$v_i^d = \omega v_i^d + c_1 rand_1^d (pBest_i^d - x_i^d) + c_2 rand_2^d (gBest^d - x_i^d) \qquad (17.3)$$

最初,惯性权重的值被设置为 0.4,后来被设计成线性递减形式,这表示线性递减惯性权重 PSO 算法(Linearly Decreasing Inertia Weight PSO,PSO-LDIW)[4],如式(17.4)所示:

$$\omega = \omega_{max} - (\omega_{max} - \omega_{min}) \frac{g}{G} \qquad (17.4)$$

式中,ω_{max} 和 ω_{min} 分别表示最大惯性权重和最小惯性权重,通常被分别设置为 0.9 和 0.4,g 是当前演化代数,G 是最大演化代数。较大的惯性权重可以在早期发挥强大的全局搜索能力,而较小的惯性权重则可以在后期发挥局部搜索能力。

为提高 PSO 算法的收敛性能,Clerc[5] 引入了收缩因子 χ,并将式(17.1)改进为

$$v_i^d = \chi [v_i^d + c_1 rand_1^d (pBest_i^d - x_i^d) + c_2 rand_2^d (gBest^d - x_i^d)] \qquad (17.5)$$

式中,$\chi = \dfrac{2}{|2 - \varphi - \sqrt{\varphi^2 - 4\varphi}|}$,$\varphi = c_1 + c_2 > 4.0$。通常 $\varphi = 4.1$,且 $c_1 = c_2 = 2.05$,即收缩因子 χ 约为 0.729。本质上,收缩因子和惯性权重相同,为此 Eberhart 和 Shi 给出了数学证明。[6]

对于现实世界中的动态系统,Eberhart 和 Shi[7] 发现线性递减的惯性权重不是很有效。受收缩因子概念和实际应用问题具有动态特性的启发,他们将模糊自适应惯性权重引入 PSO 算法,如式(17.6)所示:

$$\omega = 0.5 + 0.5 rand \qquad (17.6)$$

式中,$rand$ 是 [0,1] 范围内均匀分布的随机数。

为有效控制局部搜索和收敛至全局最优解,Ratnaweera 等[8] 将时变加速因子引入 PSO 算法,提出一种具有时变加速因子的自组织分层 PSO 算法(Self-organizing Hierarchical PSO with Time-varying Acceleration Coefficients,HPSO-TVAC),其中,加速因子可随迭代次数动态变化,如式(17.7)所示:

$$c_1 = (c_{1f} - c_{1i}) \frac{g}{G} + c_{1i} \qquad (17.7a)$$

$$c_2 = (c_{2f} - c_{2i}) \frac{g}{G} + c_{2i} \qquad (17.7b)$$

式中,c_1 从 2.5 到 0.5 变化,c_2 从 0.5 到 2.5 变化。可知,搜索早期阶段,"自我认知"比重较大,"社会认知"较小,粒子可以在整个搜索空间移动,而不是向最优群体移动,如此可以避免在搜索早期阶段出现的早熟收敛;而进入演化后期,"自我认知"减少,"社会认知"增大,从而促进算法收敛到全局最优。在此基础上,突变的思想也被引入 HPSO-TVAC 算法。当几次迭代中找到的全局最优解保持不变时,算法陷入局部最优。为打破这种停滞状态,HPSO-TVAC 算法按照预设的突变概率对随机选取的某一粒子的速度项进行突变扰动以增强粒子的多样性。此外,该算法还被应用于内燃机点火性能优

化的运行参数估计,并取得了良好的优化效果。

为进一步提高 HPSO-TVAC 的性能,Tang 等[2]提出一种反馈学习 PSO 算法。在该算法中,加速因子不仅由迭代次数决定,还由包含每个粒子历史最优适应度的反馈信息决定。此外,该算法还利用一种预先设计的二次函数代替线性递减惯性权重。

17.2.2　状态估计策略

通过时变控制策略来调整控制参数,虽然在一定程度上提高了算法性能,但由于缺乏对种群演化状态的判断,很容易导致不适当的参数调整。为此,Zhan 等采用演化状态估计技术,提出一种自适应 PSO 算法[1](Adaptive PSO,APSO)。根据粒子分布和粒子适应度值,APSO 算法利用一种实时的演化状态估计方法识别以下 4 种演化状态:勘探、开发、收敛和跳出。基于此估计方法,惯性权重、加速因子及其他参数能够根据演化状态自适应地调整,从而提高算法的搜索效率和收敛速度。当种群进入收敛状态时,APSO 算法借助一种精英学习策略对全局最优粒子的某一维度进行高斯变异扰动,使其跳出可能的局部最优。实验结果表明,该算法比传统 PSO 算法具有更高的搜索效率,而且能以更快的收敛速度实现在解空间的全局搜索。

基于控制参数调整的粒子群优化算法可以提高算法的收敛性能,但是参数的调整方式往往依赖于具体问题。

17.3　基于邻域拓扑的粒子群优化算法

基于邻域拓扑的粒子群优化算法旨在通过邻域拓扑之间的信息共享来增加种群多样性。根据拓扑结构的不同,这种算法可分为静态拓扑算法和动态拓扑算法。

17.3.1　静态拓扑结构

基于静态拓扑结构,Kennedy 等[9]提出了环形拓扑结构 PSO 算法和冯诺依曼拓扑结构 PSO 算法来解决多模态问题。

17.3.2　动态拓扑结构

静态拓扑结构不够灵活,随后出现了许多动态拓扑结构。Liang 等[10]提出了一种动态多种群 PSO 算法(Dynamic Multi-swarm PSO,DMS-PSO),该算法认为较小的种群规模可以在复杂问题上取得较好的优化效果。基于此,整个种群被划分为若干子群,且通过随机重组技术实现种群之间的信息交互。Mendes 等[11]认为每个粒子速度的更新应受到其所有邻域拓扑的影响,进而提出一种全联通 PSO 算法(Fully Informed PSO,FIPSO)。为从邻域中学习到更多知识,Liang 等[12]提出一种综合学习 PSO 算法(Comprehensive Learning PSO,CLPSO)以提高算法在复杂多模态问题上的性能。该算法中粒子利用其他粒子的历史最优信息进行速度的更新,而且粒子的每个维度都有可能从不同的样本粒子中更新学习,通过这种方式,种群的多样性得以增强,因此能够有效防止早熟收敛。Nasir 等[13]基于 DMS-PSO 算法和 CLPSO 算法提出了一种动态邻域学习 PSO 算法(Dynamic Neighborhood Learning PSO,DNLPSO)。DNLPSO 与 CLPSO 算法相同,粒子使用其他粒子的历史最优信息进行速度的更新,不同的是,受 DMS-PSO 算法的启发,DNLPSO 从其领域中选择样本粒子。这一策略使粒子能从邻域粒子的历史信息中学习,也能从自身的历史信息中学习,进一步增强了种群的多样性。Lynn 等[14]提出了一种异构综合学习 PSO 算法(Heterogeneous Comprehensive Learning PSO,HCLPSO),该算法将种群分为两个子群,每个子群只专注于勘探或开发。在勘探子群中,粒子根据勘探子群内的个体历史最优信息更新,而在开发子群中,粒子根据整个种群的个体历史最优位置更新。Xu 等[15]提出了一种基于维度学习策略的 PSO 算法。与 HCLPSO 算法不同,该算法中的一个子群专门通过维数学习策略来增强种群多样性和收敛速度。针对大规模优化问题,Yang 等[16]提出了一种基于层次学习的 PSO 算法。先根据适应度值将粒子分成若干个层次,然后从比当前层次高的任意两个层次中随机选择两个粒子来指导更新,通过这种方式增强种群的多样性。

小生境(Niching)技术因具有维持种群多样性的能力被广泛应用到基于邻域拓扑的 PSO 算法中。小生境技术[17]最初是由 Cavicchio 于 1970 年提出的,用于解决多模态问题,尤其是存在多个全局最优或多个局部的多模态问题。该技术的主要思想是通过并行维持多个稳定子种群来定位多个最优解(全局最优或多个局部),从而防止算法收敛到单个最优。Brits 等[18]提出了一种小生境 PSO 算法。该算法从主群中生成多个子群以定位多个最优值。如果粒子的适应度在几次迭代中几乎没有变化,则利用该粒子与其最近的邻域粒子产生后代。此外,子群可以合并,也可以从主群吸收粒子。Li[19]发现具有环形拓扑的局部 PSO 算法能够借助粒子对自身位置的记忆能力来稳定子群。每个粒子都会记录其当前位置和历史最优位置。所有粒子的个体历史最优位置可以作为一个稳定的生态位以定位全局最优位置,而所有粒子的当前位置可以作为一个勘探子群,负责在空间搜索最优解的潜在区域。

虽然基于邻域拓扑的粒子群优化算法可以保证种群的多样性,但是粒子的速度和位置在各自的邻域拓扑中会受到其他粒子的影响,导致收敛速度变慢,而且复杂的拓扑会增加计算量。

17.4　基于辅助搜索技术的粒子群优化算法

基于辅助搜索技术的粒子群优化算法通过将 PSO 算法与辅助搜索技术相结合来提高算法的优化性能。常用的辅助搜索技术主要包括传统搜索粒子群优化算法、演化计算方法和遗传算子等。

17.4.1　传统搜索粒子群优化算法

Liang 等[20]将局部搜索引入 DMS-PSO 算法,提出一种具有局部搜索的 DMS-PSO 算法。传统 DMS-PSO 算法提高了种群多样性,但降低了算法的收敛速度。为提高算法在局部区域的搜索能力,Liang 等利用拟牛顿法对搜索后期的历史最优解进行了完善。Han 等[21]基于梯度搜索技术提出一种多样性指导的 PSO 算法。该算法使用一种自适应 PSO 算法搜索最优解,当算法陷入局部最优时,粒子以其梯度方向对速度进行更新以提高算法的搜索能力。

17.4.2　演化计算方法

Chen 等[22]提出一种双微分变异 PSO 算法。该算法主要由两个子群和两个分层实现。顶层包括所有个体中的最优粒子,这些粒子被进一步划分成两个子群,分别由含两种不同控制参数的差分变异操作更新粒子;底层由所有粒子组成,由顶层粒子引导底层粒子的更新。Mahmoodabadi 等[23]将 PSO 与遗传算法和蜂群算法相结合,提出了一种具有高勘探能力的 PSO 算法(High Exploration PSO,HEPSO),该算法借助遗传算法中的交叉机制更新粒子速度,并利用蜂群算法更新粒子位置。Meng 等[24]提出了一种交叉搜索加速 PSO 算法以解决传统 PSO 算法在处理多极值问题时容易陷入局部最优的问题。鉴于交叉搜索算法具有寻找高质量历史最优位置的能力,Meng 等分别利用交叉搜索算法中的水平交叉算子和垂直交叉算子提高粒子群优化算法的全局收敛能力和种群多样性。

17.4.3　遗传算子

Zhou 等[25]认为缺少变异操作容易导致传统 PSO 算法陷入局部最优。为提高算法的全局搜索能力,借助变异思想,结合模拟退火算法中的接受概率,Zhou 等将随机因素融入 PSO 算法,进而提出一种具有随机位置的 PSO 算法。实验表明,该算法能够保持粒子的多样性,具有较好的全局搜索能力。Gong 等[26]将遗传算法与 PSO 算法有机结合,提出了一种遗传学习 PSO 算法,将 PSO 与其他演化计算技术有机结合。该算法包括两个级联层,第一层用于产生引导粒子,第二层利用常规的 PSO 算法更新粒子。该算法采用一系列遗传算子构造高质量和多样性良好的粒子,例如,交叉算子利用粒子个体历史最优信息和群体历史最优信息产生高质量的后代,变异算子提高后代的多样性以增强全局搜索能力,选择算子确保后代的定向发展。通过这些操作,粒子的进化能够得到更好的指导,使算法在全局搜索能力、求解精度和速度、可靠性等方面都取得了良好表现。

虽然基于辅助搜索技术的粒子群优化算法能够提高算法性能,但比传统 PSO 算法的复杂度高。

本章小结

本章介绍了 PSO 算法的基本概念、数学描述和计算模型，并列举了一些对传统 PSO 算法改进的经典算法。现有的改进算法虽然能提高传统 PSO 算法的性能，但如何在避免局部最优的同时不影响算法的收敛速度，仍然是 PSO 算法研究领域的热点问题和难点问题。

参考文献

[1] ZHAN Z H，ZHANG J，LI Y，et al. Adaptive particle swarm optimization[J]. IEEE transactions on systems，man，and cybernetics，Part B，2009，39(6)：1 362-1 381.

[2] TANG Y，WANG Z D，FANG J A. Feedback learning particle swarm optimization[J]. Applied soft computing，2011，11(8)：4 713-4 725.

[3] SHI Y，EBERHART R C. A modified particle swarm optimizer[C]//1998 IEEE international conference on evolutionary computation proceedings，May 4-9，1998，Anchorage，AK，USA. IEEE，c1998：69-73.

[4] SHI Y，EBERHART R C. Empirical study of particle swarm optimization[C]// Proceedings of the 1999 congress on evolutionary computation-CEC99，July 6-9，1999，Washington，DC，USA. IEEE，c1999：1 945-1 950.

[5] CLERC M. The swarm and the queen：toward a deterministic and adaptive particle swarm optimization [C]//Proceedings of the 1999 congress on evolutionary computation-CEC99，July 6-9，1999，Washington，DC，USA. IEEE，c1999：1 951-1 957.

[6] EBERHART R C，SHI Y. Comparing inertia weights and constriction factors in particle swarm optimization [C]//Proceedings of the 2000 congress on evolutionary computation，July 16-19，2000，La Jolla，CA，USA. IEEE，c2000：84-88.

[7] SHI Y，EBERHART R C. Fuzzy adaptive particle swarm optimization[C]// Proceedings of the 2001 congress on evolutionary computation，May 27-30，2001，Seoul，South Korea. IEEE，c2001：101-106.

[8] RATNAWEERA A，HALGAMUGE S K，WATSON H C. Self-organizing hierarchical particle swarm optimizer with time-varying acceleration coefficients [J]. IEEE transactions on evolutionary computation，2004，8(3)：240-255.

[9] KENNEDY J，MENDES R. Population structure and particle swarm performance

[C]//Proceedings of the 2002 congress on evolutionary computation, May 12-17, 2002, Honolulu, HI, USA. IEEE, c2002: 1 671-1 676.

[10] LIANG J J, SUGANTHAN P N. Dynamic multi-swarm particle swarm optimizer [C]//Proceedings 2005 IEEE swarm intelligence symposium, Pasadena, CA, USA. IEEE, c2005: 124-129.

[11] MENDES R, KENNEDY J, NEVES J. The fully informed particle swarm: simpler, maybe better[J]. IEEE transactions on evolutionary computation, 2004, 8(3): 204-210.

[12] LIANG J J, QIN A K, SUGANTHAN P N, et al. Comprehensive learning particle swarm optimizer for global optimization of multimodal functions[J]. IEEE transactions on evolutionary computation, 2006, 10(3): 281-295.

[13] NASIR M, DAS S, MAITY D, et al. A dynamic neighborhood learning based particle swarm optimizer for global numerical optimization[J]. Information science, 2012, 209: 16-36.

[14] LYNN N, SUGANTHAN P N. Heterogeneous comprehensive learning particle swarm optimization with enhanced exploration and exploitation[J]. Swarm and evolutionary computation, 2015, 24: 11-24.

[15] XU G P, CUI Q L, SHI X H, et al. Particle swarm optimization based on dimensional learning strategy[J]. Swarm and evolutionary computation, 2019, 45: 33-51.

[16] YANG Q, CHEN W N, DENG J D, et al. A level-based learning swarm optimizer for large scale optimization[J]. IEEE transactions on evolutionary computation, 2018, 22(4): 578-594.

[17] CAVICCHIO D J. Adapting search using simulated evolution[D]. Ph. D. dissertation, University of Michigan, Ann Arbor, MI, USA, 1970.

[18] BRITS R, ENGELBRECHT A, BERGH F V D. A niching particle swarm optimizer[C]//Proceedings of Asia-pacific conference on simulated evolution and learning, Singapore. c2002: 692-696.

[19] LI X D. Niching without niching parameters: particle swarm optimization using a ring topology[J]. IEEE transactions on evolutionary computation, 2010, 14 (1): 150-169.

[20] LIANG J J, SUGANTHAN P N. Dynamic multiswarm particle swarm optimizer with local search[C]//2005 IEEE Congress on Evolutionary Computation, September 2-5, 2005, Edinburgh, UK. IEEE, c2005: 522-528.

[21] HAN F, LIU Q. A diversity-guided hybrid particle swarm optimization based on gradient search[J]. Neurocomputing, 2014, 137: 234-240.

[22] CHEN Y G, LI L X, PENG H P, et al. Particle swarm optimizer with two differential mutation[J]. Applied soft computing, 2017, 61: 314-330.

[23] MAHMOODABADI M J, MOTTAGHI Z S, BAGHERI A. HEPSO: high exploration particle swarm optimization[J]. Information science, 2014, 273: 101-111.

[24] MENG A B, LI Z, YIN H, et al. Accelerating particle swarm optimization using crisscross search[J]. Information science, 2016, 329: 52-72.

[25] ZHOU D W, GAO X, LIU G H, et al. Randomization in particle swarm optimization for global search ability[J]. Expert systems with applications, 2011, 38(12): 15 356-15 364.

[26] GONG Y J, LI J J, ZHOU Y C, et al. Genetic learning particle swarm optimization[J]. IEEE transactions on cybernetics, 2016, 46(10): 2 277-2 290.

18 自适应粒子群优化算法及其应用

本章针对现有 PSO 算法仍然存在陷入局部最优的问题,分别从提高学习策略的多样性和有效检测收敛状态两个角度,介绍了基于自适应学习策略的粒子群优化算法和基于自适应演化状态分析的粒子群优化算法,还给出了 PSO 算法在金融信贷风险管理中的应用示例。

18.1 基于自适应学习策略的粒子群优化算法

保持种群多样性是防止 PSO 算法陷入局部最优的关键。学习策略是提高种群多样性的有效手段。PSO 算法中的学习策略指的是速度项和位置项的更新。对于传统 PSO 算法,学习策略使用全局最优位置来指导粒子的社会学习部分。这种学习策略有助于算法的快速收敛,但是,由于种群仅根据全局最优位置的搜索信息来更新搜索方向,容易忽略掉其他有价值的信息,进而影响粒子之间信息的交流与共享,导致多样性下降。而学习策略多样性的不足会增加算法陷入局部最优的可能性。因此,采用有效的学习策略来保持较高的多样性是 PSO 算法的重要任务。

本节对现有的基于学习策略 PSO 算法中存在的问题进行分析,并详细介绍了一种能够有效提高学习策略多样性的 PSO 算法,最后,给出示例说明该算法的有效性。

18.1.1 学习策略分析

为了提高学习策略的多样性,涌现出许多具有不同学习策略的 PSO 算法。Mendes 等[1]提出的 FIPS 算法通过学习整个邻域的全部信息来引导粒子速度项的更新。Liang 等[2]提出的 CLPSO 算法使用来自其他所有粒子的最佳搜索信息更新速度项。Chen 等[3]提出一种基于老化机制 PSO 算法(PSO with Aging Leader and Challengers,ALC-PSO),使用寿命较长的前导粒子引导种群更新。虽然上述学习策略表现出良好的性能,但它们只是针对单一种群设计的,其多样性并没有被很好地维护。

近年来,多种群技术得到了广泛的关注。多种群技术指的是将整个种群划分为若干种群,每个子群集中负责搜索空间的一个特定部分。Lynn 等[4]提出的 HCLPSO 算法将种群分为两个子群,通过综合学习策略对粒子进行更新。之后,Xu 等[5]提出了基于维度学习策略的 PSO 算法。与 HCLPSO 算法不同的是,Xu 等的算法中两个子群的其中一个采用了维度学习策略来提高种群的多样性和收敛速度。虽然这些算法提高了 PSO 算法的性能,但是每个子群彼此独立,缺乏信息的交互。为解决这一问题,Liang 等[6]引入了 DMS-PSO 算法,通过重新分组调度技术加强子群之间的信息交互。Nasir 等[7]以 DMS-PSO 算法和 CLPSO 算法为基础,提出了 DNLPSO 算法,其中,粒子不仅向自身学习,还向其他粒子学习。然而,在这些学习策略中,每个子群的规模是固定的,影响了算法的鲁棒性,还会造成不必要的计算成本。为了更有效地确定种群规模,Chen 等[8]提出了一种根据种群多样性动态调整子群规模的算法。然而,该算法预先定义了种群规模的上下界,在本质上并不是完全自适应的。而这种非自适应性容易导致不精确的种群规模划分,影响了学习策略保持多样性的能力。

为解决这一问题,有学者研究了一种基于自适应学习策略的 PSO 算法(PSO with Adaptive Learning Strategy, PSO-ALS)[9],提高了学习策略的多样性和算法的全局搜索能力,下面对其做详细介绍。

18.1.2　算法描述

PSO-ALS 算法的示意图如图 18-1 所示。在搜索过程中,根据粒子的分布,通过一种快速搜索聚类方法,自适应地将整个种群划分为若干个子群,每个子群中的粒子可分为普通粒子和局部最优粒子(即每个子群内的最优粒子)。然后,对于普通粒子的学习策略,使用局部最优粒子而不是全局最优粒子来引导其社会学习部分,以增强种群多样性;对于局部最优粒子的学习策略,使用所有子群的局部最优粒子的平均信息来引导其社会学习部分,通过信息交换进一步促进种群多样性。最后,为提高算法的收敛速度,学习策略被简化成隐含速度项的形式。

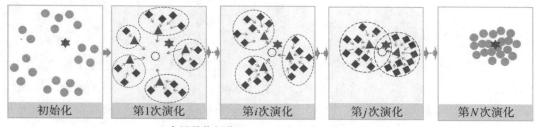

| 初始化 | 第1次演化 | 第*i*次演化 | 第*j*次演化 | 第*N*次演化 |

★全局最优解位置　○局部最优解的平均位置
◆普通粒子位置　▲局部最优粒子位置　●原始粒子位置

图 18-1　PSO-ALS 算法示意图

18.1.2.1　自适应种群规模划分

在基于多种群技术的学习策略中,子群规模的有效确定影响算法的性能。在现有的学习策略中,通常采用固定的或参数辅助的方式确定子群规模。这些方法不能很好地适应种群的复杂、动态的演化过程,削弱了学习策略的性能。为了给学习策略多样性的发挥提供精确的基础,对子群规模进行自适应确定是一种合理且智能的方式,具体可以通过一个具有高聚类性能的聚类方法将粒子自适应地划分为若干个子群,主要划分流程如图18-2所示。该聚类方法能自动找到聚类中心,提高了种群划分的自适应性;而且,该方法基于局部密度的概念和一步分配技术,能够有效识别任意形状或任意维度数据集。

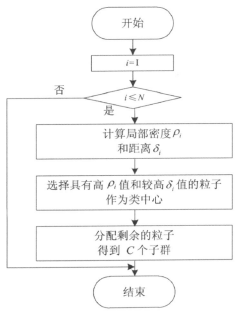

图 18-2 自适应种群规模划分流程图

在该聚类方法中,聚类中心被视为与局部密度极大值相关的数据点,具体思想是假设中心粒子被局部密度较小的粒子所包围,与局部密度较大的粒子相对较远。基于此,对于每个粒子 i 给定 2 个量:局部密度 ρ_i 和距离 δ_i。局部密度 ρ_i 表示粒子 i 在一定范围内的粒子个数,定义如下:

$$\rho_i = \sum_{j \in I, j \neq i} e^{-\left(\frac{d_{ij}}{d_c}\right)^2} \tag{18.1}$$

式中,I 是所有粒子的集合,d_{ij} 是粒子 i 和粒子 j 的欧几里得距离,d_c 称为截断距离。距离 δ_i 代表了在较高密度下粒子 i 到其他粒子的最小距离,定义如下:

$$\delta_i = \min_{j \in I_{pj > pi}} (d_{ij}) \tag{18.2}$$

对于最大密度的粒子,$\delta_i = \max_{j \in I}(d_{ij})$;对于 ρ_i 相同的粒子,我们对所有 ρ_i 降序排序,然后计算 δ_i。根据给定假设可知,ρ_i 值和 δ_i 值较高的粒子被认为是每个子群的中心粒子。

在确定每个子群的中心粒子后,将其余粒子分配到与其最近的而且具有高密度的粒子所在的群体中。该分配方法没有使用传统的迭代方式,而是一步分配,提高了种群划分的效率。此外,与传统的截断分配方法相比,该分配方法引入了边界区域的概念来防止低密度的子群被划分为噪声群。边界区域是一组分配给该子群、与其他子群的粒子之间的距离为 d_c 的粒子。对于每个子群,定义 δ_b 为在其边界地区内具有最大密度的粒子。当子群中某粒子的密度大于 δ_b 时,该粒子被认为在这个子群中,否则被认为是由单个粒子组成的子群。

18.1.2.2 普通粒子的学习策略

在每个子群中,都有一个寻优能力最强的粒子,称为局部最优粒子,其余的粒子称为普通粒子。针对这两类粒子,分别设计两种不同的学习策略来更新种群以增强多样性,图18-3给出了该策略的流程图。

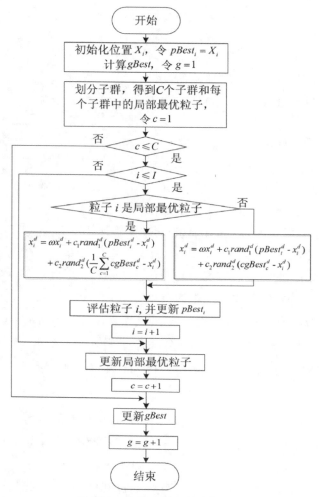

图 18-3　自适应学习策略流程图

普通粒子主要负责在其子群所在的区域内进行开发,其学习策略定义如下:

$$x_i^d = \omega x_i^d + c_1 rand_1^d (pBest_i^d - x_i^d) + c_2 rand_2^d (cgBest_c^d - x_i^d) \tag{18.3}$$

式中,ω 是惯性权重,c_1 和 c_2 是加速度系数,$rand_1$ 和 $rand_2$ 是在[0,1]区间上均匀分布的 2 个随机数,$cgBest_c$ 是子群 c 中的局部最优粒子。式(18.3)考虑了粒子的自我认知学习和社会认知学习。在式(18.3)中,用局部最优粒子指导普通粒子的更新,这样,每个子群能够学习到更多不同的搜索信息,从而增加了种群多样性。

18.1.2.3　局部最优粒子的学习策略

局部最优粒子一方面用于引导普通粒子的学习,另一方面负责勘探其他潜在的更优的搜索区域,其学习策略为

$$x_i^d = \omega x_i^d + c_1 rand_1^d (pBest_i^d - x_i^d) + c_2 rand_2^d \left(\frac{1}{C} \sum_{c=1}^{C} cgBest_c^d - x_i^d \right) \tag{18.4}$$

式中,C 是子群的个数。

从式(18.4)可以看出,式(18.3)中社会学习部分中的$cgBest_c$被 C 个$cgBest_c$的平均信息所代替,此改进主要是为了进一步提高种群多样性并加快收敛速度。首先,子群之间更多的信息交互可以增强种群多样性。在人类社会中,每个群体都有自己的优势和劣势,并通过交换外部资源来获取利益。通过在学习策略中融入多个子群之间的交换信息,局部最优粒子可以学习到更多的搜索信息以增强多样性,避免局部最优。局部最优粒子负责勘探发现最优解的潜在区域。与普通粒子的学习策略不同,仅仅使用子群内部的信息会使粒子过于集中于局部搜索,而将更多不同子群的信息整合在一起有助于提高局部最优粒子的勘探能力。其次,过多的信息可能扰乱搜索方向,不利于算法收敛。考虑到局部最优粒子(全局最优粒子也包含在内)是最有可能找到最优解的粒子,它们的平均信息可以整合关于最优解的有价值的信息。利用这些信息来指导粒子的更新可以加快收敛速度。因此,式(18.4)采用了所有子群中$cgBest_c$的平均信息来指导局部最优粒子的更新。

18.1.2.4 简化的学习策略分析

在提高多样性的同时保持收敛速度是一个需要权衡的问题。上述的学习策略能够有效保持种群的多样性,但是需要基于自适应的种群规模划分。而频繁的种群划分可能会降低收敛速度,可以将学习策略进行简化来解决这一问题。

从式(18.3)和式(18.4)可以看出,所示的学习策略仅使用位置项来描述粒子,而不是传统学习策略中的同时使用速度项和位置项。这一改进是受变量替换的启发。变量替换被广泛用于简化问题和降低计算复杂性。以传统 PSO 算法的学习策略为例,使用变量替换把式(17.1)和式(17.2)合并来简化学习策略,简化过程如下:

对于第 t 次演化的粒子 i,令 $\varphi_1 = r_1 c_1$,$\varphi_2 = r_2 c_2$,$\varphi = \varphi_1 + \varphi_2$,$\rho = \dfrac{\varphi_1 pBest_i^d + \varphi_2 gBest^d}{\varphi_1 + \varphi_2}$,则式(17.1)和式(17.2)可以化简为

$$v_i^d(t+1) = \omega v_i^d(t) + \varphi(\rho - x_i^d(t)) \tag{18.5}$$

$$x_i^d(t+1) = x_i^d(t) + v_i^d(t+1) \tag{18.6}$$

进一步,对于第 $t+1$ 次演化,合并式(17.1)和式(17.2)可得:

$$x_i^d(t+2) + (\varphi - \omega - 1)x_i^d(t+1) + \omega x_i^d(t) = \varphi\rho \tag{18.7}$$

式(18.7)表明,可以将学习策略简化为隐含速度项的表达形式。

18.1.3 优化效果示例

根据 Zhang 等[9]的算法,本部分从求解精度和收敛速度、时间复杂度、显著性检验和学习策略多样性分析这几个方面对优化效果做简要展示。

18.1.3.1 求解精度和收敛速度对比

将 Zhang 等[9]的算法中的仿真函数分为单模态、多模态和移位旋转 3 组,通过和多种代表性的 PSO 算法进行对比,介绍 PSO-ALS 算法在求解精度和收敛速度方面的性能。

（1）单模态函数对比结果。单模态函数含有唯一的全局最优解，常被用于验证算法在收敛速度方面的性能。表 18-1 给出了 PSO-ALS 算法在收敛速度方面的优势，具体评估指标如下：给出了获得可接受解所需的平均评估函数个数（Function Evaluations，FEs），算法成功找到可接受解的概率（Successful Rate，SR）。表 18-1 及后文中，"Inf"表示在给定的迭代停止条件下，算法没有找到可接受解。表中最优结果加粗显示，后面的表也这样显示。

表 18-1　单模态函数收敛速度结果对比

函数	评价指标	PSO-LDIW	FIPS	DMS-PSO	CLPSO	DNLPSO	ALC-PSO	HCLPSO	EPSO	PSO-ALS
F_1	FEs	105 695	32 561	91 496	72 081	121 407	7 491	22 887	13 906	**860**
	SR	**100%**	**100%**	**100%**	**100%**	60%	**100%**	**100%**	**100%**	**100%**
	Rank	8	5	7	6	9	2	4	3	1
F_2	FEs	103 077	36 322	91 354	66 525	195 824	8 180	22 868	14 635	996
	SR	**100%**	**100%**	**100%**	**100%**	20%	**100%**	**100%**	**100%**	**100%**
	Rank	8	5	7	6	9	2	4	3	1
F_3	FEs	137 985	73 790	185 588	Inf	108 464	23 839	118 069	21 904	408
	SR	**100%**	**100%**	86.7%	0	40%	**100%**	**100%**	**100%**	**100%**
	Rank	6	4	7	9	8	3	5	2	1
F_4	FEs	101 579	13 301	87 518	74 815	119 100	6 406	21 061	11 023	**396**
	SR	**100%**	**100%**	**100%**	**100%**	40%	**100%**	**100%**	**100%**	**100%**
	Rank	8	4	7	6	9	2	5	3	1
平均 Rank		7.5	4.5	7.0	6.8	8.8	2.3	4.5	2.8	**1.0**
平均 SR		100.00%	100.00%	96.68%	75.00%	40.00%	100.00%	100.00%	100.00%	100.00%

对于没有局部最优解的单模态函数，快速的收敛速度可以增强算法的全局搜索能力。从表 18-1 可以看出，PSO-ALS 算法具有更高的收敛速度，在所有单模态函数上都达到 100% 的成功率。这种良好的性能主要归功于将学习策略简化为隐含速度项的形式，从而加快了算法收敛。此外，与基于单种群的 PSO 算法、FIPS 算法、ALC-PSO 算法和 CLPSO 算法相比，基于多种群技术的 DMS-PSO 算法、DNLPSO 算法和 HCLPSO 算法需要更多的 FEs 才能找到可接受解。这可能是由于种群多样性增加会减慢收敛速度。然而，从表 18-1 的结果看出，PSO-ALS 算法在收敛速度上要优于基于多种群的 PSO 算法，这进一步说明了简化学习策略的必要性和有效性。

（2）多模态函数对比结果。多模态函数具有多个局部最优值的干扰，很容易出现早熟收敛现象，难以获得全局最优。因此，通过比较在多模态函数上的表现可以验证算法在收敛精度和收敛速度方面的表现。

表 18-2 给出了算法在多模态函数上误差值的均值和标准差。从表 18-2 可以看出，本章所提出的 PSO-ALS 算法在 4 个函数中的寻优性能优于其他所有算法，这说明 PSO-ALS 算法可以成功跳出局部最优。具体地，函数 F_7 和 F_8 是两个具有大量局部最

优的复杂多模态问题,若要获得较好的求解精度,需要较高的多样性。从表 18-2 可以看出,在这 2 个函数上,PSO-ALS 算法明显优于其他 PSO 算法,并找到了全局最优解,说明学习策略能够有效地保持种群多样性,防止算法陷入局部最优。此外,函数 F_9 也是一个复杂优化问题,其全局最优与局部最优距离很远。如表 18-2 所示,PSO-ALS 算法在函数 F_9 上也有明显的优势,说明 PSO-ALS 算法在复杂的多模态问题中也能展现出良好的性能。此外,HCLPSO 算法和 EPSO 算法在大多数多模态函数上也表现出了较好的性能,特别地,HCLPSO 算法和 EPSO 算法分别在函数 F_6 和函数 F_7 上找到了全局最优。然而,这 2 种算法在其他函数上的求解精度不如 PSO-ALS 算法。这可能是由于与基于单群的 EPSO 算法和基于固定子群大小的 HCLPSO 算法相比,PSO-ALS 算法利用自适应种群规模划分来改进学习策略,更好地保持了种群多样性。

表 18-2　多模态函数求解精度结果对比

函数	评价指标	PSO-LDIW	FIPS	DMS-PSO	CLPSO	DNLPSO	ALC-PSO	HCLPSO	EPSO	PSO-ALS
F_5	Mean	1.15E-14	7.69E-15	8.52E-15	2.01E-12	1.04E+01	1.14E-14	2.13E-14	1.78E-14	**0**
	Std. Dev.	2.27E-15	9.33E-16	1.79E-15	9.22E-13	1.45E+00	2.94E-15	4.49E-15	8.42E-15	**0**
F_6	Mean	2.37E-02	9.04E-04	1.31E-02	6.45E-13	6.64E-01	1.22E-02	**0**	4.43E-03	**0**
	Std. Dev.	2.57E-02	2.78E-03	1.73E-02	2.07E-12	4.59E-01	1.57E-02	**0**	8.86E-03	**0**
F_7	Mean	3.07E+01	3.00E+01	2.81E+01	2.57E-11	1.17E+02	2.52E-14	4.00E-01	**0**	**0**
	Std. Dev.	8.68E+00	1.09E+01	6.42E+00	6.64E-11	2.25E+00	1.37E-14	3.97E-01	**0**	**0**
F_8	Mean	1.55E+01	3.59E+01	3.28E+01	1.67E-01	1.76E+02	1.25E-11	4.00E-01	7.10E-16	**0**
	Std. Dev.	7.40E+00	9.49E+00	6.49E+00	3.79E-01	6.73E+01	6.75E-11	4.89E-01	1.42E-15	**0**
F_9	Mean	1.32E+03	2.11E+03	2.40E+03	1.18E+01	3.39E+03	2.10E+01	1.42E+02	4.93E+01	**1.63E-02**
	Std. Dev.	3.32E+02	3.86E+02	1.58E+02	3.61E+01	1.02E+03	5.41E+01	8.86E+01	2.86E+02	**1.84E-03**

同时,通过表 18-3 中对收敛速度的对比可以发现 PSO-ALS 算法在处理多模态函数时也能保持较快的优化速度。

表 18-3　多模态函数收敛速度结果对比

函数	评价指标	PSO-LDIW	FIPS	DMS-PSO	CLPSO	DNLPSO	ALC-PSO	HCLPSO	EPSO	PSO-ALS
F_5	FEs	110 844	38 356	100 000	76 646	Inf	58 900	33 931	15 584	**920**
	SR	**100%**	**100%**	**100%**	**100%**	0	**100%**	**100%**	**100%**	**100%**
	Rank	8	4	7	6	9	5	3	2	**1**
F_6	FEs	99 541	42 604	97 213	81 422	108 023	10 161	44 264	12 577	**882**
	SR	90%	**100%**	56.7%	**100%**	20%	60%	**100%**	80%	**100%**
	Rank	5	2	8	4	9	7	3	6	**1**
F_7	FEs	94 379	87 760	127 424	53 416	Inf	74 206	7 701	13 108	**2 740**
	SR	96.7%	93.3%	100%	100%	0	100%	100%	100%	**100%**
	Rank	7	8	6	4	9	5	2	3	**1**

（续表）

函数	评价指标	PSO-LDIW	FIPS	DMS-PSO	CLPSO	DNLPSO	ALC-PSO	HCLPSO	EPSO	PSO-ALS
F_8	FEs	104 987	80 260	115 247	47 440	145 487	58 900	64 760	20 919	**3 102**
	SR	**100%**	90%	**100%**	**100%**	20%	**100%**	**100%**	**100%**	**100%**
	Rank	6	8	7	3	9	4	5	2	**1**
F_9	FEs	90 633	122 210	101 829	23 861	128 288	46 698	12 222	18 669	**4 244**
	SR	56.7%	66.7%	20%	**100%**	20%	**100%**	**100%**	**100%**	**100%**
	Rank	7	6	8	4	9	5	2	3	**1**
平均 Rank		6.6	5.6	7.2	4.2	9.0	5.2	3.0	3.2	**1.0**
平均 SR		88.68%	90.00%	75.34%	**100.00%**	12.00%	92.00%	**100.00%**	96.00%	**100.00%**

（3）移位和旋转函数对比结果。为了进一步验证 PSO-ALS 算法的有效性，在更复杂的 6 个移位和旋转函数上进行了对比实验。图 18-4 给出了各个算法的移位和旋转函数收敛曲线图。

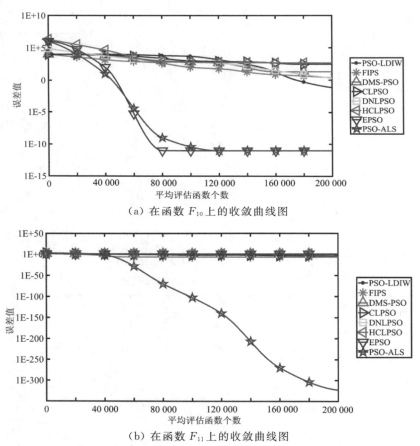

（a）在函数 F_{10} 上的收敛曲线图

（b）在函数 F_{11} 上的收敛曲线图

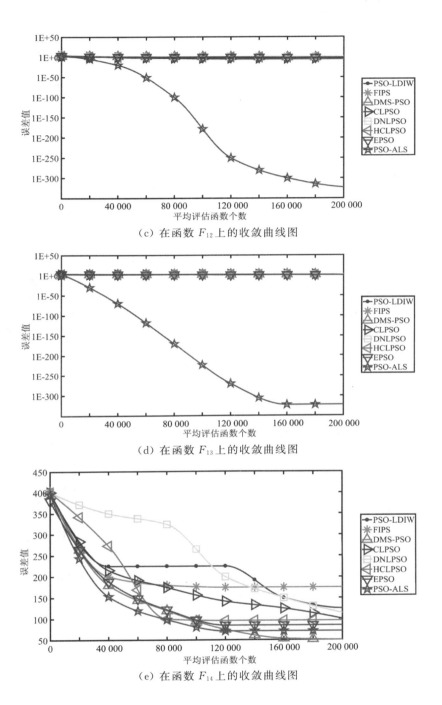

（c）在函数 F_{12} 上的收敛曲线图

（d）在函数 F_{13} 上的收敛曲线图

（e）在函数 F_{14} 上的收敛曲线图

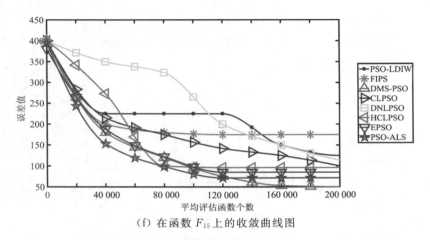

（f）在函数 F_{15} 上的收敛曲线图

图 18-4　移位和旋转函数收敛曲线图

从图 18-4 中可以看出，PSO-ALS 算法在所有移位和旋转函数中表现最好。在求解较复杂函数时，PSO-ALS 算法也能取得较高的求解精度，并保持较快的收敛性，进一步表现了算法的竞争力。

18.1.3.2　时间复杂度分析

传统 PSO 算法的计算消耗主要包括初始化操作 T_{ini}、评估操作 T_{eva} 和学习策略 T_{upd}。假设问题维度为 D，种群规模为 P，迭代停止所用的 FEs 个数为 M，则传统 PSO 算法的时间复杂度为 $T(D) = T_{ini} + M(T_{eva} + T_{upd}) = PD + [PM(D+2D)] = PD(1 + 3M)$。在 PSO-ALS 算法中，计算消耗主要由 T_{ini}、子群划分 T_{sd}、普通粒子学习策略 T_{upd-op}、局部最优粒子 $T_{upd-lbp}$ 和 T_{eva} 决定。其中，T_{sd} 主要涉及距离矩阵计算 T_{dis}、ρ 值计算 T_{rho} 和 δ 值计算 T_{del}。在最坏的情况下，$T_{dis} = P^2 \cdot D$，$T_{rho} = p^2$，$T_{del=P^2}$，可得本章算法的时间复杂度为 $T(D) = T_{ini} + M[(T_{rho} + T_{del} + T_{dis}) + (T_{upd-op} + T_{upd-lbp}) + T_{eva}] = PD + M[(P^2D + P^2 + P^2) + 2P^2D + PD] = PD + M(3P^2D + 2P^2 + PD)$，即 $O(P^2DM)$。

各算法的运行时间对比结果如表 18-4 所示。从表 18-4 可知，PSO-ALS 算法的运行时间短，特别是在多模态函数以及移位和旋转函数上 PSO-ALS 算法的性能好，这说明 PSO-ALS 算法中的学习策略能有效地改善种群多样性，使算法及时避免局部最优，从而更快地找到可接受解。根据表 18-4 的对比结果，虽然 PSO-ALS 算法需要频繁的子群划分操作，但是这并未对算法的运行时间造成较大影响。问题维度 D 和种群规模 P 给定后，PSO-ALS 算法的时间复杂度主要取决于评估函数个数 M。由于种群规模的自适应确定为学习策略多样性的发挥提供了精确的基础，PSO-ALS 算法可以有效避免局部最优，快速找到可接受解。同时，PSO-ALS 算法对学习策略进行简化，通过隐含速度项进一步提高收敛速度，因此在寻优过程中需要较少的评估函数个数。尽管 PSO-ALS 算法具有较高的时间复杂度，但所需的执行时间较少。

表 18-4　运行时间对比结果　　　　　　　　单位：秒

函数	PSO-LDIW	FIPS	DMS-PSO	CLPSO	DNLPSO	HCLPSO	EPSO	PSO-ALS
F_1	13.773	11.520	71.416	19.082	**9.351**	35.007	9.427	9.518
F_2	14.014	13.160	70.473	19.706	**7.329**	30.095	9.264	9.385
F_3	22.623	21.910	80.507	0	17.864	73.372	17.651	**3.629**
F_4	12.058	5.768	70.769	19.752	24.170	30.188	**4.549**	5.785
F_5	14.761	13.683	67.247	21.852	0	35.377	13.207	**8.686**
F_6	9.447	15.567	72.324	21.189	1.661	39.051	21.720	**0.820**
F_7	32.196	27.871	**15.844**	20.352	0	37.013	35.293	27.677
F_8	35.551	**21.040**	35.058	22.518	50.630	36.691	42.278	44.643
F_9	14.367	13.747	70.478	**12.326**	22.651	13.335	16.401	27.678
F_{10}	28.884	39.747	127.090	0	30.332	87.659	23.969	**14.181**
F_{11}	0	38.630	0	0	0	0	0	**29.886**
F_{12}	0	21.852	59.647	0	0	0	0	**7.041**
F_{13}	59.554	0	69.126	29.886	**16.212**	73.247	51.566	24.336
F_{14}	39.654	**17.040**	158.575	53.725	37.995	87.261	19.051	29.410
F_{15}	85.129	56.279	179.070	69.886	112.750	**48.550**	0	73.967
均值	29.385	22.701	81.973	28.207	30.086	48.219	22.031	**21.109**

18.1.3.3　显著性检验

为了检测算法的稳定性，我们对求解精度和收敛速度部分的平均误差值进行了显著性水平为 0.05 的 Friedman 检验。表 18-5 给出了 Friedman 检验的排序结果，等级值越低，说明算法的表现越好。表 18-5 的最后一行给出了每组比较的 p 值。当 p 值小于 0.05 时，ALC-PSO 算法与其他算法的结果差异显著。

表 18-5　平均误差值的 Friedman 检验结果

在 3 组函数上的等级						平均等级					
函数 $F_1 \sim F_4$		函数 $F_5 \sim F_9$		函数 $F_{10} \sim F_{15}$		函数 $F_1 \sim F_9$			函数 $F_1 \sim F_{15}$		
算法	等级	算法	等级	算法	等级	算法	等级	最终等级	算法	等级	最终等级
FIPS	6.25	FIPS	5.60	FIPS	4.67	FIPS	5.89	7	FIPS	4.93	6
DMS-PSO	5.75	DMS-PSO	6.20	DMS-PSO	3.83	DMS-PSO	6.00	8	DMS-PSO	4.60	4
CLPSO	7.50	CLPSO	4.20	CLPSO	5.00	CLPSO	5.67	5	CLPSO	4.93	6
DNLPSO	8.75	DNLPSO	9.00	DNLPSO	6.50	DNLPSO	8.89	9	DNLPSO	7.33	8
ALC-PSO	2.50	ALC-PSO	3.80	ALC-PSO	—	ALC-PSO	3.22	2	ALC-PSO	—	—
HCLPSO	4.75	HCLPSO	4.70	HCLPSO	5.33	HCLPSO	4.72	4	HCLPSO	4.50	3
EPSO	3.75	EPSO	3.70	EPSO	4.67	EPSO	3.72	3	EPSO	3.77	2
PSO-ALS	1.00	PSO-ALS	1.20	PSO-ALS	1.33	PSO-ALS	1.11	1	PSO-ALS	1.20	1
p-value	0.0017	0.0011		0.0301		2.79E-07			1.57E-08		

从表 18-5 的平均等级结果可以看出,与其他算法相比,PSO-ALS 算法表现最佳。从 p 值可以看出,在求解精度方面,PSO-ALS 算法明显优于其他 PSO 算法。

18.1.3.4　学习策略多样性分析

采用式(18.8)所示的多样性指标对种群多样性进行分析:

$$diversity(M) = \frac{1}{M} \sum_{i=1}^{M} \sqrt{\sum_{d=1}^{D}(x_i^d - \overline{x^d})^2} \qquad (18.8)$$

式中,M、D 和 $\overline{x}$ 分别表示种群规模、维数和平均位置。图 18-5 给出了在前 2 000 次迭代过程中,PSO-ALS 算法与 PSO-LDIW 算法在 4 个仿真函数上的多样性比较结果。

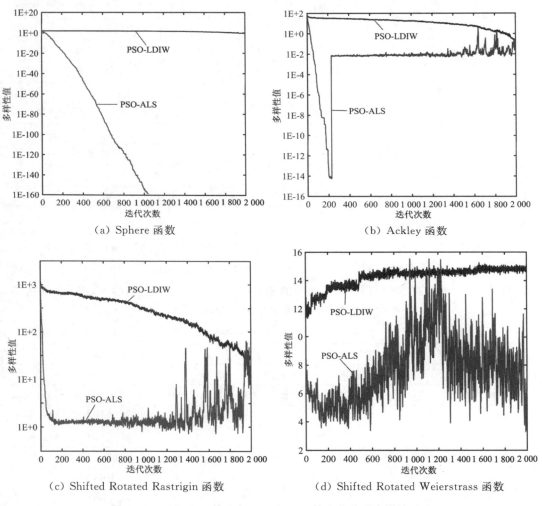

（a）Sphere 函数　　　　（b）Ackley 函数

（c）Shifted Rotated Rastrigin 函数　　　（d）Shifted Rotated Weierstrass 函数

图 18-5　PSO-ALS 算法与 PSO-LDIW 算法的种群多样性对比

对于单模态问题(Sphere 函数),由于只有一个全局最优解,多样性的快速减少有助于提高算法对当前区域的开发能力。从图 18-5(a)可以看出,PSO-ALS 算法的多样性曲线在早期搜索阶段迅速下降,表明该算法可以快速收敛从而在搜索早期阶段找到较优的解。

对于多模态问题（Ackley 函数、Shifted Rotated Rastrigin 函数和 Shifted Rotated Weierstrass 函数），种群多样性的丢失可能导致算法失去全局搜索能力，从而陷入局部最优。从图 18-5（b）、图 18-5（c）、图 18-5（d）可以看出，PSO-ALS 算法的多样性曲线在整个搜索过程中一直在震荡，特别是在搜索后期，震荡程度逐渐显著。这表明，受益于提出的学习策略对多样性的保持，PSO-ALS 算法相比于 PSO-LDIW 算法不易陷入局部最优。此外，尽管 PSO-ALS 算法的多样性曲线在早期低于 PSO-LDIW 算法，但在搜索后期，曲线呈上升趋势，甚至在部分阶段高于 PSO-LDIW 算法，这说明 PSO-ALS 算法的学习策略有助于该算法在搜索后期提高多样性，从而有效地跳出局部最优。

综上所述，从图 18-5 的比较结果来看，PSO-ALS 算法展现出较高的多样性保持能力，能够更好地平衡勘探与开发能力，并且可以有效地防止该算法陷入局部最优。

总体来看，基于自适应学习策略的 PSO 算法能够根据粒子的分布特性自适应地确定种群规模。与传统的基于固定或参数辅助的学习策略相比，自适应的种群划分结合了粒子的自然演化规律，提高了学习策略的智能性和多样性。从本质上讲，种群多样性的维持通过分治思想实现，即将复杂的 PSO 算法分解为若干个相对简单的 PSO 算法来实现，在简化问题的同时增加了粒子的多样性。此外，算法中的学习策略可以简化成隐含速度项的形式，从而提高算法的收敛速度。

18.2　基于自适应演化状态分析的粒子群优化算法

在 PSO 算法中，种群的分布信息在多维搜索空间中不断变化。种群的演化状态能够描述种群分布的变化过程。比如，在收敛状态下，种群的分布变得相对密集。根据演化状态有针对性地调整算法参数和拓扑结构，或是选择相应的辅助搜索技术，能够提高 PSO 算法避免局部最优的能力。

本节基于对种群演化状态的分析，介绍了一种基于自适应演化状态分析的 PSO 算法（PSO Based on Adaptive Analysis of Evolutionary State, AESPSO）[10]，并给出了相应示例展示该算法的优化效果。

18.2.1　种群演化状态分析

为了描述种群的演化状态，Yang 等[11]引入了演化速度因子和聚集度因子。基于演化状态对惯性权重进行动态调整，使算法具有较好的跳出局部最优的能力。Zhan 等[12]提出的 APSO 算法采用演化状态估计技术，通过模糊分类估计出 4 种演化状态（勘探、开发、收敛和跳出），并使参数根据不同的状态自适应做出调整，有效地避免了局部最优，而且加快了收敛速度。Li 等[13]提出了一种自学习 PSO 算法来解决复杂多模态问题，与 APSO 算法中的 4 种演化状态类似，该算法采用自适应选择方法设计了 4 种策略来应对不同的搜索情况。基于演化状态估计的 PSO 算法提高了避免局部最优的能力。然而，它们通常采用一个或多个已定义好的演化状态，这种估计方式不足以精确地对演化状态进行描述，从而导致该算法不能及时且有针对性地避免局部最优。

实际上,PSO算法是对种群聚集行为的模拟。这是一种自然的演化过程,遵循个体在全局最优粒子领导下不断聚集的演化规律。因此,根据种群本身的分布特征,对演化状态进行自适应估计,更符合种群的演化规律。此外,演化状态的自适应估计可以为跳出局部最优和粒子更新提供更有针对性的指导。基于此,一种基于自适应演化状态分析的 AESPSO 算法被研究。

18.2.2 算法描述

AESPSO 算法旨在通过有效估计种群的演化状态来避免局部最优,其中,演化状态的准确估计能够为算法跳出局部最优和学习策略的设计提供自适应的指导。采用自适应的估计方法来描述演化状态并检测早熟收敛状态的发生。若粒子陷入早熟收敛,则利用一种结合变异扰动的跳出策略来逃离局部最优。同时,根据演化状态的不同有针对性地设计学习策略,通过增加种群多样性来进一步避免局部最优。

18.2.2.1 收敛状态的自适应估计

在种群演化过程中,粒子会经历许多不同的演化状态,而处于不同演化状态的粒子往往具有不同的搜索能力。为了避免局部最优,更有针对性地提高 PSO 算法的性能,需要精确地估计演化状态。一种两步自适应演化状态估计方法[10]被提出,先划分种群,即根据种群分布特征,自适应地将种群划分为多个子群,每个子群都有自己的演化状态。然后,基于初步的演化状态估计结果,利用收敛因子进一步估计出早熟收敛状态。收敛状态自适应估计方法的流程如图 18-6 所示。

(1)划分种群。为使演化状态的估计更符合种群自然聚集的演化规律,考虑使用聚类方法实现种群划分,具体的算法思想见 18.1.2。这里对式(18.1)中的截断距离 d_c 做进一步说明。设 N 为粒子个数,则由 d_{ij} 构成的距离矩阵 $\mathbf{d}$ 有 $M=\dfrac{1}{2}N(N-1)$ 个值。

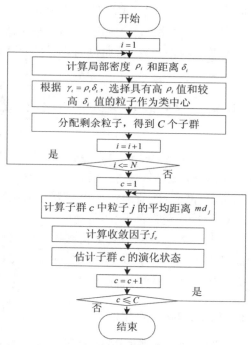

图 18-6 收敛状态自适应估计方法的流程图

定义 $\mathbf{d}_{ij}$ 的升序序列矩阵为 $\mathbf{d}',\mathbf{d}'_1\leqslant\mathbf{d}'_2\leqslant\cdots\leqslant\mathbf{d}'_M$,则截止距离 $d_c=\mathbf{d}'_{f(RM)}$,这里 f 表示一种凑整舍入操作,$R\in(0,1)$。可以看出,d_c 是指按升序排列的 $\mathbf{d}_{ij}$ 里的第 RM 个值。

为了说明种群划分的过程,以二维空间中的 20 个粒子为例,给出了第 g 代的种群划分过程,如图 18-7 所示。图 18-7(a)为粒子的初始分布。首先,根据式(18.1)和式(18.2)分别计算每个粒子的局部密度 ρ_i 和距离 δ_i。δ 作为 ρ 的函数绘制在图 18-7(b)中。可以看出,粒子 1、7 和 11 具有较高的 ρ 和相对较高的 δ。其次,根据 $\gamma=\rho\delta$ 计算 γ 值,并按递减顺序对 γ 值排序,得出具体的子群个数和对应的中心粒子。图 18-7(c)给

出了 γ 值的曲线图,其中,横轴表示粒子数。该图表明,γ 值在 $n=3$ 时开始异常增长。因此,可以将种群划分为 3 个子群,粒子 1、7 和 11 是子群的中心粒子。然后,分配剩余粒子,将剩余的粒子分配给与其最近且具有高密度粒子的子群。最后,获得种群划分的结果,如图 18-7(d)所示,3 个子群分别用圆圈、菱形和三角形表示。

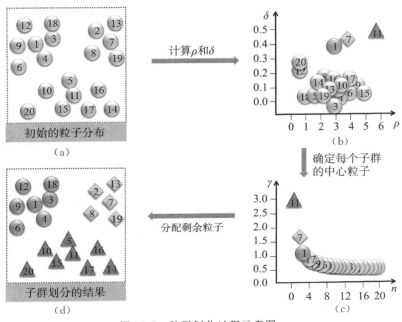

图 18-7　种群划分过程示意图

（2）收敛状态估计。基于种群划分的结果,使用一种基于平均距离信息的收敛因子来进一步推断每个子群中是否发生早熟收敛。

在 PSO 的搜索过程中,种群的分布信息在多维空间中不断变化。在收敛状态下,种群分布变得相对密集。因此,种群分布能够作为表征收敛状态的有效工具之一,而粒子之间的平均距离可视为描述种群分布的标准之一。在一个子群中,以从全局最优粒子到另一个粒子的平均距离为例,该平均距离在初始化阶段可能最大。由于其他粒子趋于向全局最优粒子聚集,平均距离将逐渐减小。最后,当所有粒子聚集到全局最优粒子的位置时,平均距离最小。因此,这里的收敛因子基于平均距离信息给出。每个粒子 j 与其相应子群中其他所有粒子的平均距离 md_j 定义如下：

$$md_j = \frac{1}{N_c-1} \sum_{k=1,k\neq j}^{N_c} \sqrt{\sum_{d=1}^{D} (x_j^d - x_k^d)^2} \qquad (18.9)$$

式中,$d=1,2,\cdots,D$,N_c 是子群 c 中的粒子个数。将第 c 个子群中最优粒子的 md_j 表示为 md_{cg},收敛因子 f_c 定义如下：

$$f_c = \frac{md_{cg} - md_{\min}}{md_{\max} - md_{\min}} \in [0,1] \qquad (18.10)$$

式中,$md_{\max}$ 是最大平均距离,$md_{\min}$ 是最小平均距离。根据 APSO 算法,可以通过模糊分类方法确定收敛状态时的 f_c。APSO 算法给出的收敛状态的隶属函数 $\mu(f_c)$ 如下：

$$\mu(f_c) = \begin{cases} 1, & 0 \leqslant f_c \leqslant 0.1 \\ -5 \times f_c + 1.5, & 0.1 < f_c \leqslant 0.3 \\ 0, & 0.3 < f_c \leqslant 1 \end{cases} \qquad (18.11)$$

当 f_c 在 $[0, 0.3]$ 取值时,算法能够获得很好的收敛状态估计结果。当 f_c 大于 0 且小于 0.3 时,认为种群已经陷入早熟收敛。

18.2.2.2　跳出策略

子群陷入早熟收敛意味着该子群中的最优粒子一直处于局部最优解位置没有变化,并且吸引其他所有粒子收敛到此位置。为了使粒子能够在新的空间中继续搜索,一种跳出策略被用于对子群中的最优粒子进行突变扰动,使其摆脱局部最优。跳出策略的具体流程如图 18-8 所示。

（1）变异扰动。在大多数智能优化方法中,变异操作是使用广泛的用于引导和增强全局搜索的方法之一。当早熟收敛发生时,是每个子群内的最优粒子引导其他粒子收敛在一起。通过激活这些最优粒子可以加快其他粒子跳出局部最优。考虑到局部最优粒子

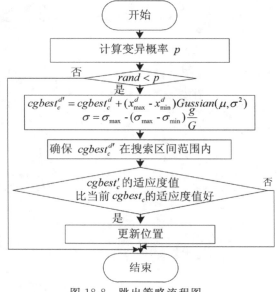

图 18-8　跳出策略流程图

有可能提供全局最优解的信息,在重新初始化之前先进行一定程度的变异扰动。鉴于适应度信息能够指导搜索方向,这里的变异概率 p 基于适应度信息给出:

$$p = \exp\left(-\frac{fit_{\max} - fit_{\min}}{fit_{\min} + e}\right) \qquad (18.12)$$

式中,$fit_{\max}$ 和 $fit_{\min}$ 分别表示当前子群中最大适应度值和最小适应度值的绝对值,e 是一个很小的正数。

（2）重新初始化粒子。受模拟退火方法的启发,通过高斯扰动对子群 c 中的最优粒子 $cgbest_c$ 执行重新初始化操作:

$$cgbest_c^{d'} = cgbest_c^d + (x_{\max}^d - x_{\min}^d)Gaussian(\mu, \sigma^2) \qquad (18.13)$$

式中,d 是维数,$x_{\min}^d$ 是搜索区间的下限,$x_{\max}^d$ 是搜索区间的上限。$Gaussian(\mu, \sigma^2)$ 表示由高斯分布生成的随机数,其中,$\mu = 0$,标准差 σ 按照下式线性递减:

$$\sigma = \sigma_{\max} - (\sigma_{\max} - \sigma_{\min})\frac{g}{G} \qquad (18.14)$$

式中,$\sigma_{\max}$ 和 $\sigma_{\min}$ 分别 σ 是的最大值和最小值。Zhan 等[12] 的算法的参数灵敏度测试表明 $\sigma_{\max} = 1.0$ 且 $\sigma_{\min} = 0.1$ 时,取得最好的高斯扰动结果。此外,从统计意义上讲,较大的 σ 可使 $cgbest_c$ 在早期搜索过程中避免可能的局部最优值,而较小的 σ 将指导 $cgbest_c$ 在后期的搜索过程中细化寻找全局最优解。在跳出策略中,当且仅当最优解优于当前 $cgbest_c$ 找的最优解时,才会执行重新初始化操作。

18.2.2.3 基于演化状态估计的学习策略

保持种群多样性是防止 PSO 算法陷入局部最优的关键。学习策略是提高种群多样性的有效手段。为了避免局部最优,针对未陷入早熟收敛状态和陷入早熟收敛状态的子群分别设计了表达形式不同的学习策略来增加种群多样性。

根据演化状态估计的结果,对于未陷入早熟收敛状态的子群中的粒子 j,学习策略定义如下:

$$v_j^d = \omega x_j^d + c_1 rand_1^d (pBest_j^d - x_j^d) + c_2 rand_2^d (cgBest_c^d - x_j^d) \tag{18.15}$$

$$x_j^d = x_j^d + v_j^d \tag{18.16}$$

式中,ω 是惯性权重,正常数 c_1 和 c_2 是加速度系数,$rand_1$ 和 $rand_2$ 是在$[0,1]$区间中均匀分布的两个随机数。式(18.15)使用子群中最优粒子并非全局最优粒子来引导演化更新,可以使整个种群学习来自不同子群的搜索信息,从而增加种群多样性。

对于陷入早熟收敛状态的子群中的粒子 j,学习策略定义如下:

$$v_j^d = \omega x_j^d + c_1 rand_1^d (pBest_j^d - x_j^d) + c_2 rand_2^d \left(\frac{1}{C} \sum_{c=1}^{C} cgBest_c^d - x_j^d \right) \tag{18.17}$$

$$x_j^d = x_j^d + v_j^d \tag{18.18}$$

式中,C 是子群的总数。因为仅在满足变异条件的情况下才能重新初始化 $cgBest_c$ 的信息,所以当子群陷入局部最优时,$cgBest_c$ 可能无法有效地指导搜索过程。为解决此问题,式(18.17)使用 C 个 $cgBest_c$ 的平均信息指导粒子的更新,通过增强子群之间的合作进一步提高种群多样性。AESPSO 算法的流程如图 18-9 所示。

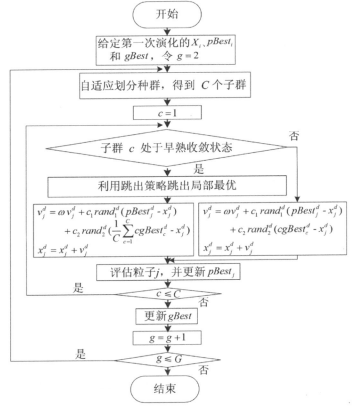

图 18-9　AESPSO 算法流程图

18.2.3　优化效果示例

本部分对 AESPSO 算法在求解精度、收敛速度和高维数据优化 3 个方面对优化效果进行介绍。实验设置和具体的对比结果参见文献[10]。

18.2.3.1　求解精度对比

表 18-6 给出了 AESPSO 算法和 8 种其他代表性算法在求解误差值的均值和标准差上的对比，分别用"Mean"和"Std. Dev."表示。Wilcoxon 秩和检验的结果用 p 值表示。当 p 值小于 0.05 时，认为 AESPSO 算法与其他算法的求解结果差异显著。

表 18-6　几种算法的求解精度对比

函数	评价指标	PSO-LDIW	FIPS	HPSO-TVAC	DMS-PSO	CLPSO	HEPSO	HCLPSO	EPSO	AESPSO
F_1	Mean	4.12E-127	2.60E-30	1.45E-41	9.52E-83	1.39E-27	**0**	3.57E-43	3.64E-44	**0**
	Std. Dev.	2.25E-126	5.63E-31	4.64E-41	4.15E-82	2.05E-27	**0**	4.00E-45	7.13E-44	**0**
	p-value	0	0	0	0	0	1.000 00	0	0	
F_2	Mean	1.02E-73	1.61E-17	1.00E-22	2.01E-26	3.58E-17	1.04E-162	2.72E-23	6.07E-22	**0**
	Std. Dev.	3.37E-73	8.60E-18	2.20E-24	2.68E-26	1.89E-17	**0**	3.53E-23	1.23E-21	**0**
	p-value	0	0	0	0	0	0	0	0	
F_3	Mean	3.46E-08	3.29E-01	1.05E-07	1.45E-09	1.06E+02	8.76E-52	1.20E-01	8.84E-07	**0**
	Std. Dev.	5.89E-08	2.30E-01	1.60E-07	1.39E-09	5.04E+01	4.80E-51	7.42E-02	9.11E-07	**0**
	p-value	0	0	0	0	0	0	0	0	
F_4	Mean	1.52E+01	2.25E+01	1.20E+01	9.30E-01	1.22E+00	7.36E-02	3.65E+00	9.93E-01	**2.71E-02**
	Std. Dev.	1.90E+01	4.39E-01	1.61E+01	1.71E+00	1.83E+00	8.40E-02	3.70E+00	1.83E+00	**5.52E-02**
	p-value	0	0	0	0	0	0.067 90	0	0	
F_5	Mean	1.10E-14	7.58E-15	7.29E-14	9.23E-15	2.49E-14	1.13E-15	2.46E-14	1.66E-14	**0**
	Std. Dev.	2.27E-15	6.49E-16	3.00E-14	1.79E-15	4.18E-15	9.01E-16	5.90E-15	3.88E-15	**0**
	p-value	0	0	0	0	0	0	0	0	
F_6	Mean	1.32E-02	9.01E-12	9.75E-03	1.31E-03	2.01E-14	**0**	5.01E-15	1.11E-16	**0**
	Std. Dev.	1.55E-02	1.84E-11	8.33E-03	4.32E-03	8.67E-14	**0**	2.35E-03	5.87E-16	**0**
	p-value	0	0	0	0	0	1.000 00	0	0	
F_7	Mean	4.34E+01	2.87E+01	1.43E+00	2.07E+01	2.44E-14	**0**	2.55E-14	5.92E-10	**0**
	Std. Dev.	8.09E+00	1.46E+01	1.78E-15	7.80E+00	5.98E-14	**0**	8.86E-14	3.24E-09	**0**
	p-value	0	0	0	0	0	1.000 00	0	0	
F_8	Mean	1.78E+01	3.33E+01	1.23E+00	8.53E+00	4.97E-15		4.10E-14	1.00E-01	**0**
	Std. Dev.	1.21E+01	5.72E+00	1.24E-14	5.99E+00	4.60E-15	**0**	8.75E-14	3.05E-01	**0**
	p-value	0	0	0	0	0	1.000 00	0	0	
F_9	Mean	1.32E+03	5.72E+00	1.57E+03	3.21E+02	3.82E-04	2.93E+01	2.37E+01	9.70E-13	6.97E+00
	Std. Dev.	3.32E+02	5.72E+00	2.61E+02	6.51E+02	**8.13E-13**	3.95E+01	4.82E+01	9.23E-13	5.29E+01
	p-value	0	0.000 01	0	0		0.190 70	0.473 30	0	
F_{10}	Mean	7.30E-2	2.40E+00	6.41E-07	5.84E-08	2.99E+02	4.02E-04	1.70E-06	**0**	9.61E-12
	Std. Dev.	7.56E-2	2.40E+00	8.18E-07	7.85E-08	9.98E+01	4.86E-03	1.71E-06	**1.88E-12**	6.74E-12
	p-value	0	0	0	0	0	1.000 00	0	0	

（续表）

函数	评价指标	PSO-LDIW	FIPS	HPSO-TVAC	DMS-PSO	CLPSO	HEPSO	HCLPSO	EPSO	AESPSO
F_{11}	Mean	1.93E+00	3.16E-07	9.29E+00	2.42E-14	5.91E-05	2.10E+01	5.32E-02	2.04E-12	**0**
	Std. Dev.	9.60E-01	1.00E-07	2.07E+00	1.52E-14	6.64E-05	8.33E-02	3.98E-02	1.03E-12	**0**
	p-value	0	0	0	0	0	0	0	0	
F_{12}	Mean	1.80E-02	1.28E-09	9.26E-03	4.11E-03	7.96E-05	**0**	9.85E-03	4.44E-03	**0**
	Std. Dev.	2.41E-02	4.29E-08	8.80E-03	5.80E-03	7.66E-05	**0**	1.10E-02	6.39E-03	**0**
	p-value	0	0	0	0	0	1.000 00	0	0	
F_{13}	Mean	6.00E+01	1.50E+02	5.29E+01	4.20E+01	8.71E+01	4.02E+02	9.38E+01	6.07E-03	**0**
	Std. Dev.	1.60E+01	1.45E+01	1.25E+01	9.74E+00	1.08E+01	4.54E+01	3.13E+01	7.22E-03	**0**
	p-value	0	0	0	0	0	0	0	0	
F_{14}	Mean	1.22E+02	1.78E+02	3.34E+02	5.40E+01	1.01E+02	1.45E+02	5.61E+01	5.46E+01	**4.97E+01**
	Std. Dev.	3.25E+01	1.54E+02	5.29E+01	**8.42E+00**	1.55E+01	6.55E+01	1.29E+01	1.70E+01	9.92E+01
	p-value	0.002 80	0.001 12	0	0.228 20	0.051 90	0.007 6	0.176 1	0.145 30	
F_{15}	Mean	2.96E+01	2.47E+01	3.08E+01	2.24E+01	2.59E+01	3.22E+01	2.03E+01	2.22E+01	**1.85E+01**
	Std. Dev.	3.08E+00	3.36E+00	2.65E+00	2.86E+00	1.67E+00	**1.66E+00**	2.94E+00	2.58E+00	2.34E+00
	p-value	0	0	0	0.000 01	0	0	0.009 10	0.000 11	

可以看出，AESPSO 算法几乎在所有的仿真函数上都取得了最优的求解精度。

18.2.3.2　收敛速度对比

为了验证 AESPSO 算法在寻优速度方面的表现，表 18-7 给出了算法收敛速度对比。

表 18-7　几种算法的收敛速度对比

函数	评价指标	PSO-LDIW	FIPS	HPSO-TVAC	DMS-PSO	CLPSO	HEPSO	HCLPSO	EPSO	AESPSO
F_1	FEs	40 783	69 624	30 012	**2 607**	68 897	18 204	111 232	75 549	3 182
	SR%	**100**	**100**	**100**	**100**	**100**	**100**	**100**	**100**	**100**
F_2	FEs	39 775	75 763	32 505	8 098	69 473	15 067	99 636	70 468	3 509
	SR%	**100**	**100**	**100**	**100**	**100**	**100**	**100**	**100**	**100**
F_3	FEs	57 451	180 847	106 672	76 925	Inf	78 011	110 685	92 604	1 920
	SR%	**100**	63	**100**	**100**	0	**100**	**100**	**100**	**100**
F_4	FEs	36 195	38 099	12 115	8 423	173 583	16 115	92 812	50 344	1 247
	SR%	**100**	**100**	**100**	**100**	**100**	**100**	**100**	**100**	**100**
F_5	FEs	115 287	7 541	52 516	71 324	66 771	186 645	29 757	76 561	1 750
	SR%	**100**	**100**	**100**	97	**100**	60	**100**	**100**	**100**
F_6	FEs	42 141	42 604	103 459	8 798	66 649	115 644	18 394	101 239	**1 972**
	SR%	60	**100**	27	**100**	**100**	80	97	93	**100**

（续表）

函数	评价指标	PSO-LDIW	FIPS	HPSO-TVAC	DMS-PSO	CLPSO	HEPSO	HCLPSO	EPSO	AESPSO
F_7	FEs	36 070	79 241	74 803	3 624	44 000	52 099	7 701	70 604	**2 245**
	SR%	77	**100**	**100**	**100**	**100**	**100**	**100**	**100**	**100**
F_8	FEs	41 415	118 709	93 259	5 641	31 429	110 592	79 518	85 119	**2 517**
	SR%	97	57	**100**	**100**	**100**	**100**	**100**	**100**	**100**
F_9	FEs	90 633	133 646	56 683	104 422	65 429	**160**	57 097	70 704	12 516
	SR%	57	93	93	33	**100**	**100**	**100**	**100**	**100**
F_{10}	FEs	143 175	97 708	59 570	37 696	Inf	**10,000**	74 070	69 493	20 732
	SR%	**100**	**100**	**100**	**100**	0	**100**	**100**	**100**	**100**
F_{11}	FEs	163 356	187 032	Inf	169 314	112 375	69 032	Inf	156 223	**15 944**
	SR%	17	**100**	0	**100**	97	33	0	**100**	**100**
F_{12}	FEs	73 424	150 433	105 910	29 157	73 009	93 646	183 706	110 312	**3 016**
	SR%	33	**100**	33	63	97	**100**	33	63	**100**
F_{13}	FEs	55 640	Inf	8 208	91 688	146 299	Inf	124 185	135 257	4 844
	SR%	**100**	0	**100**	40	93	0	67	**100**	**100**
F_{14}	FEs	93 384	54 626	Inf	29 485	66 890	77 979	11 701	63 123	**10 920**
	SR%	**100**	**100**	0	**100**	**100**	**100**	**100**	**100**	**100**
F_{15}	FEs	91 142	68 359	**21 056**	48 150	Inf	83 460	120 000	59 976	40 962
	SR%	97	**100**	37	**100**	0	93	**100**	**100**	**100**

可以看出，AESPSO 算法在大多数函数上的收敛速度都优于其他算法，并达到了 100% 的成功率。虽然有些算法在部分函数上的收敛速度要优于 AESPSO 算法，但 AESPSO 算法的求解精度更高，这说明 AESPSO 算法既能找到较高精度的解，也能较快地收敛。

18.2.3.3 高维问题对比

为了进一步阐明算法的有效性，本部分将 AESPSO 算法与 PSO-LDIW 算法、LPSO 算法和 XPSO 算法这 3 个有代表性的算法在高维优化问题上的寻优效果进行了比较，表 18-8 和表 18-9 给出了 30 次独立实验的平均求解精度和收敛速度。

表 18-8　几种算法在高维问题上的求解精度对比

函数	评价指标	PSO-LDIW		LPSO		XPSO		AESPSO	
		30 维	50 维	30 维	50 维	30 维	50 维	30 维	50 维
F_1	Mean	4.12E-127	7.13E-65	5.75E-88	1.54E-28	3.79E-13	6.04E-69	**0**	**1.64E-187**
	Std. Dev.	2.25E-126	2.17E-64	9.03E-88	2.94E-28	1.62E-13	1.91E-68	**0**	**0**
F_2	Mean	1.02E-73	8.26E-44	3.75E-59	2.20E-21	1.28E-45	5.47E-20	**0**	**1.42E-52**
	Std. Dev.	3.37E-73	1.21E-43	4.83E-59	2.71E-21	3.99E-45	1.12E-19	**0**	**4.46E-52**
F_3	Mean	3.46E-08	8.19E+00	1.70E-04	2.32E+02	8.90E-16	7.11E-04	**0**	**7.07E-34**
	Std. Dev.	5.89E-08	5.71E+00	1.80E-04	1.20E+02	2.46E-15	9.30E-04	**0**	**2.24E-33**
F_4	Mean	1.52E+01	7.55E+01	1.38E+01	6.97E+01	5.83E+01	3.97E+01	**2.71E-02**	**4.61E+00**
	Std. Dev.	1.90E+01	2.57E+01	6.39E+00	3.17E+01	2.25E+01	2.77E+01	**5.52E-02**	**5.29E-01**
F_5	Mean	1.10E-14	9.09E-14	6.40E-15	2.06E-14	2.09E+01	2.06E-14	**0**	**0**
	Std. Dev.	2.27E-15	1.62E-14	1.50E-15	8.51E-15	2.65E-02	4.37E-15	**0**	**0**
F_6	Mean	1.32E-02	7.14E-03	7.40E-04	4.68E-03	3.89E+01	8.12E-03	**0**	**0**
	Std. Dev.	1.55E-02	1.05E-02	2.30E-03	6.51E-03	1.98E+01	1.04E-02	**0**	**0**
F_7	Mean	4.34E+01	6.23E+01	2.37E+01	5.50E+01	9.81E+00	6.44E+01	**0**	**0**
	Std. Dev.	8.09E+00	1.18E+01	4.98E+00	5.18E+00	2.13E+00	1.72E+01	**0**	**0**
F_8	Mean	1.78E+01	3.68E+01	5.20E+00	2.39E+01	1.02E-01	1.52E+01	**0**	**0**
	Std. Dev.	1.21E+01	2.51E+01	3.71E+00	8.36E+00	4.89E-02	9.00E+00	**0**	**0**
F_9	Mean	1.32E+03	5.26E+03	3.32E+03	6.44E+03	1.06E+02	6.99E+03	**6.97E+00**	**5.73E-04**
	Std. Dev.	3.32E+02	6.55E+02	6.16E+02	6.83E+02	5.10E+01	1.08E+03	**5.29E+01**	**2.01E-04**
F_{10}	Mean	1.63E-10	**9.95E+00**	7.49E-01	1.08E+04	1.90E-05	1.20E+02	**9.61E-12**	6.51E+04
	Std. Dev.	3.50E-10	**5.49E+00**	7.03E-01	8.06E+03	4.38E-05	3.29E+02	**6.74E-12**	5.10E+03
F_{11}	Mean	1.93E+00	2.11E+01	2.09E+01	2.11E+01	2.93E+01	2.12E+01	**0**	**7.10E+00**
	Std. Dev.	9.60E-01	3.27E-02	7.59E-02	4.81E-02	7.21E-02	**2.54E-02**	**0**	9.04E+00
F_{12}	Mean	1.80E-02	6.16E-03	4.40E-03	4.36E-03	6.90E-03	3.94E-03	**0**	**0**
	Std. Dev.	2.41E-02	7.63E-03	4.90E-03	5.49E-03	7.40E-03	5.22E-03	**0**	**0**
F_{13}	Mean	6.00E+01	2.61E+02	7.05E+01	2.26E+02	9.04E+01	1.69E+02	**0**	**0**
	Std. Dev.	1.60E+01	4.33E+01	1.75E+01	5.88E+01	2.38E+01	5.14E+01	**0**	**0**
F_{14}	Mean	1.22E+02	4.60E+02	1.00E+02	2.57E+02	8.90E+01	1.94E+02	**4.97E+01**	**1.06E+03**
	Std. Dev.	3.25E+01	2.99E+02	2.91E+01	4.88E+01	2.90E+01	4.68E+01	**9.92E+01**	**7.67E+01**
F_{15}	Mean	2.96E+01	7.19E+01	3.96E+01	7.26E+01	3.97E+01	7.17E+01	**1.85E+01**	**7.36E+01**
	Std. Dev.	3.08E+00	1.87E+00	7.15E-01	1.10E+00	8.90E-01	3.34E+00	**2.34E+00**	**1.16E+00**

表 18-9　几种算法在高维问题上的收敛速度对比

函数	评价指标	PSO-LDIW		LPSO		XPSO		AESPSO	
		30 维	50 维	30 维	50 维	30 维	50 维	30 维	50 维
F_1	FEs	40 783	203 515	118 197	261 810	94 954	113 778	**3 182**	**3 548**
	SR/%	**100**	**100**	**100**	**100**	**100**	**100**	100	100
F_2	FEs	39 775	192 440	115 441	251 960	95 231	107 993	**3 509**	**9 522**
	SR/%	**100**	**100**	**100**	**100**	**100**	**100**	100	100
F_3	FEs	57 451	371 250	162 196	Inf	126 658	184 576	**1 920**	**1 146**
	SR/%	**100**	**100**	**100**	0	**100**	**100**	100	100
F_4	FEs	36 195	252 080	137 934	274 260	79 753	112 916	**1 247**	**2 937**
	SR/%	**100**	**100**	**100**	**100**	**100**	**100**	100	100
F_5	FEs	29 085	211 800	168 060	275 690	10 190	118 197	**1 750**	**7 945**
	SR/%	**100**	**100**	**100**	**100**	**100**	**100**	100	100
F_6	FEs	42 141	206 693	89 029	265 506	97 307	78 418	**1 972**	**4 407**
	SR/%	60	70	87	80	47	33	**100**	**100**
F_7	FEs	36 070	215 750	171 756	266 725	88 679	16 811	**2 245**	**6 888**
	SR/%	77	10	80	20	100	10	**100**	**100**
F_8	FEs	41 415	291 943	141 172	325 965	88 050	180 152	**2 517**	**2 198**
	SR/%	97	70	**100**	**100**	**100**	**100**	100	100
F_9	FEs	90 633	Inf	189 154	Inf	80 365	Inf	**12 516**	**15 909**
	SR/%	57	0	**100**	0	33	0	**100**	**100**
F_{10}	FEs	27 512	320 955	141 691	Inf	142 629	175 768	**20 732**	**23 352**
	SR/%	**100**	**100**	**100**	0	**100**	20	**100**	33
F_{11}	FEs	163 356	Inf	Inf	Inf	Inf	Inf	**15 944**	Inf
	SR/%	17	0	0	0	0	0	**100**	0
F_{12}	FEs	73 424	415 480	80	Inf	**51**	97 680	3 016	**7 474**
	SR/%	33	50	**100**	0	**100**	40	**100**	**100**
F_{13}	FEs	55 640	Inf	186 771	Inf	15 1050	15 431	4 844	**2,700**
	SR/%	100	0	87	0	80	10	**100**	**100**
F_{14}	FEs	17 121	216 679	155 376	265 955	119 998	**80 348**	10 920	Inf
	SR/%	**100**	70	**100**	**100**	**100**	50	**100**	0
F_{15}	FEs	36 270	Inf	**34 131**	Inf	Inf	Inf	40 962	Inf
	SR/%	97	0	**100**	0	0	0	**100**	0

根据表 18-8 和表 18-9,尽管 AESPSO 算法在一些移动和旋转函数上没有找到可接受解,但与其他算法相比,AESPSO 算法在绝大多数函数上取得了最高的求解精度和最快的收敛速度。特别地,在函数 F_5 到 F_8、F_{12} 和 F_{13} 上,AESPSO 算法仍然能够百分之百地以最快的收敛速度找到全局最优解,说明 AESPSO 算法在高维优化问题的解决上仍然能够保持优势。

18.3　基于自适应变异粒子群优化支持向量机的信用评估方法

信贷风险是金融风险的主要来源之一,构建一个科学的信用评估模型对金融机构的信贷资产管理十分重要。本节介绍了一种利用支持向量机解决信用评估问题的方法,该方法利用一种自适应变异 PSO 算法对支持向量机模型中的关键超参数进行优化,从而提高模型的预测能力。

18.3.1　信用评估问题

信贷业务是金融机构中非常重要的资产业务,金融机构通过发放贷款获取收益的同时,也面临着客户违约带来的风险。因此,对于客户提出的贷款申请,金融机构需要对其进行信用评估,即借助科学严谨的方法,综合分析客户的基本信息和资信记录,对客户按时还款的可能性进行判断,决定是否授权贷款申请。显然,选择预测精度高的个人信用评估模型对防范信贷风险尤为重要。

国内外对个人信用评估方法进行了广泛研究,通常可分为统计评估方法和非统计评估方法。统计评估方法包括回归分析、判别分析等,其优点在于模型的可解释性强,但对数据的分布要求较为严格,不适合处理高维、定性变量较多的个人信用数据。非统计方法包括遗传算法、神经网络、支持向量机等,Vapnik 等提出的支持向量机(Support Vector Machine,SVM)以结构风险最小化原则为基础,在处理小样本、非线性和高维数据方面具有独特的优势,已被广泛应用在信用评估领域。在使用 SVM 做个人信用评估时,核参数、惩罚因子等参数的选取对分类器性能的影响较大,不适当的参数值可能导致过学习或学习不足。而利用 PSO 算法可以很好地解决 SVM 模型中的参数问题。姜明辉等[14]和薛惠锋等[15]借助 PSO 算法优化 SVM,并将其应用到信用评估中,虽然取得了一定的效果,但其采用的 PSO 算法仍然会出现早熟收敛的问题。

为了提高基于 SVM 的信用评估模型的预测能力,Fan 等[16]提出了一种自适应变异 PSO 算法(Adaptive Mutation PSO,AMPSO),通过早熟收敛指标判断粒子的状态,对陷入早熟收敛的粒子引入自适应变异算子,以一定的概率对粒子的位置、全局和局部极值同时重新初始化,保证粒子完全跳出局部最优。用这种改进的 PSO 算法优化 SVM 模型,可以实现对个人信贷风险的有效预测。

18.3.2　模型构建

SVM 模型先对原始的个人信贷数据进行预处理,即先归一化降低量纲差异和数量级差异,再运用主成分分析方法对数据进行降维处理,然后借助自适应变异 PSO 算法优化 SVM 建立最优的信用评估模型,最后基于测试数据对个人信用情况进行预测。

18.3.2.1　数据预处理

(1) 数据归一化。不同的信用指标往往具有不同的量纲和取值范围,还会不同程度地影响评估结果。因此,在训练 SVM 之前,需要对数据进行归一化处理,即将有量纲的数据转换为无量纲的数据,并将其限制在可以相互比较的同一区间,以消除量纲差异和数量级差异,在解决数据可比性的同时加快算法收敛。这里采用线性归一化方法,通过对原始数据的线性变换,将结果映射到某一自定义区间。公式如下:

$$x' = \frac{x - x_{\min}}{x_{\max} - x_{\min}} \tag{18.19}$$

式中,x 为原始数据,x' 为归一化数据,$x_{\min}$ 为原始数据最小值,$x_{\max}$ 为原始数据最大值。

(2) 主成分分析。为了全面、系统地分析信用评估问题,需要考虑众多的评估指标,而指标之间的相互关联会增加问题的复杂性。主成分分析法是一种研究多变量间相关性的多元统计方法,其思想是将原始指标重新组合为一组相互无关的综合指标,根据实际需要,选择累积贡献率较大的几个主成分描述原始信息,即在不损失原有变量信息的情况下,用少数的指标代替原指标,从而降低数据维度。为降低预测模型的复杂度,可借助主成分分析法对信用评估指标体系进行简化。

18.3.2.2　自适应变异 PSO 算法

(1) 早熟收敛指标。在 PSO 算法的搜索过程中,某个粒子发现当前的一个最优位置,会引起其他粒子迅速靠拢,一旦粒子聚集到一起不再运动,群体就无法在解空间中重新搜索,便会出现收敛现象,此时的收敛可能为早熟收敛,也可能为全局收敛。若粒子聚集的位置是整个搜索空间的全局最优解,则种群达到全局收敛;若粒子聚集的位置只是局部最优解,则种群会陷入早熟收敛。

当种群出现收敛现象时,所有的粒子会聚集在某一特定的位置或某几个特定的位置,这与问题本身的特性及适应度函数有关。因此,粒子位置一致等价于群体中各粒子具有相同的适应度值,通过研究适应度的变化可以获得种群的状态。为定量描述粒子群的收敛状态,给出群体适应度方差的定义。设种群粒子数目为 n,第 i 个粒子的适应度值为 f_i,群体目前的平均适应度值为 f_{avg},则群体适应度方差 σ^2 为

$$\sigma^2 = \sum_{i=1}^{n} \left(\frac{f_i - f_{avg}}{f} \right)^2 \tag{18.20}$$

式中,

$$f = \begin{cases} \max\{|f_i - f_{avg}|\}, & \max\{|f_i - f_{avg}|\} > 1 \\ 1, & others \end{cases}$$

从式(18.20)可知,σ^2 是对当前种群中所有粒子收敛程度的一种表达,σ^2 越小,种群越趋于收敛;反之,种群仍在搜索最优解。因此,可以认为当算法出现早熟收敛或全局收敛时,σ^2 等于 0。若粒子收敛时,聚集的位置只是搜索空间中的局部最优位置,则粒子群陷入早熟收敛,即当群体适应度方差等于 0 且当前的最优解并非是全局最优或期望最优时,算法出现早熟收敛现象。

(2) 自适应变异算子。由上述判断可知,当算法出现早熟收敛时,种群中的粒子会聚集到一起,从而失去全局运动能力,因此,需要通过某种机制跳出局部最优,再次从全局范围内搜索直至找到全局最优解。

当某个粒子向全局最优靠拢时,其自身历史最优也会逐渐接近全局最优,式(17.1)后两项的和会趋于 0,造成粒子的速度 v 也趋于 0,进而导致粒子的位置无法更新,使算法停滞。因此,当算法出现早熟收敛时,可以引入某种变异操作重新初始化粒子的状态以增强粒子的活力。考虑到粒子在当前最优解下也可能发现更好的位置,这里将变异操作以一种变异算子的形式表示。此外,迭代初期,较小的变异率能够发挥粒子的自身搜索能力,随着迭代次数的增加,需要提高变异程度,增强粒子多样性,所以将 p_m 设定为自适应线性增长的形式:

$$p_{mi}=\begin{cases}p_{\min}+\dfrac{p_{\max}-p_{\min}}{i_{\max}}i,\sigma^2<\sigma_d^2 \quad \text{and } f(gBest)>f_d \\ \qquad\qquad 0, \qquad\qquad\qquad others\end{cases}\tag{18.21}$$

式中,p_m 可以取[0.1, 0.3]之间的任意数值,σ_d^2 一般远小于 σ^2 的最大值,f_d 为理论最优解或期望最优解。

(3) 早熟粒子初始化。SVM 模型中待优化的参数包括惩罚因子和核参数,此时 PSO 算法需要对 2 个及以上的参数进行寻优,会出现多维粒子的情况。对于这种多维优化的问题,常规的均匀随机初始化方法往往不能很好地重新激活粒子。

根据式(17.1)可知,粒子速度和位置的更新具体到每一维,故初始化时要对每一维独立初始化。重新初始化之后,虽然粒子的每一维都服从均匀随机分布,但无法保证所有的粒子在整个搜索空间均匀分布。为避免上述情况发生,可以根据粒子的个数,利用式(18.22)将搜索空间划分成多个子空间,之后在每个子空间上对粒子进行随机均匀分布。

$$r=\frac{x_{\max}-x_{\min}}{1-S}j+\frac{x_{\min}-x_{\max}S}{1-S}\tag{18.22}$$
$$j=1,2,\cdots,S \quad S>1$$

式中,$x_{\max}$ 和 $x_{\min}$ 是搜索区间的上下界,S 代表划分的子空间个数。在算法出现早熟收敛后,一方面要重新初始化粒子的位置,打破粒子之前的聚集状态,另一方面还要初始化群体的最优位置及粒子的最优位置。若只初始化粒子的位置,由于算法的快收敛性,所有的粒子还是会迅速向初始化前的历史最优位置靠拢,很快再次陷入早熟收敛。因此,采用式(18.23)对早熟粒子初始化:

$$\begin{cases} \mathrm{x}_{j,n} = rRands \\ pBest_{j,n} = pBest_{j,n}Rand \\ gBest_j = gBest_jRand \end{cases} \tag{18.23}$$

式中，$Rands$ 为均匀分布在 $[-1,1]$ 的随机数，$Rand$ 为均匀分布在 $[0,1]$ 区间的随机数。

综合以上分析，自适应变异 PSO 算法就是引入线性变异算子，通过对粒子位置、个体最优位置和群体最优位置的随机变异跳出局部最优，扩大迭代过程中缩减的搜索空间，在避免陷入局部最优的同时可以保持种群的多样性，提高算法的优化能力。

18.3.2.3 自适应变异 PSO 算法优化 SVM

基于自适应变异 PSO 算法，给出超参数优化后的 SVM 模型评估个人信用的具体步骤。

输入：信用数据样本集 D。

过程：

1：数据预处理

数据归一化，将 D 的全部特征向量归一化到 $[0,1]$ 区间，消除数据间的量纲影响。

数据降维，利用主成分分析方法对 D 降维，提取数据中的主要特征分量。

2：模型训练

根据数据集 D 建立训练集 D_1 和测试集 D_2，利用自适应变异 PSO 算法优化 SVM 模型中的惩罚因子和核参数。

(1) 粒子初始化。设定种群 n、粒子数目 m、迭代次数 k，在规定范围内随机分配粒子的初始速度和位置，并计算出个体历史最优位置 $pBest$ 和群体历史最优位置 $gBest$。

(2) 对于种群中的所有粒子，根据式(17.1)和式(17.2)更新粒子的速度和位置；计算每个粒子 i 的适应度值 f_i，这里的适应度值为预测精度，若 f_i 优于 $pBest_i$，用 f_i 替代 $pBest$，若 f_i 优于 $gBest$，用 f_i 替代 $gBest$。

(3) 根据式(18.20)计算群体适应度方差，结合当前的 $gBest$，判断是否满足早熟收敛，如果满足，执行(4)，否则转向(5)。

(4) 根据式(18.21)计算自适应变异算子 p_m，产生随机数 $rand \in [0,1]$，如果 $rand < pm$，对种群进行变异，并根据式(18.23)重新初始化粒子，否则转向(5)。

(5) 判断算法是否满足迭代停滞条件，即达到最大迭代次数或找到全局最优解，如果满足，执行(6)，否则转向(2)。

(6) 输出 $gBest$，即找到的最优参数。

根据找到的最优参数组合建立 SVM 模型，对训练集进行学习，寻找最优决策分类面，得出最优分类模型。

3：模型预测

通过最优分类模型对测试集中的信用数据进行预测。

输出：每个测试样本的信用评估结果及预测精度。

18.3.3　实验结果及分析

18.3.3.1　数据源

以 UCI 标准数据库中的澳大利亚信用数据为例进行实验,该数据集中共包含 690 个信用样本,其中,正类样本(信用好的客户)383 个,负类样本(信用差的客户)307 个。每个样本具有 14 个信用属性,包括 6 个连续属性和 8 个分类属性。每次实验从数据集中随机抽取 300 个样本(150 个正类样本和 150 个负类样本)作为训练数据集,390 个样本(233 个正类样本和 157 个负类样本)作为测试数据集。

18.3.3.2　数据预处理结果

先将数据归一化到[0,1]区间,然后对处理后的数据进行主成分分析,得到主成分因子 $Y_i(i=1,2,\cdots,14)$ 的特征值及贡献率,如下表 18-10 所示。

表 18-10　主成分因子的特征值及方差贡献率

因子	特征值	方差贡献率/%	累积方差贡献率/%
Y_1	0.380 5	30.07	30.07
Y_2	0.255 1	20.16	50.23
Y_3	0.213 0	16.84	67.07
Y_4	0.142 6	11.27	85.09
Y_5	0.085 4	6.74	78.33
Y_6	0.046 1	3.65	88.72
Y_7	0.043 1	3.40	92.13
Y_8	0.032 2	2.54	94.67
Y_9	0.025 3	2.00	96.67
Y_{10}	0.021 1	1.67	98.33
Y_{11}	0.008 8	0.70	99.03
Y_{12}	0.006 7	0.53	99.56
Y_{13}	0.003 1	0.25	99.80
Y_{14}	0.002 5	0.20	100.00

可知,后 8 个因子的累积方差贡献率超过 90%,因此取后 8 个主成分因子基本就能表示原指标信息。

18.3.3.3　实证结果与分析

个人信用评估的本质是一种分类问题,实际上通常存在两种误判情况:第一类误判将信用良好的客户误判为信用差的客户从而不授权其贷款申请,第二类误判将信用差的客户误判为信用良好的客户从而授权其贷款申请。对于第一类误判,金融机构至多损失一笔利息收入;而对于第二类误判,则会导致贷款无法收回,形成坏账损失。因此,在用模型进行评估时,一方面要提高预测精度,另一方面要尽量控制第二类误判的发生。故实验中将预测精度、第一类误判和第二类误判作为模型的评价标准。实验采用多项式核函数,借助 5 折交叉验证减少分类误差,每组对比实验独立进行 10 次,取算术平均值作为最终结果。算法利用 MATLAB 2014b 实现。

为验证自适应变异 PSO 算法对信用评估 SVM 模型(AMPSO-SVM)的有效性,将其分别与用基于传统 PSO 算法(用 PSO-SVM 表示)、基于未判断早熟收敛 PSO 算法(用 UJPSO-SVM 表示)及基于均匀随机分布初始化 PSO 算法(用 UDPSO-SVM 表示)建立的信用评估模型进行对比,结果见表 18-11。

表 18-11　基于不同 PSO 算法建立的信用评估模型的分类结果　　　　单位:%

模型	训练样本			测试样本		
	第一类误判	第二类误判	训练精度	第一类误判	第二类误判	测试精度
PSO-SVM	19.27	8.00	**86.22**	18.05	11.73	85.72
UJPSO-SVM	19.28	**7.82**	86.17	17.91	12.12	85.88
UDPSO-SVM	20.17	10.11	84.83	17.67	10.84	86.41
AMPSO-SVM	**19.00**	10.00	85.50	**15.28**	**9.87**	**87.95**

分析表 18-11 可知,UDPSO-SVM 模型和 AMPSO-SVM 模型有对早熟收敛现象的判断,与未采取判断的 PSO-SVM 模型和 UJPSO-SVM 模型对比,前两者的预测精度更高,说明加入早熟收敛指标能够很好地描述粒子的收敛状态,对粒子的早熟时刻提供了有效的判断方法,便于算法跳出局部最优。AMPSO-SVM 模型与采用随机均匀初始化的 UDPSO-SVM 模型对比,训练精度和预测精度都有所提高,说明 AMPSO 算法中的初始化方法可以更有效地保证粒子跳出局部最优,提高模型的全局最优性。在 4 种 PSO 优化算法中,AMPSO-SVM 算法的预测精度最高,第二类误判精度最低,说明 AMPSO-SVM 模型不仅提高了预测精度,还可以减少第二类误判的产生。此外,AMPSO-SVM 模型的预测精度比训练精度高,说明 AMPSO 算法提高了模型的泛化能力,能使模型更加稳定。

为证明 AMPSO-SVM 模型的优越性,将其分别与用 K 近邻(K-nearest Neighbor,KNN),反向传播神经(Back Propagation,BP)网络,概率神经网络(Probabilistic Neural Network,PNN),学习向量量化(Learning Vector Quantization,LVQ)神经网络,决策树和随机森林等分类方法建立的信用评估模型进行比较,结果见表 18-12。

表 18-12　几种信用评估模型的分类结果　　　　单位:%

模型	训练样本			测试样本		
	第一类误判	第二类误判	训练精度	第一类误判	第二类误判	测试精度
AMPSO-SVM	15.89	8.91	87.67	11.29	**12.22**	**88.141**
KNN	85.83	13.91	84.29	10.93	14.20	87.05

（续表）

模型	训练样本			测试样本		
	第一类误判	第二类误判	训练精度	第一类误判	第二类误判	测试精度
BP 网络	11.41	8.10	90.17	10.53	15.57	87.31
LVQ 神经网络	12.50	12.32	86.84	11.21	15.57	86.92
PNN	8.10	30.89	81.25	**5.23**	30.39	84.87
决策树	4.40	8.40	92.17	17.15	22.90	82.12
随机森林	**2.00**	**0.89**	**99.25**	10.43	16.62	86.92

对比表 18-12 中的实验结果，AMPSO-SVM 模型具有最高的预测精度，说明利用该模型可以更加准确地对个人信用进行评估；该模型的第二类误判是最低的，表明该模型能够有效防范第二类误判给银行带来的坏账损失；虽然该模型的训练精度并非最高，但测试精度高于训练精度，考虑到实际中个人信用数据随环境变化而呈现出的动态特性，AMPSO-SVM 模型具有更好的适用性。

本章小结

本章介绍的几种自适应 PSO 算法在提高求解精度的同时还能保持收敛速度，并在机器学习模型超参数的优化问题中表现出良好的应用效果。

参考文献

[1] MENDES R，KENNEDY J，NEVES J. The fully informed particle swarm：simpler, maybe better[J]. IEEE transactions on evolutionary computation, 2004，8(3)：204-210.

[2] LIANG J J，QIN A K，SUGANTHAN P N, et al. Comprehensive learning particle swarm optimizer for global optimization of multimodal functions[J]. IEEE transactions on evolutionary computation，2006，10(3)：281-295.

[3] CHEN W N，ZHANG J，LIN Y, et al. Particle swarm optimization with an aging leader and challengers[J]. IEEE transactions on evolutionary computation，2013，17(2)：241-258.

[4] LYNN N，SUGANTHAN P N. Heterogeneous comprehensive learning particle swarm optimization with enhanced exploration and exploitation[J]. Swarm and evolutionary computation，2015，24：11-24.

[5] XU G P，CUI Q L，SHI X H, et al. Particle swarm optimization based on dimensional learning strategy[J]. Swarm and evolutionary computation，2019，

45：33-51.

[6] LIANG J J, SUGANTHAN P N. Dynamic multiswarm particle swarm optimizer with local search［C］//2005 IEEE Congress on Evolutionary Computation, September 2-5, 2005, Edinburgh, UK. IEEE, c2005：522-528.

[7] NASIR M, DAS S, MAITY D, et al. A dynamic neighborhood learning based particle swarm optimizer for global numerical optimization［J］. Information science, 2012, 209：16-36.

[8] CHEN D B, ZHAO C X. Particle swarm optimization with adaptive population size and its application[J]. Applied soft computing, 2009, 9(1)：39-48.

[9] ZHANG Y F, LIU X X, BAO F X, et al. Particle swarm optimization with adaptive learning strategy[J]. Knowledge-based systems, 2020, 196(3)：105789.

[10] ZHANG Y F, LIU X X, BAO F X, et al. Particle swarm optimization based on adaptive analysis of evolutionary state[J]. IEEE transactions on systems, man, and cybernetics：systems, Sep. 2020, Major Revise.

[11] YANG X M, YUAN J S, YUAN J Y, et al. A modified particle swarm optimizer with dynamic adaptation[J]. Applied mathematics and computation, 2007, 39(2)：1 205-1 213.

[12] ZHAN Z H, ZHANG J, LI Y, et al. Adaptive particle swarm optimization[J]. IEEE transactions on systems, man, and cybernetics, Part B, 2009, 39(6)：1 362-1 381.

[13] LI C H, YANG S X, NGUYEN T T. A self-learning particle swarm optimizer for global optimization problems[J]. IEEE transactions on systems, man, and cybernetics, Part B, 2012, 42(3)：627-646.

[14] 姜明辉,袁绪川,冯玉强. PSO-SVM 模型的构建与应用[J]. 哈尔滨工业大学学报, 2009, 41(2)：169-171.

[15] 薛惠锋,林波,蔡琳. 基于 GA-PSO 混合规划算法的企业信用风险评估模型[J]. 西北大学学报(哲学社会科学版), 2006, 36(3)：38-40.

[16] FAN Q L, LIU X X, ZHANG Y F, et al. Adaptive mutation PSO based SVM model for credit scoring［C］//Computer Science and Application Engineering, c2018：1-7.

后　记

　　"古人学问无遗力，少壮工夫老始成。"古人通常将做人、做事与做学问融为一体。其做学问的路径为格物、致知、诚意、正心。古往今来，此为众学者奋进的方向。

　　虽得恩师段奇教授悉心教诲，奈何才疏学浅，未有所成。学问之事难易乎？学之，则难者亦易矣；不学，则易者亦难矣。故此，我潜心向学，力图传承恩师做学问之精神。何其幸哉，亦有吾师张彩明教授提携栽培，师恩铭心，无以言表，唯俯首躬耕，砥砺前行。

　　"三人行，必有我师焉"，学问之路虽艰辛，得包芳勋教授指导，赵秀阳教授、杜啸尘教授鼎力相助；膝下学子亦勤恳努力，故小有收获，遂集成册。

　　做学问者，需著书立说，吾未敢企及。然未曾忘恩师教导，师者传道，学问一脉相传，唯愿文曲昌兴。成此书，以敬吾师，以示学子，是以为记。

编　者

2022 年 3 月